U0321986

“十三五”国家重点图书出版物出版规划项目

绿色建筑模拟技术应用
Application of Simulation Technologies in Green Buildings

建 筑 节 能
Construction Conserves Energy

陈宏 张杰 管毓刚 著

许鹏 审

知识产权出版社
全国百佳图书出版单位

图书在版编目（CIP）数据

建筑节能/陈宏，张杰，管毓刚著 . —北京：知识产权出版社，2019.8

（绿色建筑模拟技术应用）

ISBN 978-7-5130-6233-6

Ⅰ.①建… Ⅱ.①陈… ②张… ③管… Ⅲ.①建筑—节能 Ⅳ.①TU111.4

中国版本图书馆 CIP 数据核字（2019）第 082100 号

责任编辑：张　冰　　　　　　　　　　责任校对：王　岩

封面设计：张　悦　　　　　　　　　　责任印制：刘译文

绿色建筑模拟技术应用

建筑节能

陈　宏　张　杰　管毓刚　著

许　鹏　审

出版发行：知识产权出版社 有限责任公司	网　　址：http：//www.ipph.cn
社　　址：北京市海淀区气象路 50 号院	邮　　编：100081
责编电话：010-82000860 转 8024	责编邮箱：740666854@qq.com
发行电话：010-82000860 转 8101/8102	发行传真：010-82000893/82005070/82000270
印　　刷：三河市国英印务有限公司	经　　销：各大网上书店、新华书店及相关专业书店
开　　本：787mm×1092mm　1/16	印　　张：19
版　　次：2019 年 8 月第 1 版	印　　次：2019 年 8 月第 1 次印刷
字　　数：326 千字	定　　价：58.00 元
ISBN 978-7-5130-6233-6	

总　序

　　绿色建筑作为世界的热点问题和我国的战略发展产业，越来越受到社会的关注。我国政府出台了一系列支持绿色建筑发展的政策，我国绿色建筑产业也开始驶入快车道。但是绿色建筑是一个庞大的系统工程，涉及大量需要经过复杂分析计算才能得出的指标，尤其涉及建筑物理的风环境、光环境、热环境和声环境的分析和计算。根据国家的相关要求，到 2020 年，我国新建项目绿色建筑达标率应达到 50% 以上，截至 2016 年，绿色建筑全国获星设计项目达2000 个，运营获星项目约 200 个，不到总量的 10%，因此模拟技术应用在绿色建筑的设计和评价方面是不可或缺的技术手段。

　　随着 BIM 技术在绿色建筑设计中的应用逐步深入，基于模型共享技术，实现一模多算，高效快捷地完成绿色建筑指标分析计算已成为可能。然而，掌握绿色建筑模拟技术的适用人才缺乏。人才培养是学校教育的首要任务，现代社会既需要研究型人才，也需要大量在生产领域解决实际问题的应用型人才。目前，国内各大高校几乎没有完全对口的绿色建筑专业，所以专业人才的输送成为高校亟待解决的问题之一。此外，作为知识传承、能力培养和课程建设载体的教材和教学参考用书在绿色建筑相关专业的教学活动中起着至关重要的作用，但目前出版的相关图书大多偏重于按照研究型人才培养的模式进行编写，绿色建筑"应用型"教材和相关教学参考用书的建设和发展远远滞后于应用型人才培养的步伐。为了更好地适应当前绿色建筑人才培养跨越式发展的需要，探索和建立适合我国绿色建筑应用型人才培养体系，知识产权出版社联合中国城市科学研究会绿色建筑与节能专业委员会、中国建设教育协会、中国勘察设计协会等，组织全国近 20 所院校的教师编写出版了本套丛书，以适应绿色建筑模拟技术应用型人才培养的需要。其培养目标是帮助学生既掌握绿色建筑相关学科的基本知识和基本技能，同时也擅长应用非技术知识，具有较强的技术思维能力，能够解决生产实际中的具体技术问题。

　　本套丛书旨在充分反映"应用"的特色，吸收国内外优秀研究成果的成功经验，并遵循以下编写原则：

I

➢ 充分利用工程语言，突出基本概念、思路和方法的阐述，形象、直观地表达教学内容，力求论述简洁、基础扎实。

➢ 力争密切跟踪行业发展动态，充分体现新技术、新方法，详细说明模拟技术的应用方法，操作简单、清晰直观。

➢ 深入剖析工程应用实例，图文并茂，启发学生创新。

本套丛书虽然经过编审者和编辑出版人员的尽心努力，但由于是对绿色建筑模拟技术应用型参考读物的首次尝试，故仍会存在不少缺点和不足之处。我们真诚欢迎选用本套丛书的师生多提宝贵意见和建议，以便我们不断修改和完善，共同为我国绿色建筑教育事业的发展作出贡献。

丛书编委会

2018 年 1 月

前　　言

伴随着全球温暖化带来的气候变化（Climate Change）、快速城市化引发的城市环境质量急剧恶化等一系列环境与社会问题，节能与低碳成为全球瞩目的议题。世界气候大会上各国所签订的《京都议定书》及《巴黎协定》等文件明确了各国减少温室气体排放的目标与责任。建筑作为资源与能源消耗的主要载体之一，建筑节能已成为完成减排目标的关键领域，同时也是实现环境的可持续发展、建设绿色家园的重要环节。在此背景下，建筑的节能与减排显得尤为重要。尽管我国在建筑行业已经逐步完善了各类型建筑的节能设计标准，以及建筑设计过程中的建筑施工图节能审查与备案程序。但是在实际的建筑设计过程中还是普遍存在建筑节能主要是暖通空调、电气、给排水等设备专业的工作而与建筑专业关系不大的思想倾向。大量的研究及建筑实践表明，被动式节能设计通过调整建筑体型、促进自然通风与自然采光、优化围护结构设计等技术措施来降低建筑对人工照明与采暖和空调等机械设备的依赖，可以大大地减少能源消耗，实现建筑节能。因此，向从事建筑设计的建筑师、工程师说明建筑节能首先从建筑设计开始，是建筑专业的工作内容之一，并且能够通过一定的软件模拟技术对建筑节能设计的效果进行预测，从而更好地服务于建筑设计实践。这也是撰写本书的初衷。

当然，我们也深知建筑节能涉及广泛，仅在建筑设计阶段就与建筑、结构、暖通空调、电气、给排水等各个专业均密切相关，每一个环节均很重要。但是由于本书的容量有限，我们的能力也有限，无法针对各专业展开说明。同时，本套系列丛书中已经包含了《建筑通风》《建筑日照》等分册。因此，基于本书撰写的最初想法，我们将本书的范围确定为以建筑节能的基本知识及建筑围护结构节能为主要内容，不涉及采暖空调机械设备节能以及节能设计中的自然通风、夜间通风、自然采光等技术措施。

本书的定位是有关建筑节能的入门类书籍。近年来，随着我国建筑节能工作的进一步深化、绿色建筑的飞速发展，包括建筑师、工程师、绿色建筑咨询师在内的越来越多的建筑行业的从业人员开始关注建筑节能。同时，在各地的建筑施工图审查过程中，建筑节能审查也成为强制性要求。这就使得建筑设计从方案阶段到施工图阶段都需要根据各类型建筑的节能设计标准的要求进行设计，并进行节能计算分析，保证建筑图纸满足国家及地方的相关建筑节能设计标准的要求。我国疆域辽阔，各地的气候类型各不相同，寒冷地区、夏热冬冷地区、夏热冬暖地区等不同气候区在建筑节能设计要点上具有显著的差异，给设计和工程技术人员带来较大困惑。因此，我们认为很有必要面向国内一线的设计和工程技术人员、广大学生，较为系统地介绍建筑节能的基础知识、不同气候区的建筑节能设计要点以及建筑节能模拟分析方法及相关工具。鉴于此，在本书的内容设置上，我们注重内容的实用性与可操作性，衷心希望本书能为包括建筑师、工程师、绿色建筑咨询师在内的建筑行业的从业人员以及广大学生的工作与学习带来一定的帮助。

本书共分为5章，第1章简单介绍了建筑节能的概念及发展现状；第2章介绍了建筑节能的基础知识；第3章根据不同气候区的公共建筑与居住建筑节能设计标准，介绍建筑节能设计要点；第4章结合实际案例介绍建筑节能模拟分析软件的应用方法；第5章介绍不同气候区的公共建筑与居住建筑节能设计案例。

本书第1～3章由张杰编写，第4章和第5章由陈宏、管毓刚编写。在本书的成书过程中，已毕业研究生（现任桂林理工大学南宁分校教师）钟国栋参与了建筑节能软件模拟分析部分的写作工作，同济大学许鹏教授给予了充分指导，并获得北京绿建软件有限公司和中国建筑科学研究院郝志华的大力支持，在此深表感谢。本书中的部分研究成果获得了国家自然科学基金项目"内蒙古农村牧区低能耗居住建筑模式研究"（项目批准编号：51668051；起止年月：2017.01－2020.12）的支持，在此一并致谢。

由于建筑节能涉及范围广泛，我们的理论与知识水平有限，成书时间较为仓促，在本书中存在不少缺漏及欠妥之处，敬请广大读者批评指正，以便在本书再版时进一步更新与完善。联系邮箱为：chhwh@hust.edu.cn。

作　者

2019 年 3 月

目　　录

1 概述 ……………………………………………………………………… 1

  1.1 环境资源可持续发展 ……………………………………………… 1

  1.2 建筑节能的含义和涵盖范围 ……………………………………… 3

  1.3 我国建筑节能的发展现状 ………………………………………… 5

  1.4 我国建筑节能的目标任务 ………………………………………… 9

2 建筑节能基础知识 ……………………………………………………… 11

  2.1 我国的建筑热工设计分区 ………………………………………… 11

    2.1.1 节能建筑必须与当地气候特点相适应 ……………………… 11

    2.1.2 我国的建筑热工设计分区 …………………………………… 11

  2.2 建筑围护结构传热原理 …………………………………………… 13

    2.2.1 建筑围护结构的传热途径 …………………………………… 13

    2.2.2 建筑围护结构的稳态传热 …………………………………… 14

  2.3 建筑节能设计中的常用基本术语 ………………………………… 18

  2.4 建筑节能设计中的能耗计算方法 ………………………………… 21

    2.4.1 建筑节能设计的性能判定 …………………………………… 21

    2.4.2 建筑物耗热量指标的计算 …………………………………… 22

3 建筑节能设计 …………………………………………………………… 26

  3.1 建筑规划中的节能设计 …………………………………………… 26

    3.1.1 建筑布局 ……………………………………………………… 26

    3.1.2 建筑体形 ……………………………………………………… 28

    3.1.3 建筑朝向 ……………………………………………………… 31

    3.1.4 建筑间距 ……………………………………………………… 34

    3.1.5 室外风环境优化设计 ………………………………………… 37

    3.1.6 环境绿化及水景布置 ………………………………………… 45

3.2 建筑围护结构节能设计 …………………………………………………… 48

　3.2.1 墙体节能设计要点 …………………………………………………… 49

　3.2.2 屋面节能设计要点 …………………………………………………… 51

　3.2.3 门窗节能设计要点 …………………………………………………… 52

　3.2.4 地面节能设计要点 …………………………………………………… 58

　3.2.5 楼板节能设计要点 …………………………………………………… 59

3.3 各热工区划居住建筑节能设计 …………………………………………… 61

　3.3.1 严寒和寒冷地区居住建筑节能设计 ………………………………… 61

　3.3.2 夏热冬冷与夏热冬暖地区居住建筑节能设计 ……………………… 77

4 模拟技术在建筑节能设计中的应用 ……………………………………… 87

4.1 建筑节能计算流程 ………………………………………………………… 88

4.2 建筑节能软件的系统安装与配置 ………………………………………… 90

　4.2.1 软件和硬件环境 ……………………………………………………… 90

　4.2.2 软件的安装与启动 …………………………………………………… 90

　4.2.3 用户界面 ……………………………………………………………… 90

4.3 文件准备 …………………………………………………………………… 93

　4.3.1 设置文件夹 …………………………………………………………… 93

　4.3.2 识别转换 ……………………………………………………………… 93

4.4 建筑建模 …………………………………………………………………… 95

　4.4.1 图纸描绘 ……………………………………………………………… 95

　4.4.2 创建轴网 ……………………………………………………………… 97

　4.4.3 建筑层高 ……………………………………………………………… 99

　4.4.4 柱子 …………………………………………………………………… 99

　4.4.5 墙体 …………………………………………………………………… 101

　4.4.6 门窗 …………………………………………………………………… 104

　4.4.7 阳台 …………………………………………………………………… 109

　4.4.8 屋顶 …………………………………………………………………… 110

　4.4.9 房间识别 ……………………………………………………………… 113

4.5 热工设置 …………………………………………………………………… 116

　4.5.1 工程设置 ……………………………………………………………… 116

　4.5.2 热工设置 ……………………………………………………………… 118

4.5.3　构造设置 ·· 128

4.6　节能判定 ··· 129

4.6.1　数据提取 ·· 130

4.6.2　能耗计算 ·· 131

4.6.3　节能检查 ·· 132

4.6.4　节能报告 ·· 133

4.6.5　报审表 ·· 134

4.6.6　导出审图 ·· 134

4.6.7　其他工具 ·· 134

4.7　计算实例 ··· 139

4.7.1　案例介绍 ·· 140

4.7.2　武汉案例 ·· 141

4.7.3　沈阳案例 ·· 156

5　建筑节能设计案例分析 ···································· 162

5.1　严寒和寒冷地区案例分析 ······························ 162

5.1.1　北京北汽越野车棚改定向安置房住宅楼 ·········· 162

5.1.2　北汽集团滨州汽车零部件生产基地配套住宅楼 ···· 166

5.1.3　吉林长春新区规划展览馆 ······················ 170

5.1.4　河北石家庄荣盛华府二期荣盛中心 ·············· 174

5.1.5　包头青山客运站名晟广场 ······················ 179

5.2　夏热冬冷地区案例分析 ································· 184

5.2.1　万科·新站222地块2号住宅楼 ················· 184

5.2.2　湖南省湘潭市民之家 ·························· 190

5.2.3　湖北省红安县永河小学教学楼 ·················· 195

5.3　夏热冬暖地区案例分析 ································· 198

5.3.1　海南西海岸新区南片区B3201地块项目 ·········· 198

5.3.2　广东横岗中心小学 ···························· 202

5.4　既有建筑节能改造案例分析 ····························· 206

5.4.1　武汉建设大厦概况 ···························· 206

5.4.2　节能关键技术 ································ 207

5.4.3　设计室内参数及模拟能耗 ······················ 214

　　5.4.4　实际运行室内环境及能耗 ……………………………… 215

　　5.4.5　案例分析与总结 ……………………………………… 217

附录 A　主要城市的热工区属、气象参数、耗热量指标 ………… 219

附录 B　平均传热系数和热桥线传热系数计算 ………………… 232

附录 C　地面传热系数计算 ………………………………… 233

附录 D　外遮阳系数的简化计算 …………………………… 236

附录 E　围护结构传热系数的修正系数 ε 和封闭阳台温差修正

　　　　系数 ζ ………………………………………………… 240

附录 F　关于面积和体积的计算 …………………………… 256

附录 G　建筑节能检测 ……………………………………… 258

参考文献 …………………………………………………… 286

1 概　　述

1.1　环境资源可持续发展

20 世纪 40 年代末，随着第二次世界大战的结束，和平重建、发展经济成为世界主流。新技术的不断涌现推动工农业、建筑业快速发展，生产力的急剧扩张造成资源消耗快速增长，引发了一系列令人痛心的环境污染公害事件。

伦敦雾霾。1952 年 12 月 5 日开始，伦敦连续数日寂静无风。当时伦敦冬季多使用燃煤供暖，市区内还有许多以煤为主要能源的火力发电站。那几日又是阴天，燃煤产生的二氧化碳、一氧化碳、二氧化硫、粉尘等气体与污染物被厚厚的云层盖住。由于静风和逆温层的作用，污染物无法扩散，导致连续数日出现极为严重的雾霾天气，至 12 月 8 日的 4 天时间内，致使伦敦市近 4000 人死亡。在此后的两个月内，又有近 8000 人因为雾霾事件而死于呼吸系统疾病。

洛杉矶光化学烟雾事件。1943～1970 年，美国洛杉矶发生了多起光化学烟雾事件，其中，1955 年因呼吸系统衰竭死亡的 65 岁以上老人达 400 多人，1970 年约有 70％的市民患上了红眼病。这些都是早期出现的光化学烟雾事件。发生此类事件主要是由于大量汽车和工厂排出的碳氢化合物、氮氧化物和一氧化碳在强烈阳光紫外线照射下，发生光化学反应，形成了含有剧毒的光化学烟雾。

此外，还有欧洲莱茵河污染事件、日本神东川骨痛病事件等。污染事件的频现，使得生态危机成为人们极为关注的环境问题。

1962 年，美国海洋生物学家蕾切尔·卡逊（Rachel Carson）出版了她的名著《寂静的春天》。在书中，她用大量事实论证了工业污染对地球上的生命形式包括人类自身的损害，就环境问题的严重性向全世界敲响了警钟。卡逊的这部著作影响深远，代表着人类绿色生态意识的觉醒。绿色，象征着活力、发

1

展，象征着生机盎然的生命，象征着人与自然的和谐。在绿色文化运动的推动下，人们的环保意识不断增强，一些建筑师和建筑团体不失时机地开展了绿色建筑、生态建筑、生土建筑的研究与实践。

1968 年 4 月，罗马俱乐部的成立是一座标志着人类生态意识从觉醒走向成熟的里程碑。这是一个由著名科学家、经济学家、社会学家等组成的非政府性、非意识形态的研究团体，把责任与目光集中于社会发展所面临的人类困境。它是人类有史以来第一个对威胁人类生存的全球生态危机开展研究的组织。面对经济增长与环境保护的两难选择，1972 年 3 月，罗马俱乐部发表了著名的研究报告《增长的极限》，从五个维度——人口、工业化、粮食、不可再生资源、环境污染——指出了人类社会面临的困境，提出了"零增长""有质量增长"的意义，为可持续发展观的提出做了理论准备。

1980 年，世界自然保护联盟（IUCN）在《世界保护策略》中首次使用了"可持续发展"的概念，并呼吁全世界"必须研究自然的、社会的、生态的、经济的以及利用自然资源过程中的基本关系"，确保全球"可持续发展"。

1987 年，以挪威首相布伦特兰夫人为主席的世界环境与发展委员会（WCED）发表了里程碑式的报告《我们共同的未来》，向全世界正式提出了可持续发展战略。"可持续发展是既满足当代人的需求，又不对后代人满足其需求的能力构成危害的发展（它包括"需求"和"限制"两个重要概念）"。

（1）需求的概念包含维持一种对所有人来说可接受的生活标准的基本条件。

（2）限制的概念包含由技术状况和社会机构决定的环境能满足现在和将来的需求的能力。

满足当代人类和未来人类的基本需求，是可持续发展的主要目标。绿色建筑就是可持续发展的建筑，建筑节能是绿色建筑的核心内容之一。

同时，近些年由于工农业和人类活动，大气中温室气体浓度不断升高，自 1990 年以来全球温室气体指数〔温室气体指数（AGGI）主要跟踪多种温室气体变化，其中以二氧化碳、甲烷、氮氧化物和氯氟化碳为主〕增长了 40%，其中二氧化碳水平的上升是主要原因。2017 年全球平均二氧化碳浓度达到 405.5ppm（1ppm 为百万分之一），上升至 80 万年以来的最高水平。这是导致全球变暖、极端天气事件多发频发的重要原因之一，也是促进建筑节能工作的重要动力。

1.2　建筑节能的含义和涵盖范围

1973 年发生的石油危机极大地促进了很多国家的建筑节能工作，以建筑节能标准的形式对建筑的节能性能进行规定，通过强制措施减少能源消耗，从而降低对石油的依赖。自 20 世纪八九十年代以来，大多数发达国家不断完善建筑节能标准，提高原有的技术标准和建筑的节能性能。

自提出建筑节能概念以来，建筑节能的含义经历了由浅到深、由简单到综合的三个阶段：第一阶段，称为"在建筑中保存能源"（energy saving in buildings），即我们现在所说的建筑节能；第二阶段，改称"在建筑中保持能源"（energy conservation in buildings），意思是尽量减少能源在建筑物中的散失；第三阶段，即近年来普遍称为"在建筑中提高能源的利用效率"（energy efficiency in buildings），这不是消极意义上的节省，而是从积极意义上提高能源的利用效率。我国虽然仍通称为建筑节能，但其含义已上升到上述的第三阶段，即在建筑中合理使用能源，不断提高能源利用效率。

建筑节能的涵盖范围，国内过去较普遍的说法是指在建筑材料生产，建筑物建造、使用过程，以及建筑物拆除等几方面的能耗。这一说法把建筑节能的范围划得过宽，跨越了工业生产和民用生活的不同领域，与国际上通行的认识不一致。发达国家的建筑能耗系指建筑物使用能耗，主要包括供暖、通风、空调、热水供应、照明、电气、炊事等方面的能耗。它与工业、农业、交通运输等能耗并列，属于民生能耗。其所占比例，各国有所差别，一般为 25%～40%。现在我国建筑能耗的涵盖范围已与发达国家一致。当前我国的建筑节能工作主要集中在建筑供暖、空调及照明等方面，并将节能与改善建筑热环境相结合，包括对建筑物本体和建筑设备等方面所采取的提高能源利用效率的综合措施。

建筑节能主要是通过建筑规划设计、建筑单体设计及对建筑设备采取综合节能措施（包括选用能效比高的设备与系统并使其高效运行）、不断提高能源利用效率、充分利用可再生能源，实现不断降低建筑运行能耗的目的。建筑节能是一个系统工程，必须在建筑的设计、施工和使用管理全过程中都有效落实节能措施，才能取得明显实效。推进建筑节能工作，具有多方面的重要意义。

（1）减少污染改善环境质量。我国是以煤炭和石油为主要能源的国家，这些化石类能源在燃烧过程中产生大量的二氧化碳、二氧化硫、氮氧化合物及悬浮颗粒。二氧化碳引发地球大气外层的"温室效应",严重危害人类的生存环境;二氧化硫、氮氧化合物等污染物不但是引发呼吸道疾病的根源之一,而且还易形成酸雨破坏森林、土壤及建筑物。在我国北方冬季供暖期间,时常出现污染严重的雾霾天气,就与大量使用化石类能源直接有关。节能建筑减少了能源消耗,就减少了污染物排放,也就改善了环境质量,减弱了温室效应。因此,从这一角度讲,建筑节能就是保护环境。

(2)改善室内热舒适度,提高人们的生活品质。随着我国人民生活水平的不断提高,舒适的室内热环境已成为人们生活的普遍需求,且有利于人们的身心健康。在北方,节能建筑外围护结构的保温性能得到极大提高,外门窗的保温性、气密性也不断提高,冬季其内表面温度明显提升,这些都非常有利于提高室内的热舒适度和室内热环境的稳定性;在南方,节能建筑外围护结构的隔热性能得到极大提高,而且加强自然通风,注重遮阳设计,这些措施极大地改善了夏季室内的闷热感,提高了环境热舒适度。

在工作场所,室内热舒适度的改善,有利于提高工作效率和劳动生产率,提高劳动者的健康水平。

(3)促进国民经济可持续发展。能源是发展国民经济、改善人民生活的重要物质基础,也是维系国家安全的重要战略资源。目前,我国建筑用能达全国能源消费总量的 27.5%,已成为能源消耗大户。如果不落实好建筑节能工作,将长期大大加重我国的能源负担,无法实现建筑规模总量控制和建筑运行能耗强度双控制目标,也就无法实现我国《能源发展战略行动计划(2014—2020 年)》的目标,不利于我国经济的可持续发展。

(4)国民经济新的经济增长点。节能建筑需要一定的增量投资,但投入少、节省多。实践证明,只要因地制宜,选择合适的节能技术,居住建筑每平方米造价提高幅度在建造成本的 5%~8%,即可达到 50%的节能目标。节能建筑的投资回报期一般为 5 年左右,与建筑物的使用寿命周期 50~100 年相比,其经济效益是非常显著的。节能建筑在一次投资后,其供暖或空调节省下来的费用可在其寿命周期内长期受益。所以,新建的节能建筑和老建筑的节能改造,将形成具有投资效益和环境效益双赢的国民经济新的增长点。

(5)建筑节能事业极大地促进了建筑业的科技进步,也推动了社会发展。

1.3　我国建筑节能的发展现状

我国建筑节能工作从 20 世纪 80 年代起步，按照先易后难，先北方（严寒和寒冷地区）再中部（夏热冬冷地区）后南方（夏热冬暖地区），先居住建筑后公共建筑，先新建建筑后既有建筑，先城市建筑后农村建筑，先民用建筑后工业建筑的原则稳步推进，不断建立和完善建筑节能标准体系。目前，我国建筑节能标准涵盖了规划、设计、施工、监理、检测、验收、评价、运营管理等各个环节，基本满足和适应了居住建筑和公共建筑节能工作需要，建筑节能设计已经和建筑设计、结构、给排水、电气、暖通等专业设计一样，成为建筑设计必须的一部分。通过对标准的修订或部分地区制定更严格的建筑节能标准，我国的建筑节能率不断提升。经过 30 多年的努力，我国建筑节能工作在政策推动、标准支撑、技术保障下取得了很大成绩，主要体现在以下几方面：

（1）已建立较为完备的建筑节能标准体系。1986 年 3 月，原城乡建设环境保护部颁布了我国第一部建筑节能设计标准《民用建筑节能设计标准（采暖居住建筑部分）》（JGJ 26—1986），1996 年 7 月实施经原建设部组织修订后新的《民用建筑节能设计标准》（JGJ 26—1995），2010 年 8 月实施经住房和城乡建设部组织再次修订后的新标准《严寒和寒冷地区居住建筑节能设计标准》（JGJ 26—2010）；2001 年 10 月颁布实施《夏热冬冷地区居住建筑节能设计标准》（JGJ 134—2001），2010 年 8 月起实施经住房和城乡建设部组织修订后的新标准《夏热冬冷地区居住建筑节能设计标准》（JGJ 134—2010）；2003 年 10 月颁布实施《夏热冬暖地区居住建筑节能设计标准》（JGJ 75—2003），2013 年 4 月起实施经住房和城乡建设部组织修订后的新标准《夏热冬暖地区居住建筑节能设计标准》（JGJ 75—2012）；居住建筑节能设计标准覆盖了所有建筑热工设计分区。

2005 年 7 月开始实施我国第一部《公共建筑节能设计标准》（GB 50189—2005），2015 年 10 月起实施经住房和城乡建设部组织修订后新的《公共建筑节能设计标准》（GB 50189—2015）；公共建筑节能标准更加细化和完善，内容更加全面。

2001 年 1 月起实施《既有采暖居住建筑节能改造技术规程》（JGJ 129—2000），2013 年 3 月起实施经住房和城乡建设部组织修订后的新标准《既有居

住建筑节能改造技术规程》（JGJ/T 129—2012）；2009 年 12 月起实施《公共
建筑节能改造技术规范》（JGJ 176—2009）；既有建筑的节能改造有了标准
依据。

2005 年 3 月起实施《外墙外保温工程技术规程》（JGJ 144—2004）；2007
年 10 月起实施《建筑节能工程施工质量验收规范》（GB 50411—2007）；2010
年 7 月起实施《居住建筑节能检测标准》（JGJ/T 132—2009）和《公共建筑
节能检测标准》（JGJ/T 177—2009）；2012 年 5 月起实施《节能建筑评价标
准》（GB/T 50668—2011）；多方面采取措施确保建筑节能工程质量。

2013 年 5 月起实施《农村居住建筑节能设计标准》（GB/T 50824—
2013）；2018 年 1 月起实施《工业建筑节能设计统一标准》（GB 51245—
2017）。目前，建筑节能设计标准几乎涵盖了所有建筑类型。

2006 年 6 月颁布实施第一部《绿色建筑评价标准》（GB/T 50378—
2006），2011 年 10 月实施《民用建筑绿色设计规范》（JGJ/T 229—2010），
2015 年 1 月起实施经住房和城乡建设部组织修订后新的《绿色建筑评价标准》
（GB/T 50378—2014），引导和促进节能建筑向内涵更丰富、指标更全面、评
价更严苛的"四节一环保"的绿色建筑发展。

（2）一系列有关建筑节能的政策法规极大地促进了建筑节能工作。这些年
来，国务院、有关部委及地方主管部门先后颁布了一系列有关促进建筑节能工
作的政策法规，例如，1991 年 4 月发布的中华人民共和国第 82 号总理令，对
于达到《民用建筑节能设计标准》要求的北方节能住宅，其固定资产投资方向
调节税税率为零；1997 年 11 月，《中华人民共和国节约能源法》颁布，第 37
条规定"建筑物的设计与建造应当按照有关法律、行政法规的规定，采用节能
型的建筑结构、材料、器具和产品，提高保温隔热性能，减少采暖、制冷、照
明的能耗"；2000 年 2 月 18 日原建设部令第 76 号《民用建筑节能管理规定》；
原建设部建科〔2004〕174 号文件《关于加强民用建筑工程项目建筑节能审查
工作的通知》；原建设部建科〔2005〕55 号文件《关于新建居住建筑严格执行
节能设计标准的通知》；原建设部建科〔2005〕78 号文件《关于发展节能省地
型住宅和公共建筑的指导意见》；住房和城乡建设部建科〔2008〕80 号文件
《关于试行民用建筑能效测评标识制度的通知》；2008 年 8 月 1 日发布的中华
人民共和国国务院令第 530 号《民用建筑节能条例》；住房和城乡建设部建科
〔2010〕90 号文件《关于切实加强政府办公和大型公共建筑节能管理工作的通

知》、住房和城乡建设部建科 [2010] 93 号文件《关于进一步加强建筑门窗节能性能标识工作的通知》；2012 年 5 月住房和城乡建设部发布的《"十二五"建筑节能专项规划》；2017 年 2 月住房和城乡建设部发布的《建筑节能与绿色建筑发展"十三五"规划》；等等。一系列文件法规的贯彻执行，极大地促进了建筑节能工作。

（3）取得了一批具有应用价值的科技成果。建筑节能工作的发展，也引导和促进了建筑领域的的科学研究，并取得了一批具有应用价值的科技成果，如墙体保温隔热技术，屋面保温隔热技术，门窗密闭保温隔热技术，外保温系统防火构造技术，供暖空调系统节能技术，太阳能、风能利用技术，地源（空气源）热泵技术等可再生能源利用技术。

（4）积极开展建筑节能国际合作，通过试点示范工程，有效带动了我国建筑节能工作。住房和城乡建设部及地方建设主管部门积极开展建筑节能国际合作，实施了一批建筑节能试点示范工程。例如，1991～1996 年中英建筑节能合作项目，1996～2001 年中加建筑节能合作项目，1997 年中国欧盟建筑节能示范工程可行性研究，1999 年至今的中国美国能源基金会建筑节能标准研究项目，2000 年至今的中国世界银行建筑节能与供热改革项目，2001 年中国联合国基金会太阳能建筑应用项目，2005 年中德合作开展的河北既有建筑节能改造示范项目，2010 年中德合作的秦皇岛、哈尔滨超低能耗建筑项目等。这些项目的实施，引入了国外先进的技术和管理经验，有效带动了我国建筑节能工作。

（5）有效实现了建筑节能减排。我国建筑节能工作的实施，不但改善了人们的居住环境质量，而且节能效果显著。至 2010 年，新建建筑累计节能 1.6 亿吨标准煤，既有建筑节能 0.6 亿吨标准煤，共计 2.2 亿吨标准煤，累计减排二氧化碳 5.9 亿吨；北方城镇平均单位建筑面积供暖能耗从 2000 年的 23.1kgce/m^2，降低到 2014 年的 14.6kgce/m^2，降低了 36％。

尽管我国的建筑节能工作取得了很大成绩，但与发达国家相比，仍存在一定差距。

首先，我国标准内容覆盖尚不够全面。我国的建筑节能设计标准作为建筑节能标准体系的核心，目前主要包括围护结构、暖通空调系统两部分；而发达国家的节能设计标准，还包括热水供应系统、照明系统、可再生能源系统、建筑维护等内容，将这些内容统一在一部标准中有利于建筑整体节能。

其次，我国标准相关要求低于国外。国外建筑节能大部分是通过提升建筑围护结构和暖通空调系统、照明系统、热水供应系统的性能实现节能目标，一些国家也通过加强可再生能源使用比例来达到建筑节能的目的。我国在墙体、屋顶、窗户的传热系数和冷水机组等建筑设备的效率要求方面比欧美低，且国家级建筑节能标准在可再生能源使用方面无强制要求。

我国建筑节能设计标准对于节能目标的判定主要采用规定性方法和围护结构权衡判断方法，与一些国家已经推广建筑全寿命周期能耗判断相比，还处于建筑节能标准的中级阶段。

再次，农村居住建筑节能工作进展缓慢。我国现有农村住宅建筑面积约241亿平方米，约占全国房屋建筑面积的43%。我国农村居住建筑建设一直属于农民的个人行为，农村居住建筑的基础标准不完善，设计、建造水平较低。近年来，随着我国农村经济的发展和农民生活水平的提高，农村的生活用能急剧增加，农村能源商品化倾向特征明显。北方地区农村居住建筑绝大部分未进行保温处理，建筑外门窗热工性能和气密性较差；供暖设备简陋、热效率低，造成大量能源浪费，冬季供暖能耗约占生活能耗的80%。南方地区农村居住建筑一般没有隔热降温措施，夏季室温普遍高于30℃以上，居住舒适性差。而发达国家由于城市化水平高及城乡一体化均衡发展，农村住宅节能工作几乎与城市建筑节能工作同步发展，已把现代化的节能技术直接用于乡村住宅。目前，国外对农村住宅的研究主要集中于三方面：一是对低密度住宅的蔓延进行有效指导和开发管理；二是在村镇住宅区规划上采用"可持续宜居"理念，关注居民的持久性健康；三是强调提高村镇住宅全寿命期的资源利用效率，积极鼓励通过科技进步推动村镇住宅向着节能、环保以及产业化方向发展。所以，推进农村居住建筑节能工作是我国美丽村镇建设的重要内容之一。

最后，建筑节能的基础性研究相对薄弱。随着国际社会对碳排放的日益重视以及碳排放概念的逐渐清晰，碳排放量作为一种可量化、可交易的指标，可以使低碳建筑突显出其相对绿色建筑的优势。一些发达国家已将建筑碳排放量计算列入其建筑节能标准，并明确设计建筑的碳排放量不能超过其参照建筑的碳排放量（碳排放限额）。我国在这方面的工作才刚刚起步，一些科研机构正研究建筑碳排放量通用计算方法，只有将碳排放量明确纳入我国建筑节能标准体系的指标中，才能真正意义上推动我国建筑领域为整个社会碳减排目标做出重要贡献。目前，在超低能耗建筑、零能耗建筑方面的研究也存在差距，一些发达国家已提出了实现零能耗建筑的时间表、技术路线图和发展目标。此外，我国建筑节能新技术、新材料、新设备的性能指标与建筑节能的发展要求还有差距。

1.4　我国建筑节能的目标任务

健全和提升建筑节能标准体系，编制覆盖全国范围、配套的建筑节能设计、施工、运行和检测标准，以及与之相适应的建筑材料、设备及系统标准，包括供暖、空调、照明、热水及家用电器性能指标在内，用于新建和改造居住建筑和公共建筑，所有建筑节能标准得到全面实施。

2010～2020 年，在全国范围内有步骤地实施节能率为 65% 的建筑节能标准，2015 年后，部分城市率先实施节能率为 75% 的建筑节能标准；推进供热体制改革，在供暖地区集中供热的建筑按热表计量收费；集中供热的供热厂、热力站和锅炉房设备及系统基本完成技术升级改造，与建筑供暖系统技术改造相适应。

大中城市基本完成既有高耗能建筑和室内热环境差的建筑的节能改造，小城市完成 50% 的既有高耗能建筑和室内热环境差的建筑改造任务；推动农村建筑节能工作。累计建成太阳能建筑 1.5 亿平方米，其中采用光伏发电的 500 万平方米，累计建成利用其他可再生能源的建筑 2000 万平方米。

至 2020 年，新建建筑累计节能 15.1 亿吨标准煤，既有建筑节能 5.7 亿吨标准煤，共计节能 20.8 亿吨标准煤，其中包括节电 3.2 万亿千瓦时，削减空调高峰用电负荷 8000 万千瓦；累计新建建筑减排二氧化碳 40.2 亿吨，既有建筑减排二氧化碳 15.2 亿吨，共计减排二氧化碳 55.4 亿吨。

建筑节能路径由措施控制转为总量和强度双控制。我国在《能源发展战略行动计划（2014—2020 年）》中，明确提出到 2020 年将一次能源消费总量控制在 48 亿吨标准煤左右。这一总量控制目标主要是根据我国能源供应能力、保障能源安全、环境承载能力、控制碳排放目标而确定的。通过分析工农业生产、交通运输、社会和人民生活发展需要，建筑运行能耗总量应控制在 11 亿吨标准煤以内（这一用能总量不包括安装在建筑物本身的可再生能源），约占我国能源消费总量的 23%。如果未来我国人口达到 14.7 亿人，合理的建筑规模应控制在 720 亿平方米，其中城镇住宅 350 亿平方米，农村住宅 190 亿平方米，公共建筑 180 亿平方米。这样的建筑规模可以在控制建筑能耗总量目标、碳排放约束目标以及土地资源等各项约束的前提下，实现社会各项资源的最大化和最优化，满足城镇化进程中人民日益增长的需求。为了实现控制建筑总能耗和碳排放的总目标，还必须控制建筑的能耗强度，如北方建筑的供暖能耗要由现在的 14.6kgce/m^2 下降到 7.02kgce/m^2，农村住宅用能强度由现在的每户 1544kgce 下降到 988kgce。因此，建筑领域的节能任务是实现两个目标：一个是建筑规模总量的宏观规划与控制，另一个是建筑运行能耗的强度控制。

2 建筑节能基础知识

2.1 我国的建筑热工设计分区

2.1.1 节能建筑必须与当地气候特点相适应

建筑必须与当地的气候特点相适应，节能建筑也不例外。我国幅员辽阔，地形复杂。由于地理纬度、地势和地理条件等不同，各地的太阳辐射、风环境、降水、气温、湿度等差异很大。要在这种气候相差悬殊的情况下，创造适宜的室内热环境并节约能源，不同的气候条件对节能建筑提出不同的设计要求，如炎热地区的节能建筑需要考虑建筑防热综合措施，以防夏季室内过热；严寒、寒冷和部分气候温和地区的节能建筑则需要考虑建筑保温的综合措施，以防冬季室内过冷；夏热冬冷地区和部分寒冷地区夏季较为炎热，冬季又较为寒冷，这些地区的节能建筑设计有的需要主要考虑夏季隔热并兼顾冬季保温，有的需要主要考虑冬季保温并兼顾夏季隔热。当然由于以上地区具体的气候特征不同，考虑隔热、保温（或隔热加保温）的主次程度及途径会有所区别。为了体现节能建筑和地区气候间的科学联系，做到因地制宜，必须考虑气候特点的节能设计热工分区，以使各类节能建筑能充分利用和适应当地的气候条件，同时防止或削弱不利气候条件的影响。

2.1.2 我国的建筑热工设计分区

节能建筑的热工设计主要是冬季保温或夏季防热或二者兼顾，具体措施与冬季和夏季的环境温度状况有关。因此，用累年最冷月（即一月）和最热月（即七月）的平均温度作为区划主要指标，累年日平均温度≤5℃和≥25℃的天数作为辅助指标，将全国分成五个一级区划，即严寒地区、寒冷地区、夏热冬

冷地区、夏热冬暖地区、温和地区，并提出相应的热工设计原则，如表 2.1 所示。

我国地域辽阔，每个热工一级区划的面积非常大，同一区划内不同地区气候差异也较大。例如，同为严寒地区的黑龙江漠河和内蒙古额济纳旗，最冷月平均温度相差 18.3℃、$HDD18$ 相差 4110，说明两地冬季寒冷程度和持续时间相差很大，采用相同的设计要求显然不合适。因此，《民用建筑热工设计规范》（GB 50176—2016）采用 $HDD18$、$CDD26$ 作为区划指标，将建筑热工各一级区划进行科学合理细分，该指标既表征了气候寒冷和炎热的程度，也反映了寒冷和炎热持续时间的长短。热工一级区划的细分，对节能建筑热工设计的指导性、针对性更强，使节能建筑的环境适应性更好。建筑热工设计二级区划指标及设计要求如表 2.2 所示。

表 2.1   **建筑热工设计一级区划指标及设计原则**

一级区划名称	区划指标		设计原则
	主要指标	辅助指标	
严寒地区（1）	$t_{min·m} \leqslant -10℃$	$145 \leqslant d_{\leqslant 5}$	必须充分满足冬季保温要求，一般可以不考虑夏季隔热
寒冷地区（2）	$-10℃ < t_{min·m} \leqslant 0℃$	$90 \leqslant d_{\leqslant 5} < 145$	应满足冬季保温要求，部分地区兼顾夏季防热
夏热冬冷地区（3）	$0℃ < t_{min·m} \leqslant 10℃$ $25℃ < t_{max·m} \leqslant 30℃$	$0 \leqslant d_{\leqslant 5} < 90$ $40 \leqslant d_{\geqslant 25} < 110$	必须满足夏季防热要求，适当兼顾冬季保温
夏热冬暖地区（4）	$10℃ < t_{min·m}$ $25℃ < t_{max·m} \leqslant 29℃$	$100 \leqslant d_{\geqslant 25} < 200$	必须充分满足夏季防热要求，一般可不考虑冬季保温
温和地区（5）	$0℃ < t_{min·m} \leqslant 13℃$ $18℃ < t_{max·m} \leqslant 25℃$	$0 \leqslant d_{\leqslant 5} < 90$	部分地区应考虑冬季保温，一般可不考虑夏季防热

注　$t_{min·m}$——最冷月平均温度；$t_{max·m}$——最热月平均温度；$d_{\leqslant 5}$——日平均温度≤5℃的天数；$d_{\geqslant 25}$——日平均温度≥25℃的天数。

表 2.2   **建筑热工设计二级区划指标及设计要求**

二级区划名称	区划指标	设计要求
严寒 A 区（1A）	$6000 \leqslant HDD18$	冬季保温要求极高，必须满足保温设计要求，不考虑防热设计
严寒 B 区（1B）	$5000 \leqslant HDD18 < 6000$	冬季保温要求非常高，必须满足保温设计要求，不考虑防热设计

二级区划名称	区划指标		设计要求
严寒C区 （1C）	3800≤HDD18＜5000		必须满足保温设计要求，可不考虑 防热设计
寒冷A区 （2A）	2000≤HDD18＜3800	CDD26≤90	应满足保温设计要求，可不考虑防 热设计
寒冷B区 （2B）		CDD26＞90	应满足保温设计要求，宜满足隔热 设计要求，兼顾自然通风、遮阳设计
夏热冬冷A区 （3A）	1200≤HDD18＜2000		应满足保温、隔热设计要求，重视 自然通风、遮阳设计
夏热冬冷B区 （3B）	700≤HDD18＜1200		应满足保温、隔热设计要求，强调 自然通风、遮阳设计
夏热冬暖A区 （4A）	500≤HDD18＜700		应满足隔热设计要求，宜满足保温 设计要求，强调自然通风、遮阳设计
夏热冬暖B区 （4B）	HDD18＜500		应满足隔热设计要求，可不考虑保 温设计，强调自然通风、遮阳设计
温和A区 （5A）	CDD26＜10	700≤HDD18 ＜2000	应满足冬季保温设计要求，可不考 虑防热设计
温和B区 （5B）		HDD18＜700	宜满足冬季保温设计要求，可不考 虑防热设计

2.2 建筑围护结构传热原理

室外气候不仅影响室内环境的热舒适度，也影响建筑的使用能耗；其影响程度与建筑围护结构的热工性能直接相关。建筑围护结构对室外气候的防护，在室内外气候条件之间起着缓冲作用。为了创造适宜的室内热环境，必须对建筑物的得热和失热状况有所了解，以便采取相适应的措施，实现对室外气候条件的充分利用或有效控制；同时，达到建筑节能的目的。

2.2.1 建筑围护结构的传热途径

建筑物与周围环境之间的热量交换取决于室内的热微气候与周围环境之间的差异。通过建筑围护结构的传热包含了传导、对流、辐射三种基本方式。冬季，供暖建筑室内气温远高于室外，热量传递的方向是室内传向室外。夏季，室外气温高于室内，热流方向正好相反。即使在冬季，太阳辐射热也可透过窗户传入室内。太阳辐射不仅可以透过窗户直接影响室内，还可以通过墙体和屋面将热量传入室内。房间通风为室内提供新鲜空气的同时，室内外之间也进行着热量交换。因此，建筑物的得热与失热可以概括为围护结构温差传热、太阳辐射得热以及空气对流换热三种途径。其中围护结构温差传热量主要取决于室内外温差、建筑围护结构各部位的热工性能以及这些部位所占的面积。太阳辐射得热受地理位置、室外气候、建筑朝向、季节变化、空气透明度、窗户面积、透光率等多种因素影响。空气对流换热主要取决于房间的通风换气量和室内外温差。此外，室内的冷、热源（如空调、供暖设备等）也为建筑物提供冷量或热量。

在三种传热途径中，围护结构温差传热较为复杂。不同的热作用形式，围护结构的反应会不一样。当室内外的温度持续稳定且两者不相等时，热量就会通过围护结构稳定地由温度高的一侧传向温度低的一侧，这种传热过程称为"稳态传热"。当室内或室外的温度不能保持稳定，通过围护结构的传热量就会随着时间的变化而变化，而且围护结构内部各处的热流也并不相等，这种传热称为"非稳态传热"。由于室外气候在不断变化，即使可由人工设备保持室内温度稳定，通过围护结构的传热过程也仍然是非稳态的。但在一些特定条件下，我们可以采用稳态传热分析方法简化围护结构的传热问题。

2.2.2 建筑围护结构的稳态传热

在北方冬季供暖期间，尽管室外气温有昼夜变化，但昼夜温度波动不大，供暖房间的温度远高于室外且波动极小，这样就决定了热流方向始终是由室内传向室外。因此，在冬季保温设计中，一般以围护结构稳态传热为模型进行热工计算，可使问题大大简化。建筑物在室内外稳态温度场作用下，通过传导、对流、辐射三种方式将室内热量散失到室外。其传热主要经过围护结构内表面吸热、围护结构本身导热、围护结构外表面放热三个过程，不同过程中传热方式也不尽相同，如图 2.1 所示。

1. 围护结构内表面吸热

由于 $t_i > t_e$，室内的热量经过围护结构向室外传递，必然形成 $t_i > \theta_i > \theta_e > t_e$ 的温度分布状态。围护结构内表面在向外侧传热的同时必须从室内空气中得到相等的热量，否则就不可能保持温度 θ_i 的稳定（不符合稳态传热的定义）。因此，内表面从室内空气获得热量的过程称为吸热过程。在这一过程

中，既有与室内空气的对流换热，同时也存在内表面与室内空间各相对表面的辐射换热，其表达式为

$$q_i = \alpha_i (t_i - \theta_i) \qquad (2.1)$$

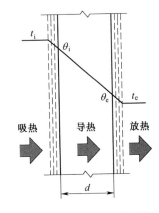

图 2.1　平壁稳态传热过程

式中　q_i——围护结构内表面单位面积、单位时间的吸热量（换热强度），W/m^2；

α_i——围护结构内表面换热系数，$W/(m^2 \cdot K)$；

t_i——室内空气温度（或其他表面的平均温度），℃；

θ_i——围护结构内表面温度，℃。

式（2.1）中的内表面换热系数是包含了对流换热和辐射换热后的一个综合系数。影响表面换热系数的因素很多，如内表面和室内空气之间的温差、表面的状况（粗糙程度、光洁度等），室内气流状况以及表面的位置（水平、垂直或倾斜）等，在建筑节能设计中，一般按表 2.3 取值。

表 2.3　　　　　　内表面换热系数 α_i 和内表面换热阻 R_i

适用季节	表面特征	$\alpha_i / [W/(m^2 \cdot K)]$	$R_i / [(m^2 \cdot K)/W]$
冬季和夏季	墙面、地面，表面平整或有肋状突出物的顶棚，当 $h/s \leqslant 0.3$ 时	8.7	0.11
	有肋状突出物的顶棚，当 $h/s > 0.3$ 时	7.6	0.13

注　h——肋高，s——肋间净距。

2. 围护结构材料层导热

当围护结构内表面从室内吸收热量后，将通过围护结构本身传向室外。由实体材料构成的建筑墙体、屋顶等平壁，通常认为主要通过传导方式传热。尽管在固体材料内部可能因有细小孔隙而存在其他方式的传热，但这部分所占比例甚微，可以忽略不计。

对于单层匀质围护结构（见图 2.1），其导热系数为 λ，厚度为 d，内外两侧表面的温度为 θ_i 和 θ_e，且 $\theta_i > \theta_e$，则通过围护结构的热流强度为

$$q_\lambda = \frac{\lambda(\theta_i - \theta_e)}{d} = \frac{\theta_i - \theta_e}{R} \qquad (2.2)$$

其中
$$R = \frac{d}{\lambda}$$

式中　q_λ ——围护结构单位面积、单位时间内的导热热量（热流强度），
W/m²；

θ_i ——围护结构内表面温度，℃；

θ_e ——围护结构外表面温度，℃；

R ——热阻，(m² · K)/W。

热阻是热流通过围护结构时遇到的阻力，或者说它反映了围护结构抵抗热流通过的能力。在同样的温差条件下，热阻越大，通过围护结构的热量越少，我们就说围护结构保温性能越好。要想增大热阻，可以增加围护结构厚度，或选用导热系数值小的材料。

3. 围护结构外表面放热

因为围护结构外表面温度高于室外空气温度，即 $\theta_e > t_e$，围护结构外表面向室外空气和环境散热。与内表面换热相类似，外表面的散热同样是对流换热和辐射换热的综合。所不同的是换热条件有所变化，因此换热系数也随之不同。其换热强度为

$$q_e = \alpha_e (\theta_e - t_e) \tag{2.3}$$

式中　q_e ——围护结构外表面单位面积、单位时间的散热量（换热强度），
W/m²；

α_e ——围护结构外表面换热系数，W/(m² · K)，按表 2.4 取值；

t_e ——室外空气温度，℃。

表 2.4　　　　　外表面换热系数 α_e 和外表面换热阻 R_e

适用季节	表面特征	α_e /[W/(m² · K)]	R_e /[(m² · K)/W]
冬季	外墙、屋面与室外空气直接接触的地面	23.0	0.04
	与室外空气相通的不采暖地下室上面的楼板	17.0	0.06
	闷顶、外墙上有窗的不采暖地下室上面的楼板	12.0	0.08
	外墙上无窗的不采暖地下室上面的楼板	6.0	0.17
夏季	外墙和屋面	19.0	0.05

综上所述，当室内气温高于室外气温时，围护结构经过上述三个过程向外传热。由于温度只沿着围护结构厚度方向变化，也就是通常所说的一维温度场，而且各界面的温度都处于不随时间变化的稳定状态，因此各界面的传热量

必然相等，即

$$q_i = q_\lambda = q_e = q \tag{2.4}$$

经过数学变换可得

$$q = \cfrac{1}{\cfrac{1}{\alpha_i} + \cfrac{d}{\lambda} + \cfrac{1}{\alpha_e}}(t_i - t_e) \tag{2.5}$$

或者

$$q = \frac{1}{R_i + R + R_e}(t_i - t_e) \tag{2.6}$$

$$= \frac{1}{R_0}(t_i - t_e)$$

$$= K_0(t_i - t_e) \tag{2.7}$$

其中 $\quad R_i = \cfrac{1}{\alpha_i}, \ R_e = \cfrac{1}{\alpha_e}, \ R_0 = R_i + R + R_e, \ K_0 = \cfrac{1}{R_0}$

式中 $\quad q$ ——围护结构单位面积、单位时间的热流强度，W/m²；

$\quad R_i$ ——围护结构内表面换热阻，(m² · K)/W，按表 2.3 取值；

$\quad R_e$ ——围护结构外表面换热阻，(m² · K)/W，按表 2.4 取值；

$\quad R_0$ ——围护结构传热阻，(m² · K)/W；

$\quad K_0$ ——围护结构传热系数，W/(m² · K)。

从式（2.7）可知，在相同的室内、外温差条件下，围护结构传热阻 R_0 越大，通过围护结构所传出的热量就越少。围护结构传热阻表示热量从围护结构一侧空间传到另一侧空间所受到阻碍的大小。围护结构传热阻与传热系数互为倒数关系，显然，围护结构传热系数的物理意义是表示围护结构的总传热能力。围护结构传热阻越大，传热系数越小，通过围护结构的热流强度就越小，围护结构保温性能就越好。围护结构传热阻和传热系数都是衡量围护结构在稳态传热条件下重要的热工性能指标。我国的建筑节能设计标准中都有对建筑围护结构各主要部位传热系数的限值要求。

对于由多层材料构成的围护结构，如图 2.2 所示，其传热阻和传热系数按下述方法计算：

$$R_0 = R_i + R_1 + R_2 + R_3 + R_e$$

$$= R_i + \frac{d_1}{\lambda_1} + \frac{d_2}{\lambda_2} + \frac{d_3}{\lambda_3} + R_e \tag{2.8}$$

$$K_0 = \frac{1}{R_0} \qquad (2.9)$$

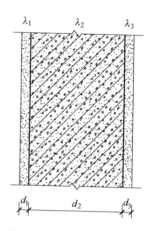

在我国南方广大地区，夏季气候炎热，为改善室内热舒适度并实现节能目的，需进行隔热设计。白天，建筑围护结构在室外热空气和太阳热辐射的共同（即室外综合温度）作用下，围护结构外表面温度可能远高于（朝向不同会有差别）室外空气温度，且高于室内空气温度，这样，热流通过围护结构由室外传向室内；晚上，室外环境因长波辐射散热降温快于室内，室外空气温度低于室内空气温度，围护结构外表面温度低于内表面温度，热流通过围护结构由室内传向室外。

图 2.2　多层材料围护结构

这样通过围护结构的热流方向、热流量及围护结构内部的温度分布随时间在变化，这种传热过程是较为典型的周期性非稳态传热，建筑热工学中通常以简谐传热为模型进行隔热设计。因为简谐传热计算较为复杂，常使用计算机进行建筑节能设计计算。

2.3　建筑节能设计中的常用基本术语

（1）导热系数（coefficient of thermal conductivity）：稳态传热条件下，1m 厚的物体两侧表面温差为 1K 时，单位时间内通过单位面积传递的热量，单位 W/(m·K)。

（2）比热容（specific heat）：1kg 的物质，温度升高或降低 1K 时，所需吸收或放出的热量，单位 J/(kg·K)。

（3）材料蓄热系数（coefficient of thermal storage）：当某一足够厚度的单一材料层一侧受到谐波热作用时，表面温度将按同一周期波动，通过表面的热流波幅与表面温度波幅的比值。其值越大，材料的热稳定性越好，单位 W/(m²·K)。

（4）围护结构（building envelope）：分隔建筑室内与室外，以及建筑内部使用空间的建筑部件。它分为透明和不透明两部分：不透明围护结构有墙、屋顶、楼板和地面等；透明围护结构有窗户、天窗和阳台门等。

（5）表面换热系数（surface coefficient of heat transfer）：围护结构表面和与之接触的空气之间通过对流和辐射换热，在单位温差作用下，单位时间内通过单位面积的热量，在内表面，称为内表面换热系数；在外表面，称为外表面换热系数，单位 W/(m²·K)。

（6）表面换热阻（surface resistance of heat transfer）：围护结构两侧表面空气边界层阻抗传热能力的物理量，是表面换热系数的倒数。在内表面，称为内表面换热阻；在外表面，称为外表面换热阻，单位 (m³·K)/W。

（7）建筑物体形系数（shape coefficient of building）：建筑物与室外大气接触的外表面面积 F_0 与其所包围的体积 V_0 的比值。外表面面积中不包括地面和不采暖楼梯间隔墙与户门的面积。

（8）围护结构传热系数（overall heat transfer coefficient of building enve-lope）：在稳态传热条件下，围护结构两侧空气为单位温差时，单位时间内通过单位面积传递的热量，单位 W/(m²·K)。

（9）外墙平均传热系数（hert transfer coefficient of external wall）：考虑了墙上存在的热桥影响后得到的外墙传热系数，单位 W/(m²·K)。

（10）围护结构传热系数的修正系数（correction factor for overall heat transfer of building envelope）：有效传热系数与传热系数的比值。实质上是围护结构因受太阳辐射和天空辐射影响而使传热量改变的修正系数。

（11）热阻（trermal resistance）：表征围护结构本身或其中某层材料阻抗传热能力的物理量，单位 (m²·K)/W。

（12）围护结构传热阻（thermal resistance of building envelope）：表征围护结构本身加上两侧表面空气边界层作为一个整体阻抗传热能力的物理量，是结构材料层热阻与两侧表面换热阻之和，单位 (m²·K)/W。

（13）围护结构热惰性指标（index of thermal inertia of building envelope）：表征围护结构抵抗温度波动和热流波动能力的无量纲指标。

（14）窗墙面积比（ratio of window area to wall area）：窗户洞口面积与房间立面单元面积（即建筑层高与开间定位线围成的面积）的比值。

（15）单一立面窗墙面积比（single façade window to wall ratio）：建筑某一个立面的窗户洞口面积与该立面的总面积之比，简称窗墙面积比。

（16）外窗遮阳系数（shading coefficient of window）：表征窗玻璃在无其他遮阳措施情况下对太阳辐射透射得热的减弱程度。其数值为透过窗玻璃的太阳辐射得热与透过 3mm 厚普通透明窗玻璃的太阳辐射得热之比值。

（17）外窗综合遮阳系数（overall shading coefficient of window）：考虑窗本身和窗口外遮阳装置综合遮阳效果的一个系数，其值为窗本身的遮阳系数与窗口外遮阳系数的乘积。

（18）采暖期室外平均温度（outdoor mean air temperature during heating period）：在采暖期起止日期内，室外逐日平均温度的平均值。

（19）采暖度日数（HDD18）（heating degree day based on 18℃）：一年中，当某天室外日平均温度低于 18 ℃时，将该日平均温度与 18℃的差值乘以1d，并将此乘积累加，得到一年的采暖度日数，单位℃ · d。

（20）空调度日数（CDD26）（cooling degree day based on 26℃）：一年中，当某天室外日平均温度高于 26℃时，将该日平均温度与 26℃的差值乘以1d，并将此乘积累加，得到一年的空调度日数，单位℃ · d。

（21）建筑物耗冷量指标（index of cooling loss of building）：按照夏季室内热环境设计标准和设定的计算条件，计算出的单位建筑面积在单位时间内消耗的需由空调设备提供的冷量。

（22）建筑物耗热量指标（index of heat loss of building）：在供暖期室外平均温度条件下，为保持室内设计计算温度，单位建筑面积在单位时间内消耗的需由室内供暖设备供给的热量。

（23）供暖能耗（energy consumption for heating）：用于建筑物供暖所消耗的能量，其中包括供暖系统运行过程中消耗的热量和电能，以及建筑物耗热量。

（24）节能诊断（energy diagnosis）：通过现场调查、检测以及对能源消费账单和设备历史运行记录的统计分析等，找到建筑物能源浪费的环节，为建筑物的节能改造提供依据的过程。

（25）能源消费账单（energy expenditure bill）：建筑物使用者用于能源消费结算的凭证或依据。

（26）空调、供暖设备能效比（energy efficiency ratio）：在额定工况下，空调、供暖设备提供的冷量或热量与设备本身所消耗的能量之比。

（27）典型气象年（typical meteorological year）：以近 30 年的月平均值为依据，从近 10 年的资料中选取一年各月接近 30 年的平均值作为典型气象年。由于选取的月平均值在不同的年份，资料不连续，还需要进行月间平滑处理。

（28）热桥（thermal bridge）：围护结构中热流强度显著增大的部位。

（29）可见光透射比（visible transmittance）：透过透明材料的可见光光通量与投射在其表面上的可见光光通量之比。

（30）围护结构热工性能权衡判断（building envelope trade－off option）：当所设计建筑不能完全满足节能标准提出的规定性指标时，需计算并比较参照建筑和所设计建筑的全年供暖和空气调节能耗，判定所设计建筑围护结构的总体热工性能是否符合节能要求的方法。

（31）可再生能源（renewable energy）：从自然界获取的、可以再生的非化石类能源，包括风能、太阳能、水能、生物质能、地热能和海洋能等。

（32）空气源热泵（air-source heat pump）：以空气为低位热源的热泵，通常有空气/空气热泵、空气/水热泵等形式。

（33）水源热泵（water-source heat pump）：以水为低位热源的热泵，通常有水/水热泵、水/空气热泵等形式。

（34）地源热泵（ground-source heat pump）：以土壤或水为热源、水为载体在封闭环路中循环进行热交换的热泵。通常有地下埋管、井水抽灌和地表水盘管等系统形式。

（35）设计建筑（designed building）：正在设计的、需要进行节能判定的建筑。

（36）参照建筑（reference building）：进行围护结构热工性能权衡判断时，作为计算满足标准要求的全年供暖和空气调节能耗用的基准建筑。参照建筑的形状、大小、朝向等与设计建筑完全一致，能耗满足相关节能标准的限定值。

（37）太阳得热系数（solar heat gain coefficient）：通过透光围护结构（门窗或透光幕墙）的太阳辐射室内得热量与投射到透光围护结构（门窗或透光幕墙）外表面上的太阳辐射量的比值。

（38）换气体积（volume of air circulation）：需要通风换气的房间体积。

（39）换气次数（air exchange rate）：单位时间内室内空气的更换次数。

2.4 建筑节能设计中的能耗计算方法

2.4.1 建筑节能设计的性能判定

建筑节能设计涉及室内热环境质量参数、建筑热工设计区划、建筑使用功能、建筑规划、建筑单体设计、围护结构热工性能及建筑设备选型等诸多方面，搞好建筑节能设计需要多种知识和技术的高度集成并优化设计。在实际工程设计中，建筑设计人员不可能对每一个具体工程都全面深入地进行上述各项内容的分析，从而优化设计。为此，我国建筑节能设计标准编制者在总结国内外工程实践经验和科学研究的基础上，针对有代表性的典型工程条件，根据计算机动态模拟结果，对影响建筑物节能效果的关键参数值作出规定，以"标准"的形式提供给广大设计人员，这些参数值即规定性指标，如建筑物体形系数限值、不同朝向窗墙面积比限值、建筑围护结构传热系数限值、建筑外门窗气密性等级限值等规定性指标。当建筑设计人员所设计的建筑完全符合相关节能设计标准中的规定性指标的限值要求时，就不用再进行复杂高深、过程烦琐的能耗计算分析，可直接判定所设计建筑符合相关节能设计标准，不但大大节省时间，提高设计效率，而且可在一定程度上保证建筑节能设计的质量和合理性。

　　规定性指标在一定范围内是普遍适用的、合理的。但由于所设计的建筑千变万化，每一项具体工程都有其不同于普遍情况的特殊性。当所设计的建筑不能全部满足相关节能设计标准中的规定性指标要求时，就不能简单地判定所设计的建筑是否满足节能设计标准要求。这种情况下，为使所设计建筑符合相关节能设计标准，确保建筑整体节能效果，必须按性能指标来控制节能设计，即必须进行建筑围护结构热工性能的权衡判断，要求所设计建筑的耗能量应不超过参照建筑在同样条件下计算得出的耗能量，通常这种复杂的对比计算需要使用专门的建筑能耗分析（或建筑节能辅助设计分析）软件来完成。因严寒和寒冷地区居住建筑夏季空调降温的需求相对很小，所以，建筑围护结构热工性能的权衡判断是以建筑物耗热量指标为判据，计算得到的所设计居住建筑的建筑物耗热量指标应小于或等于附录 A 中表 A.0.1-2 的限值。

2.4.2　建筑物耗热量指标的计算

　　建筑物耗热量指标是指在供暖期室外平均温度条件下，为保持室内设计温度，单位建筑面积在单位时间内散失的、需由室内供暖设备供给的热量。不同建筑热工设计区划的建筑物耗热量指标也不同。建筑物耗热量指标是严寒和寒冷地区居住建筑围护结构热工性能权衡判断的判据。在严寒和寒冷地区，所设计的居住建筑的耗热量指标不能大于节能标准规定的限值。

建筑物耗热量指标应按下式计算：

$$q_H = q_{HT} + q_{INF} - q_{IH} \tag{2.10}$$

式中　q_H——建筑物耗热量指标，W/m^2；

q_{HT}——折合到单位建筑面积上单位时间内通过建筑围护结构的传热量，W/m^2；

q_{INF}——折合到单位建筑面积上单位时间内建筑物空气渗透耗热量，W/m^2；

q_{IH}——折合到单位建筑面积上单位时间内建筑物内部得热量，取$3.8W/m^2$。

（1）折合到单位建筑面积上单位时间内通过建筑围护结构的传热量，应按下式计算：

$$q_{HT} = q_{Hq} + q_{Hw} + q_{Hd} + q_{Hmc} + q_{Hy} \tag{2.11}$$

式中　q_{Hq}——折合到单位建筑面积上单位时间内通过墙的传热量，W/m^2；

q_{Hw}——折合到单位建筑面积上单位时间内通过屋面的传热量，W/m^2；

q_{Hd}——折合到单位建筑面积上单位时间内通过地面的传热量，W/m^2；

q_{Hmc}——折合到单位建筑面积上单位时间内通过门、窗的传热量，W/m^2；

q_{Hy}——折合到单位建筑面积上单位时间内非采暖封闭阳台的传热量，W/m^2。

1）折合到单位建筑面积上单位时间内通过外墙的传热量，应按下式计算：

$$q_{Hq} = \frac{\sum q_{Hqi}}{A_0} = \frac{\sum \varepsilon_{qi} K_{mqi} F_{qi} (t_n - t_e)}{A_0} \tag{2.12}$$

式中　ε_{qi}——外墙传热系数的修正系数，应根据附录E中的表E.0.2确定；

K_{mqi}——外墙平均传热系数，$W/(m^2 \cdot K)$，应根据附录B计算确定；

F_{qi}——外墙的面积，m^2，可根据附录F的规定计算确定；

t_n——室内计算温度，取18℃；当外墙内侧是楼梯间时，则取12℃；

t_e——采暖期室外平均温度，℃；应根据附录A中表A.0.1-1确定；

A_0——建筑面积，m^2，可根据附录F的规定计算确定。

2）折合到单位建筑面积上单位时间内通过屋面的传热量，应按下式计算：

$$q_{Hw} = \frac{\sum q_{Hwi}}{A_0} = \frac{\sum \varepsilon_{wi} K_{wi} F_{wi}(t_n - t_e)}{A_0} \qquad (2.13)$$

式中　q_{Hw}——折合到单位建筑面积上单位时间内通过屋面的传热量，W/m²；

　　　ε_{wi}——屋面传热系数的修正系数，应根据附录 E 中的表 E.0.2 确定；

　　　K_{wi}——屋面传热系数，W/(m²·K)；

　　　F_{wi}——屋面的面积，m²，可根据附录 F 的规定计算确定。

　　3）折合到单位建筑面积上单位时间内通过地面的传热量，应按下式计算：

$$q_{Hd} = \frac{\sum q_{Hdi}}{A_0} = \frac{\sum K_{di} F_{di}(t_n - t_e)}{A_0} \qquad (2.14)$$

式中　K_{di}——地面传热系数，W/(m²·K)，应根据附录 C 的规定计算确定；

　　　F_{di}——地面的面积，m²，应根据附录 F 的规定计算确定。

　　4）折合到单位建筑面积上单位时间内通过外窗（门）的传热量应按下式计算：

$$q_{Hmc} = \frac{\sum q_{Hmci}}{A_0} = \frac{\sum [K_{mci} F_{mci}(t_n - t_e) - I_{tyi} C_{mci} F_{mci}]}{A_0} \qquad (2.15)$$

$$C_{mci} = 0.87 \times 0.70 \times SC \qquad (2.16)$$

式中　K_{mci}——窗（门）的传热系数，W/(m²·K)；

　　　F_{mci}——窗（门）的面积，m²；

　　　I_{tyi}——窗（门）外表面采暖期平均太阳辐射热，W/m²，应根据附录 A 中表 A.0.1-1 确定；

　　　C_{mci}——窗（门）的太阳辐射修正系数；

　　　SC——窗的综合遮阳系数，按式（2.17）计算；

　　0.87——3mm 普通玻璃的太阳辐射透过率；

　　0.70——折减系数。

　　窗的综合遮阳系数应按下式计算：

$$SC = SC_C \times SD = SC_B \times (1 - F_K/F_C) \times SD \qquad (2.17)$$

式中　SC——窗的综合遮阳系数；

　　　SC_C——窗本身的遮阳系数；

　　　SC_B——玻璃的遮阳系数；

　　　F_K——窗框的面积；

F_C ——窗的面积，F_K/F_C 为窗框面积比，PVC 塑钢窗或木窗窗框面积比可取 0.30，铝合金窗窗框面积比可取 0.20；

SD ——外遮阳的遮阳系数，应按附录 D 的规定计算。

5）折合到单位建筑面积上单位时间内通过非采暖封闭阳台的传热量，应按下式计算：

$$q_{Hy} = \frac{\sum q_{Hyi}}{A_0} = \frac{\sum \left[K_{qmci} F_{qmci} \zeta_i (t_n - t_e) - I_{tyi} C'_{mci} F_{mci} \right]}{A_0} \quad (2.18)$$

$$C'_{mci} = (0.87 \times SC_W) \times (0.87 \times 0.70 \times SC_N) \quad (2.19)$$

式中 K_{qmci} ——分隔封闭阳台和室内的墙、窗（门）的平均传热系数，$W/(m^2 \cdot K)$；

F_{qmci} ——分隔封闭阳台和室内的墙、窗（门）的面积，m^2；

ζ_i ——阳台的温差修正系数，应根据附录 E 中的表 E.0.4 确定；

I_{tyi} ——封闭阳台外表面采暖期平均太阳辐射热，W/m^2，应根据附录 A 中表 A.0.1-1 确定；

C'_{mci} ——分隔封闭阳台和室内的窗（门）的太阳辐射修正系数；

F_{mci} ——分隔封闭阳台和室内的窗（门）的面积，m^2；

SC_W ——外侧窗的综合遮阳系数，按式（2.17）计算；

SC_N ——内侧窗的综合遮阳系数，按式（2.17）计算。

（2）折合到单位建筑面积上单位时间内建筑物空气换气耗热量，应按下式计算：

$$q_{INF} = \frac{(t_n - t_e)(C_p \rho N V)}{A_0} \quad (2.20)$$

式中 C_p ——空气的比热容，取 0.28 $(W \cdot h)/(kg \cdot K)$；

ρ ——空气的密度，kg/m^3，取采暖期室外平均温度 t_e 下的值；

N ——换气次数，取 $0.5h^{-1}$；

V ——换气体积，m^3，可根据附录 F 的规定计算确定。

3 建筑节能设计

3.1 建筑规划中的节能设计

建筑规划中的节能设计是建筑节能设计的重要内容之一，规划设计从分析建筑物所在地区的气候特点、地理条件出发，将节能设计与建筑设计和能源的有效利用相结合：使建筑在冬季最大限度地利用可再生能源，如太阳能等，尽可能多地争取有利得热和减少热损失；夏季最大限度地减少得热并利用自然能源，如通过利用自然通风等手段来加速散热、降低室温。

建筑规划中的节能设计主要是对建筑的总平面布置、建筑体形、太阳能利用、自然通风及建筑室外环境绿化、水景布置等进行设计。具体规划设计要结合建筑布局、建筑体形、建筑朝向、建筑间距等几个方面进行。

3.1.1 建筑布局

建筑布局与建筑节能密切相关。影响建筑规划设计布局的主要气候因素有日照、风向、气温、雨雪等。在进行规划设计时，可通过建筑布局，形成优化微气候环境的良好界面，建立气候防护单元，对节能也是很有利的。设计组织气候防护单元，要充分根据规划地域的自然环境因素、气候特征、建筑物的功能等形成利于节能的区域空间，充分利用和争取日照，避免季风的干扰，组织内部气流，利用建筑的外界面，形成对冬季恶劣气候条件的有利防护，改善建筑的日照和风环境，达到节能的效果。

建筑群的布局可以从平面和空间两个方面考虑。一般的建筑组团平面布局有行列式、周边式、混合式、自由式等，如图 3.1 所示。它们都有各自的特点。

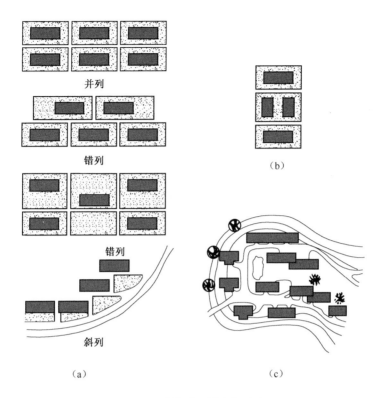

并列

错列

(b)

错列

斜列

（a）　　　　　　　　　　　　　（c）

图 3.1　建筑群平面布局形式

（a）行列式；（b）周边式；（c）自由式

（1）行列式：建筑物成排成行地布置。这种布置方式能够争取最好的建筑朝向。若注意保持建筑物间的日照间距，可使大多数居住房间得到良好的日照，并有利于自然通风，是目前广泛采用的一种布局方式。其中错列式可以避免"风影效应"，同时利用山墙空间争取日照。

（2）周边式：建筑沿街道周边布置。这种布置方式虽然可以使街坊内空间集中开阔，但有相当多的居住房间得不到良好的日照，对自然通风也不利，所以这种布置方式仅适用于严寒和部分寒冷地区。

（3）混合式：行列式和部分周边式的组合形式。这种布置方式可较好地组成一些气候防护单元，同时又有行列式兼顾日照通风的优点，在严寒和部分寒冷地区是一种较好的建筑群组团方式。

（4）自由式：当地形比较复杂时，密切结合地形构成自由变化的布置形式。这种布置方式可以充分利用地形特点，便于采用多种平面形式和高低层及长短不同的体型组合。可以避免互相遮挡阳光，对日照及自然通风有利，是最常见的一种组团布置形式。

此外，规划布局中要注意点、条组合布置，将点式建筑布置在朝向好的位置，条状建筑布置在其后，有利于利用空隙争取日照，如图3.2所示。

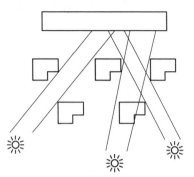

图 3.2 条状建筑与点式建筑结合布置争取最佳日照

从空间方面考虑，在组合建筑群中，当一栋建筑远高于其他建筑时，它在迎风面上会受到沉重的下冲气流的冲击，如图3.3（b）所示。当若干栋建筑组合时，在迎冬季来风方向减少某一栋建筑，均能产生由于其间的空地带来的下冲气流，如图3.3（c）所示。这些下冲气流与附近水平方向的气流形成高速风及涡流，从而加大风压，加大热损失。

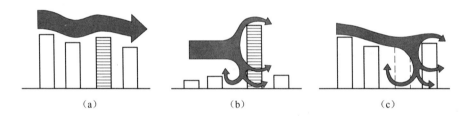

（a） （b） （c）

图 3.3 建筑物组合产生的下冲气流

（a）建筑物高度、间距相近时的气流状况；（b）高大建筑物迎风面的气流状况；

（c）建筑物间距增大时的气流状况

在我国南方及东南沿海地区，重点是考虑夏季防热和加强自然通风。建筑规划设计时应重视科学合理利用山谷风、水陆风、街巷风、林园风等自然资源，选择利于室内通风、改善室内热环境的建筑布局，从而降低空调能耗。

3.1.2 建筑体形

3.1.2.1 建筑物体形系数与节能的关系

建筑体形的变化直接影响建筑供暖、空调能耗的大小，所以建筑体形的设计应尽可能利于节能，具体设计中通过控制建筑物体形系数达到减少建筑物能耗的目的。

建筑物体形系数（S）是指建筑物与室外大气接触的外表面积（F_0）.（不包括地面、不采暖楼梯间隔墙和户门的面积）与其所包围的体积（V_0）的比值，即

$$S = \frac{F_0}{V_0} \tag{3.1}$$

建筑物体形系数的大小对建筑能耗的影响非常显著。体形系数越大，表明单位建筑空间所分担的受室外冷、热气候环境作用的外围护结构面积越大，供暖能耗就越多。研究表明：建筑物体形系数每增加 0.01，供暖耗能量增加 2.5% 左右。

以一栋建筑面积 3000m² 的 6 层住宅建筑为例，高度为 17.4m，围护结构平均传热系数相同，当体形不同时，每平方米建筑面积耗能量也不同，如表 3.1 所示（以正方形建筑的耗能量为 100%）。

表 3.1　　　　　　　　不同体形系数耗热量指标比较

平面形式	平面尺寸	外表面积 /m²	体形系数	每平方米建筑面积耗能量与正方形时比值（%）
圆　形	$r = 12.62m$	1879.7	0.216	91.4
长：宽＝1：1	22.36m×22.36m	2056.3	0.236	100
长：宽＝4：1	44.72m×11.18m	2445.3	0.281	118.9
长：宽＝6：1	54.77m×9.13m	2723.7	0.313	132.5

体形系数不只影响建筑物耗能量，它还与建筑层数、体量、建筑造型、平面布局、采光通风等密切相关。所以，从降低建筑使用能耗的角度出发，在满足建筑使用功能、优化建筑平面布局、美化建筑造型的前提下，应尽可能地将建筑物体形系数控制在一个较小的范围内。

3.1.2.2 控制建筑物体形系数

建筑物体形系数常受多种因素影响，且人们设计时常追求建筑体形的变化，不满足仅采用简单的几何形体，所以详细讨论控制建筑物体形系数的途径是比较困难的。

控制建筑物体形系数是为了使特定体积的建筑物在冬季和夏季冷热作用下，从面积因素考虑，建筑物外围护部分接受的冷、热量尽可能最少，从而减小建筑物的耗能量。一般来讲，可以采取以下几种方法控制或减小建筑物的体形系数。

（1）加大建筑体量。加大建筑体量即加大建筑的基底面积，增加建筑物的长度和进深尺寸。多层住宅是建筑中常见的住宅形式，且基本上是以不同套型组合的单元式住宅。以套型面积为 $115m^2$、层高 $2.8m$ 的 6 层单元式住宅为例计算（取进深为 $10m$，建筑长度为 $23m$）。

当为一个单元组合成一幢时，体形系数 $S = \dfrac{F_0}{V_0} = \dfrac{1418}{4140} = 0.34$

当为两个单元组合成一幢时，体形系数 $S = \dfrac{F_0}{V_0} = \dfrac{2476}{8280} = 0.30$

当为三个单元组合成一幢时，体形系数 $S = \dfrac{F_0}{V_0} = \dfrac{3534}{12420} = 0.29$

尤其是严寒、寒冷和部分夏热冬冷地区保温性能较差的建筑，其耗能量指标随体形系数的增加近乎直线上升。所以，低层和少单元住宅对节能不利，即体量较小的建筑物不利于节能。对于高层建筑，在建筑面积相近的条件下，高层塔式住宅耗能量指标比高层板式住宅高 10%～14%。

在夏热冬暖和部分夏热冬冷地区，建筑物全年能耗主要是夏季的空调能耗。由于室内外的空气温差远不如严寒和寒冷地区大，且建筑物外围护结构存在白天得热、夜间散热现象，所以，体形系数的变化对建筑空调能耗的影响比严寒和寒冷地区对建筑供暖能耗的影响小。

（2）外形变化尽可能减至最低限度。据此就要求建筑物在平面布局上外形不宜凹凸太多，体形不要太复杂，尽可能力求规整，以减少因凹凸太多造成外围护面积增大而提高建筑物体形系数，从而增大建筑物耗能量。

（3）合理提高建筑物层数。低层住宅对节能不利，体积较小的建筑物，其外围护结构的热损失要占建筑物总热损失的绝大部分。增加建筑物层数对减少建筑能耗有利，然而层数增加到 8 层以上后，层数的增加对建筑节能的作用趋于不明显。

（4）对于体形不易控制的点式建筑，可采取用裙楼连接多个点式楼的组合体形形式。

对建筑体形系数的控制是建筑节能设计标准中的重要内容，在不同热工区划的居住建筑及公共建筑的节能设计标准中对于体形系数的限值应满足表 3.2 的要求。

表 3.2 　　　　　　不同热工区划居住建筑与公共建筑体形系数的限值

热工区划	居住建筑				公共建筑	
	建筑层数				单栋建筑面积 A / m^2	
	≤3 层	4～8 层	9～13 层	≥14 层	300<A≤800	A>800
严寒地区	0.50	0.30	0.28	0.25	≤0.50	≤0.40
寒冷地区	0.52	0.33	0.30	0.26	≤0.50	≤0.40
夏热冬冷地区	≤3 层	4～11 层		≥12 层	—	
	0.55	0.40		0.35		
夏热冬暖地区	建筑体形				—	
	单元式、通廊式建筑		塔式建筑			
	0.35		0.4			

注　本表是根据《严寒和寒冷地区居住建筑节能设计标准》（JGJ 26—2018）、《夏热冬冷地区居住建筑节能设计标准》（JGJ 134—2010）、《夏热冬暖地区居住建筑节能设计标准》（JGJ 75—2012）以及《公共建筑节能设计标准》（GB 50189—2015）中规定的建筑体形系数的限值编制而成。实际应用时需根据上述标准的要求使用。

需要说明的是，随着建筑节能标准对外围护结构热工性能的要求不断提高，体形系数对建筑能耗的影响程度在降低。

3.1.3 建筑朝向

3.1.3.1 良好的建筑朝向利于建筑节能

对于居住建筑和内热不大的部分公共建筑，其朝向对建筑节能影响很大，这已是人们的共识。朝向是指建筑物正立面墙面的法线与正南方向间的夹角。朝向选择的原则是使建筑物冬季能获得尽可能多的日照，且主要房间避开冬季主导风向，同时考虑夏季尽量减少太阳辐射得热。例如，处于南北朝向的长条形建筑物，由于太阳高度角和方位角的变化规律，冬季获得的太阳辐射热较多，而且在建筑面积相同的情况下，主朝向面积越大，这种倾向越明显；此外，建筑物夏季可以减少太阳辐射得热，主要房间避免受东、西日晒。因此，从建筑节能的角度考虑，如总平面布置允许自由选择建筑物的形状、朝向时，则应首选长条形建筑体形，且采用南北朝向或接近南北朝向为好。

然而，在规划设计中，影响建筑体形、朝向方位的因素很多，如地理纬度、基址环境、局部气候及暴雨特征、建筑用地条件、道路组织、小区通风等，要达到既能满足冬季保温又可夏季防热的理想朝向有时是困难的，我们只能权衡各种影响因素之间的利弊轻重，选择出某一地区建筑的最佳朝向或较好朝向。

选择建筑朝向需要考虑以下几个方面的因素：

（1）冬季要有适量并具有一定质量的阳光射入室内。

（2）炎热季节的中午至傍晚尽量减少太阳辐射通过窗口直射室内和建筑外墙面。

（3）冬季避免冷风侵袭，夏季应有良好的通风。

（4）充分利用地形并注意节约用地。

（5）兼顾居住建筑和其他公共建筑组合的需要。

3.1.3.2 朝向对建筑日照及接收太阳辐射量的影响

处于不同地区和冬夏气候条件下，同一朝向的居住和公共建筑在日照时数和日照面积上是不同的。由于冬季和夏季太阳方位角、高度角变化的辐度较大，各个朝向墙面所获得的日照时间、太阳辐射照度相差很大。因此，要对不同朝向墙面在不同季节的日照时数进行统计，求出日照时数的平均值，作为综合分析朝向的依据。分析室内日照条件和朝向的关系，应选择在最冷月有较长的日照时间和较大日照面积以及最热月有较少的日照时间和较小的日照面积的朝向。

对于太阳辐射作用，在此只考虑太阳直接辐射作用。设计参数一般选用最冷月和最热月的太阳累计辐射照度。图 3.4 是北京和上海地区太阳辐射量图。从图中可以看到，北京地区冬季各朝向墙面上接收的太阳直接辐射热量以南向最高，为 $16529kJ/(m^2 \cdot d)$，东南和西南向次之，东、西向则较少；而在北偏东或偏西 $30°$ 朝向范围内，冬季接收不到太阳直射辐射热。在夏季北京地区以东、西向墙面接收的太阳直接辐射热最多，分别为 $7184kJ/(m^2 \cdot d)$ 和 $8829kJ/(m^2 \cdot d)$；南向次之，为 $4990kJ/(m^2 \cdot d)$；北向最少，为 $3031kJ/(m^2 \cdot d)$。由于太阳直接辐射照度一般是上午低、下午高，所以无论是冬季还是夏季，建筑墙面上所受太阳辐射量都是偏西比偏东的朝向稍高一些。

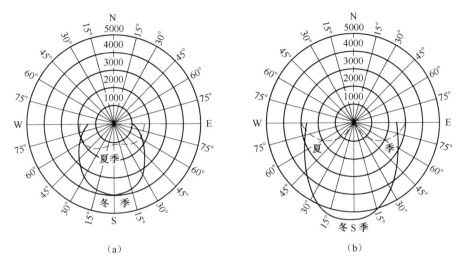

图 3.4　北京和上海地区太阳辐射量

(a) 北京地区；(b) 上海地区

太阳辐射中，紫外线所占比例是随太阳高度角增加而增加的，一般正午前后紫外线最多，日出及日落时段最少。因此，在选定建筑朝向时要注意考虑居室所获得的紫外线量。这是基于室内卫生和利于人体健康的考虑。此外，还要考虑主导风向对建筑物冬季热损耗和夏季自然通风的影响。表 3.3 是综合考虑以上几方面因素后给出的我国部分地区居住建筑朝向的建议，作为设计时朝向选择的参考。

表 3.3　　　　　　　　　　全国部分地区居住建筑建议朝向

地　　区	最佳朝向	适宜朝向	不宜朝向
北京地区	南偏东 30°以内 南偏西 30°以内	南偏东 45°以内 南偏西 45°以内	北偏西 30°～ 60°
上海地区	南至南偏东 15°	南偏东 30°以内 南偏西 15°	北、西北
呼和浩特地区	南至南偏东 南至南偏西	东南、西南	北、西北
哈尔滨地区	南偏东 15°～ 20°	南至南偏东 20° 南至南偏西 15°	西北、北
长春地区	南偏东 30° 南偏西 10°	南偏东 45° 南偏西 45°	北、东北、西北

续表

地　区	最佳朝向	适宜朝向	不宜朝向
沈阳地区	南、南偏东 20°	南偏东至东 南偏西至西	东北东至西北西
杭州地区	南偏东 10°～15°	南、南偏东 30°	北、西
福州地区	南、南偏东 5°～10°	南偏东 20°以内	西
郑州地区	南偏东 15°	南偏东 25°	西北
西安地区	南偏东 10°	南、南偏西	西、西北

3.1.4 建筑间距

在确定好建筑朝向后，还应特别注意建筑物之间应有合理的间距，这样才能保证建筑物获得充足的日照。这个间距就是建筑物的日照间距。建筑规划设计时应结合建筑日照标准、建筑节能原则、节地原则，综合考虑各种因素来确定建筑日照间距。

居住建筑的日照标准一般以日照时间和日照质量来衡量。

1. 日照时间

我国地处北半球温带地区，居住及公共建筑总希望在夏季能够避免较强日照，而冬季又希望能够获得充分的直接阳光照射，以满足室内卫生、建筑采光及辅助得热的需要。为了使居室能得到最低限度的日照，一般以底层居室窗台获得日照为标准。北半球太阳高度角全年的最小值是在冬至日。因此，确定居住建筑日照标准时通常将冬至日或大寒日定为日照标准日，每套住宅至少应有一个居住空间能获得日照，且日照标准应符合表 3.4 的规定。老年人住宅不应

表 3.4　　　　　　　　　住宅建筑日照标准

建筑气候区划	Ⅰ、Ⅱ、Ⅲ、Ⅶ气候区		Ⅳ气候区		Ⅴ、Ⅵ气候区
	大城市	中小城市	大城市	中小城市	
日照标准日	大寒日			冬至日	
日照时数/h	≥2	≥3			≥1
有效日照时间带/h （当地真太阳时）	8～16			9～15	
日照时间计算起点	底层窗台面				

注　底层窗台面是指距室内地坪 0.9m 高的外墙位置。

低于冬至日日照时数 2h 的要求，旧区改建的项目内新建住宅日照标准可酌情降低，但应不低于大寒日日照时数 1h 的要求。

2. **日照质量**

居住建筑的日照质量是通过在日照时间段内、室内日照面积的累计而达到的。根据各地的具体测定，在日照时间内居室内每小时地面上阳光投射面积的累积来计算。日照面积对于北方居住建筑和公共建筑冬季提高室温有重要作用。所以，应有适宜的窗型、开窗面积、窗户位置等，这既是为保证日照质量，也是采光、通风的需要。

3.1.4.1　日照间距的计算

日照间距是指建筑物长轴之间的外墙距离（见图 3.5），它是由建筑用地的地形、建筑朝向、建筑物高度及长度、当地的地理纬度及日照标准等因素决定的。

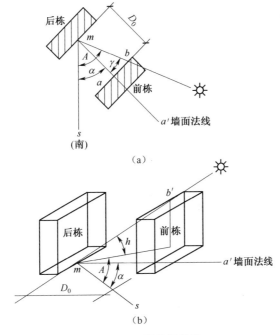

图 3.5　日照间距示意

(a) 平面图；(b) 透视图

在居住区规划中，如果已知前后两栋建筑的朝向及其外形尺寸，以及建筑所在地区的地理纬度，则可计算出为满足规定的日照时间所需的间距。如图

3.5 所示，计算点 m 定于后栋建筑物底层窗台位置，建筑日照间距由下式确定：

$$D_0 = H_0 \coth \cdot \cos\gamma \qquad (3.2)$$

其中
$$\gamma = A - a \qquad (3.3)$$

式中　D_0——建筑所需日照间距，m；

　　　H_0——前栋建筑计算高度（前栋建筑总标高减后栋建筑第一层窗台标高），m；

　　　h ——太阳高度角，°；

　　　γ ——后栋建筑墙面法线与太阳方位角的夹角，即太阳方位角与墙面方位角之差；

　　　A ——太阳方位角，°，以当地正午时为零，上午为负值，下午为正值；

　　　a ——墙面法线与正南方向所夹的角，°，以南偏西为正，偏东为负。

当建筑朝向正南时，$a = 0$，式（3.2）可写成：

$$D_0 = H_0 \coth \cdot \cos A \qquad (3.4)$$

3.1.4.2　日照间距与建筑布局

在居住区规划布局中，满足日照间距的要求常与提高建筑密度、节约用地存在一定矛盾。在规划设计中可采取一些灵活的布置方式，既满足建筑的日照要求，又可适当提高建筑密度。

首先，可适当调整建筑朝向，将朝向南北改为朝向南偏东或偏西 30° 的范围内，使日照时间偏于上午或偏于下午。研究结果表明，朝向在南偏东或偏西 15° 范围内对建筑冬季太阳辐射得热影响很小，朝向在南偏东或偏西 15°～30° 范围内，建筑仍能获得较好的太阳辐射热，偏转角度超过 30° 则不利于日照。以上海为例，建筑物为正南时，满足冬至日正午前后 2h 满窗日照的间距系数 $L_0 = 1.42$（日照间距 $D_0 = L_0 H_0$，H_0 为前栋建筑的计算高度），当朝向为南偏东（西）20° 时，$L_0 = 1.41$；当朝向为南偏东（西）30° 时，$L_0 = 1.33$。这说明，在满足日照时间和日照质量的前提下，适当调整建筑朝向，可缩小建筑间距，提高建筑密度，节约建筑用地。

此外，在居住区规划中，建筑群体错落排列，不仅有利于疏通内外交通和丰富空间景观，也有利于增加日照时间和改善日照质量。高层点式住宅采取这种布置方式，在充分保证采光日照条件下可大大缩小建筑物之间的间距，达到节约用地的目的。

在建筑规划设计中，还可以利用日照计算软件对日照时间、角度、间距进行较精确的计算。

3.1.5 室外风环境优化设计

风不仅对整个城市环境有巨大影响，而且对小区建筑规划、室内外环境及建筑能耗有很大影响。

风是太阳能的一种转换形式，既有速度又有方向。风向以22.5°为间隔，共计16个方位，如图3.6所示。一个地区不同季节风向分布可用风玫瑰图表示。

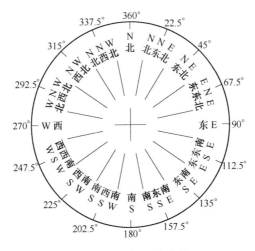

图3.6　风的16个方位

由于太阳对地球南北半球表面的辐射热随季节呈规律性变化，从而引起大气环流的规律性变化，这种季节性大范围有规律的空气流动形成的风，称为季候风。这种风一般随季节而变，冬、夏季基本相反，风向相对稳定。例如，我国的东部，从大兴安岭经过河套地区绕四川东部到云贵高原，多属受季候风影响地区。同时，也造成我国新疆、内蒙古和黑龙江部分地区一年中的主导风向是偏西风。由于我国地域辽阔，地形、地貌、海拔高度变化很大，不同地区风环境特征差异明显，除季风区、主导风向区外，还有无主导风向区、准静风区（简称静风区，是指风速小于1.5m/s的频率大于50%的区域，我国的四川盆地等地区属于该区）等。

从地球表面到500～1000m高的这一层空气一般叫作大气边界层，在城市区域上空则叫作城市边界层。大气边界层的厚度并没有一个严格的界限，它只是一个定性的分层高度，其厚度主要取决于地表粗糙度，在平原地区薄，在山区和市区较厚。大气边界层内空气的流动称为风。边界层内风速沿纵向（垂直方向）分布特征是，紧贴地面处风速为零，越往高处风速逐渐加大。这是因为越往高处，地面摩擦力影响越小。当到达一定高度时，往上的风速不再增大，把这个高度叫作摩擦高度或边界层高度。边界层高度主要取决于下垫面的粗糙程度。边界层内空气流动形成的风直接作用于建筑环境和建筑物，也将直接影响建筑物使用过程中供暖或空调能耗。

此外，由于地球表面上的水陆分布、地势起伏、表面覆盖等条件的不同，因而造成诸表面对太阳辐射热的吸收和反射各异，诸表面升温后和其上部的空气进行对流换热及向太空辐射出的长波辐射能量亦不相同，这就造成局部空气温度差异，从而引起空气流动形成的风称为地方风。例如，陆地与江河、湖泊、海面相接区域，白天，水和陆地对太阳辐射热吸收、反射不同，并且它们的热容量等物理特性不同，陆地上空气升温比水面上空气升温快，陆地上空暖空气流向水面上空，而水面上冷空气流向陆地近地面，于是形成了由水面到陆地的海风。而夜晚陆地地面向大气进行热辐射，其冷却程度比水面强烈，于是水面上空暖空气流向陆地上空，而陆地近地面冷空气流向水面，于是又形成由陆地到水面的陆风，这就是地方风的一种——水（海）陆风，如图 3.7 所示。水（海）陆风影响的范围不大，沿海地区比较明显，海风通常深入陆地 20～40km，高度 1000m，最大风力可达 5～6 级；陆风在海上可伸展 8～10km，高度 100～300m，风力不超过 3 级。在温度日变化和水陆之间温度差异最大的地方，最容易形成水（海）陆风。我国沿海受海陆风的影响由南向北逐渐减弱。此外，在我国南方较大的几个湖泊湖滨地带，也能形成较强的水陆风。地方风的形成和风向还有山谷风、街巷风、井庭风、林园风等，如图 3.8～图 3.11 所示。

风对建筑供暖能耗的影响主要体现在两个方面：第一，风速的大小会影响建筑围护结构外表面与室外冷空气受迫对流的热交换速率；第二，冷风的渗透会带走室内热量，使室内空气温度降低。建筑围护结构外表面与周围环境的热交换速率在很大程度上取决于建筑物周围的风环境，风速越大，热交换也就越强烈，供暖能耗就越大。因此，对供暖建筑来说，如果要减小建筑围护结构与外界的热交换，达到节能的目的，就应该将建筑物规划在避风地段，且选择符合相关节能标准要求的体形系数。

建筑物布置

风向示意图

注：陆地比流动的水面升降温快，白天水风，夜间陆风。

图 3.7 水陆风

建筑物布置

风向示意图

注：山坡比谷底升降温快，白天谷风，夜间山风。

图 3.8 山谷风

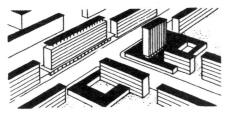

建筑物布置

风向示意图

注：十字口、丁字口比街内升降温快，白天为出口风，夜间为入口风。

（a）

建筑物布置

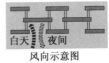

风向示意图

注：建筑物错综排列，亦可得到街巷风。

（b）

图 3.9 街巷风

在夏热冬冷和夏热冬暖地区，良好的室内外风环境，在炎热的夏季非常利于室内的自然通风，为人们提供新鲜空气，带走室内的热量和水分，降低室内空气温度和相对湿度，促进人体的汗液蒸发降温，改善人体舒适感；同时也利于建筑内外围护结构的散热，从而有效降低空调能耗。

3.1.5.1 建筑物主要朝向宜避开不利风向

我国北方供暖地区冬季主要受来自西伯利亚的寒冷气流影响，以北风、西北风为主要寒流风向。从节能角度考虑，建筑在规划设计时宜避开不利风向，以减少寒冷气流对建筑物的侵袭。同时对朝向为冬季主导风向的建筑物立面，应多选择封闭设计和加强围护结构的保温性能；也可以通过在建筑周围种植防风林起到有效防风作用。

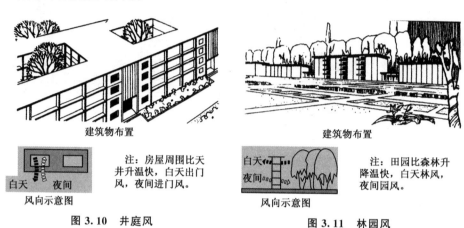

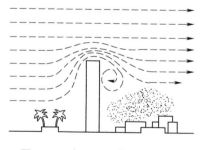

建筑物布置

注：房屋周围比天井升温快，白天出门风，夜间进门风。

风向示意图

图 3.10　井庭风

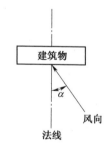

建筑物布置

注：田园比森林升降温快，白天林风，夜间园风。

风向示意图

图 3.11　林园风

3.1.5.2　利用建筑组团阻隔冷风

通过合理布置建筑物，降低寒冷气流的风速，可以减少建筑围护结构外表面的热损失，节约供暖能耗。

迎风建筑物的背后会产生背风涡流区，这个区域也称为风影区（风影是从光学中光影类比移植过来的物理概念，它是指风场中由于遮挡物影响而形成局部无风或风速变小区域），如图 3.12 所示。这部分区域内风力弱，风向也不稳定。风向投射角与风影区的关系如图 3.13 和表 3.5 所示。所以，将建筑物紧凑布置，使建筑物间距在 2.0H 以内，可以充分利用风影效果，大大减弱寒冷气流对后排建筑的侵袭。图 3.14 是一些建筑的避风组团方案。

图 3.12　高层建筑背后的风影区

建筑物

法线

风向

α

图 3.13　风向投射角

表 3.5　　　　　　　风向投射角与风影长度（建筑高度为 *H*）

风向投射角 α	风影长度	备　　注
0°	3.75*H*	本表的建筑模型为平屋顶，其高∶宽∶长为 1∶2∶8
30°	3*H*	
45°	1.5*H*	
60°	1.5*H*	

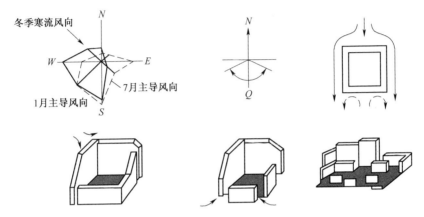

图 3.14　一些建筑的避风组团方案

在风环境的优化设计过程中，建筑物的长度、高度甚至屋顶形状都会影响风的分布，并有可能出现"狭管"效应，这可能使局部风速增至 2 倍以上，产生强烈的涡流。因此，应该对建筑群内部在冬季主导风向寒风作用下的风环境做出分析（可利用计算流体力学软件进行模拟分析），对可能出现的"狭管"效应和强涡流区域通过调整规划设计方案予以消除或减弱。

3.1.5.3　提高围护结构气密性，减少建筑物冷风渗透能耗

减少冷风渗透是一项基本的建筑保温节能措施。在冬季经常出现大风降温天气的严寒、寒冷和部分夏热冬冷地区，冬季大风天的冷风渗透大大超出保证室内空气质量所需的换气要求，加大了冬季供暖的热负荷，并对人体的热舒适感产生不良影响。改善和提高外围护结构特别是外门窗的气密性是减少建筑物冷风渗透的关键。目前，常用的新型塑钢门窗和带断热桥的铝合金门窗的气密性就较好。

减少建筑物的冷风渗透，也需合理的建筑规划设计。居住建筑常因考虑占地面积等因素而多选择行列式的组团布置方式。从减弱或避免冬季寒冷气流对

建筑物的侵袭来考虑，采用行列式组团形式时应注意控制风向与建筑物长边的入射角，不同入射角建筑排列内的气流状况不同，如图 3.15 所示。

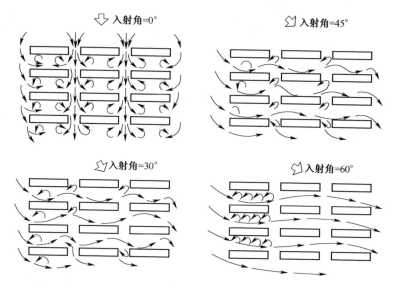

图 3.15 不同入射角情况下的气流状况

3.1.5.4 利于建筑自然通风的规划设计

在规划设计中，建筑群采取行列式或错列式布局，朝向（或朝向接近）夏季主导风向或盛行风向，且间距布局合理（可减弱或避开风影区的影响），有利于建筑物的自然通风。此外，如图 3.16 所示，建筑之间的竖向关系也对建筑群的自然通风有明显影响。根据夏季及过渡季主导风向将建筑前低后高排列，或者高低错落排列都有利于促进建筑群的自然通风；相反，根据冬季主导风向将建筑前高后低排列则有利于建筑群的防风设计。

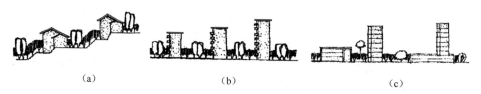

（a） （b） （c）

图 3.16 建筑空间形态与自然通风

（a）坡地建筑；（b）前低后高；（c）高低错落

在夏季室外风速小、天气炎热的气候条件下，高低建筑物错落布置，建筑小区内不均匀的气流分布所形成的大风区可以改善室内外热环境。此外，庭院式建筑布局（由于在庭院中间没有屋顶）也能形成良好的自然通风，增加室外环境的人体热舒适感。在这种气候条件下，风压很小，利用照射进庭院的太阳能形成烟囱效应，增加庭院和室内的空气流动。在城市中，为增强庭院的自然通风效果，屋顶需要较大的空隙率以克服"狭管"效应，减小正压。

若建筑物布置过于稠密而阻挡气流，则住宅区通风条件就会变差。若整个地区通风良好，夏季还可以降低步行者的体感温度，道路及住宅区的污染空气也容易向外扩散。此外，良好的房间自然通风，可以降低空调的使用率，从而达到节约能耗的目的。因此，在规划住宅区时，应该充分考虑整个区域的通风。当地区的总建筑占地率（建筑物外墙围住的部分的水平投影面积与建筑地基面积的比）相同时，通常中高层集合住宅区的自然通风效果优于低层住宅区。产生这种现象的原因是中高层集合住宅区用地是在整个地区内被统一规划的，容易形成一个集中而连续的开放空间，具备了风道的功能，带来整个地区的良好通风环境。而在低层住宅区用地中，随着地基不断被细分化和窄小化，建筑物很容易密集在一起，造成总建筑占地率的增加，整个地区的通风环境就会变差。

另一方面，当建筑群较为密集导致室外通风不畅时（见图 3.17），可以考虑在夏季及过渡季主导风向上采用设置架空层或者过街楼等方式，引导气流进入室外空间的居民活动区域，改善街区下部的通风环境，提高室外空间的舒适性。考虑到室外瞬时风向具有多变性，而不是稳定在某一风向，并且季节的变化也会导致室外风频较高的风向发生变化，因此，可考虑在建筑群中除位于冬季主导风向第一列建筑以外的其他建筑底层设置架空层，以促进建筑群夏季及过渡季的自然通风。

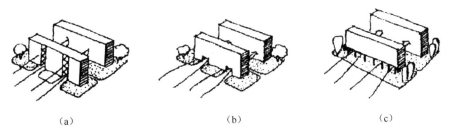

（a）　　　　　　　　　（b）　　　　　　　　　（c）

图 3.17　建筑体形的自然通风设计

（a）楼梯间通风；（b）过街楼通风；（c）架空层通风

由于室外风环境较为复杂，不同的建筑布局所形成的夏季、过渡季、冬季的风环境各不相同。因此，应综合考虑到居民在夏季、过渡季的自然通风对人体热舒适的影响以及冬季冷风对人体热舒适的影响，确定适当的建筑布局。在实际规划设计过程中，可通过 CFD 模拟的方法预测建筑布局对各季节下室外风环境的影响，从而优化建筑群的规划设计方案。

3.1.5.5　强风的危害和防止措施

所谓强风的危害是指发生在高大建筑周围的强风对环境的危害，是伴随着城市中高层乃至超高层建筑的出现而明显化了的社会问题。

就城市整体而言，其平均风速比同高度的开旷郊区小，但在城市覆盖层（从地面向上到 50～100m 这一层空气通常叫作接地层或近地面层）内部风的局地性差异很大。主要表现在有些地方风速变得很大，而有些地方的风速变得很小甚至为零。造成风速差异的主要原因有二。一方面是由于街道的走向、宽度，两侧建筑物的高度、形式和朝向不同，所获得的太阳辐射能就有明显的差异。这种局地差异，在主导风微弱或无风时将导致局地热力学环流，使城市内部产生不同的风向风速。另一方面是盛行风吹过城市中鳞次栉比、参差不齐的建筑物时，因阻碍效应产生不同的升降气流、涡动和绕流等，使风的局地变化更为复杂。

强风的危害是多方面的。首先是给人的活动造成许多不便，如行走困难、呼吸困难等。其次是造成房屋及各种设施的破坏，如玻璃破损、室外展品被吹落等。还有恶化环境，如冬季使人感到更冷，并使建筑围护结构外表面与室外冷空气对流换热更为强烈，冷风渗透加剧，这都将导致供暖能耗的大量增加。

为了防止上述风害，可采取如下措施：

（1）使高大建筑的小表面朝向盛行风向，或频数虽不够盛行风向，但风速很大的风向，以减弱风的影响。

（2）建筑物之间的相互位置要合适。例如，两栋建筑物之间的距离不宜太窄，因为越窄则风速越大。

（3）改变建筑平面形状，如切除尖角变为多角形，就能减弱风速。

（4）设防风围墙（墙、栅栏）可有效防止并减弱风害。防风围墙仅能使部分风通过，是较好的措施。此外，围墙的高度、长度及与风所成的角度等，对其防风效果有一定影响。

（5）种植树木于高层建筑周围，与前述围墙一样，可起到减弱强风区的作用。

（6）在高楼的底部周围设低层部分，这种低层部分可以将来自高层的强风挡住，使之不会下冲到街面或院内地面上去［见图 3.18（a）］。

（7）在近地面的下层处设置挑棚等，使来自上边的强风不致吹到街上的行人［见图 3.18（b）］。

（8）设联拱廊，如图 3.19 所示。在两个建筑物之间架设联拱廊之后，下面就受到了保护。当然，这种联拱廊还有防雨、遮阳等功能。

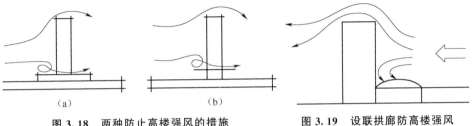

（a）　　　　　　　　　　（b）

图 3.18　两种防止高楼强风的措施　　　　**图 3.19　设联拱廊防高楼强风**

3.1.6　环境绿化及水景布置

建筑与气候密切相关，适应环境及气候，是建筑规划及设计应遵循的基本原则之一，也是建筑节能设计的原则之一。一个地区的气候特征是由太阳辐射、大气环流、地理位置、地面性质等相互作用决定的，具有长时间尺度统计的稳定性，凭借目前人类的科学技术水平还很难将其改变。所以，建筑规划设计应结合气候特点进行。

但在同一地区，由于地形、方位、土壤特性以及地面覆盖状况等条件的差异，在近地面大气中，一个地区的个别地方或局部区域可以具有与本地区一般气候有所不同的气候特点，这就是微气候的概念。微气候是由局部下垫面构造特性决定的发生在地表附近大气层中的气候特点和气候变化，它直接作用于建筑物并对人的活动影响很大。

由于与建筑物发生直接联系的是建筑物周围的局部环境，即其周围的微气候环境，所以，在建筑规划设计中可以通过环境绿化、水景布置的降温、增湿作用，调节风速、引导风向的作用，以及保持水分、净化空气的作用改善建筑周围的微气候环境，进而达到改善室内热环境并减少能耗的目的。

人口高度密集的城市，在特殊的下垫面和城市人类活动的影响下，改变了该地区原有的区域气候状况，形成了一种与城市周围不同的局地气候，其特征有"城市热岛效应""城市干岛、湿岛"等。

在城市、小区的规划设计中，增加绿化、水景面积，可以增大显热和潜热交换量，减弱热岛强度等，对改善局部的微气候环境是非常有益的。基于此，在《城市居住区规划设计标准》（GB 50180—2018）中，依据不同气候区和住宅区建筑平均层数类别分别提出了绿地率的低限要求。

3.1.6.1 调节空气温度、增加空气湿度

绿化及水景布置对居住区气候环境有着十分明显的影响，具有良好的调节气温和增加空气湿度的作用。这主要是因为水在蒸发过程中会吸收大量太阳辐射热和空气中的热量；植物（尤其是乔木）有遮阳、降低风速的效用和蒸腾、光合作用。植物在生长过程中根部不断从土壤中吸收水分，又从叶面蒸发水分，这种现象称为"蒸腾作用"。据测定，一株中等大小的阔叶木，一天约可蒸发 100kg 的水分，每蒸发 1g 的水分，下垫面要失去 2400J 的潜热。同时，植物吸收阳光作为动力，把空气中的二氧化碳和水进行加工变成有机物作为养料，这种现象称为"光合作用"。蒸腾作用和光合作用都要吸收大量太阳辐射热。树林的树叶面积大约是树林种植面积的 75 倍，草地上的草叶面积大约是草地面积的 25～35 倍。这些比绿化面积大上几十倍的叶面面积都在进行着蒸腾作用和光合作用，所以就起到了吸收太阳辐射热、降低空气温度的作用，且净化了室外空气并调节了其湿度。

3.1.6.2 绿化的遮阳、防辐射作用

据调查研究，茂盛的树木能遮挡 50%～90% 的太阳辐射热，草地上的草可以遮挡 80% 左右的太阳光线。实地测定：正常生长的大叶榕、橡胶榕、白兰花、荔枝等树下，离地面 1.5m 高处，透过的太阳辐射热只有 10% 左右；柳树、桂木、刺桐等树下，透过的太阳辐射热是 40%～50%。由于绿化的遮阳，可使建筑物和地面的表面温度降低很多，绿化地面比一般没有绿化地面辐射热低 70% 以上。图 3.20 是 2000 年 8 月在武汉华中科技大学校园内对草坪、混凝土表面、泥土以及树荫下不同地面的表面温度的实测值。从图中可见，在太阳辐射情况下，午后混凝土和沥青地面最高表面温度达 50℃ 以上，草坪仅有 40℃ 左右。草坪的初始温度最低，在午后其温度下降也比较快，到 18 时后低于气温。说明植被在太阳辐射下由于蒸腾作用，降低了对土壤的加热作用，相反在没有太阳辐射时，在长波辐射冷却下能迅速将热量从土壤深部传出，说明植被是较为理想的地表覆盖材料，不仅对改善室外的微气候环境作用非常明

显，而且对减弱城市或小区的热岛强度也是非常有益的。

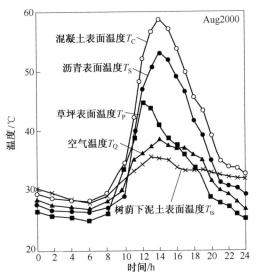

图 3.20 各种地表覆盖材料表面测试温度

研究表明，如果在居住区大幅增加绿化覆盖率，可使空调能耗明显降低。所以，在居住区的节能设计中，应注重环境绿化、水景布置的设计。但不应只单纯追求绿地率指标及水面面积或将绿地、水面过于集中布置，还应注重绿地、水面布局的科学性、合理性，使每栋住宅都能同享绿化、水景的生态效益，尽可能大范围、最大限度地发挥环境绿化、水景布置改善微气候环境质量的有益作用。

基于上述原理和实际效果，说明环境绿化、水景布置的科学设计和合理布局，对改善公共建筑周围微气候环境质量、节约空调能耗也是极为有利的。

3.1.6.3 降低噪声、减轻空气污染

绿化对噪声具有较强的吸收衰减作用。原因是树叶和树枝间空隙像多孔性吸声材料一样吸收声能，同时通过与声波发生共振吸收声能，特别是能吸收高频噪声。研究表明，公路边 15～30m 宽的林带，能够降低噪声 6～10dB，相当于减少噪声能量 60% 以上。当然，树木的降噪效果与树种、林带结构和绿化带分布方式有关。根据城市居住区特点，采用面积不大的草坪和行道树可起到吸声降噪的作用。

植被，特别是树木有固碳释氧、吸滞烟尘、粉尘和细菌及净化空气的作用。1ha 树林每天可吸收二氧化碳 1000kg，放出氧气 730kg；植物对粉尘具有

阻挡、过滤和吸收作用，可以减轻大气污染；某些植物能够分解、吸收二氧化硫、二氧化氮、臭氧等有害气体，再通过光合作用形成有机物质，因此，绿化建设还可以改善大气环境质量。

3.2 建筑围护结构节能设计

建筑围护结构对室外气候具有抵御和防护功能，自然具有保温和防热作用。由于我国南、北方气候差异较大，因此不同的建筑热工区划所采取的具体节能措施的侧重点也不完全相同。严寒和寒冷地区的建筑以保温节能设计为主，夏热冬暖地区的建筑以防热节能设计为主，夏热冬冷地区的建筑需要防热和保温二者兼顾。

保温和防热，都是为保持室内具有适宜温度、降低能耗而对围护结构所采取的节能措施。保温一般是指围护结构（包括屋顶、外墙、门窗及存在空间传热的楼板、内隔墙及外挑楼板等）在冬季阻止或减少室内向室外或其他空间传热而使室内保持适宜温度的措施；而防热则通常指外围护结构在夏季减弱室外综合温度谐波的影响，使其内表面最高温度对人体不产生烘烤感的措施。两者的主要区别如下。

（1）两者传热过程不同。保温是指阻止或减弱冬季由室内向室外的传热过程，而防热则是指阻隔夏季由室外向室内传热的过程。通常保温按稳态传热模型计算，同时考虑不稳态传热的影响，而防热则是按周期性简谐传热模型计算，一般以 24h 为周期。

（2）两者评价指标不同。围护结构保温性能用传热系数值或传热阻值来评价，而其防热性能一般用在夏季室外综合温度谐波作用下外围护结构内表面最高温度值及其出现时间和围护结构对谐波的衰减倍数来评价。

在室内维持一定温度时，围护结构传热系数越小，保温性能越好，冬季供暖能耗越少；若围护结构夏季内表面最高温度越低、衰减倍数越大、延迟时间越长，则防热性能越好，空调能耗就越少。

（3）两者构造措施有所不同。保温性能主要取决于围护结构的传热系数值或传热阻值（对某些建筑物，热稳定性也很重要）的大小。由多孔轻质保温材料构成的轻型围护结构，如内置聚苯板或聚氨酯泡沫夹芯的彩色压型钢板用作屋面板或墙板时，因其传热系数较小，所以保温性能较好，但其防热性能往往较差。这主要是由于上述墙板、屋面板热惰性指标 D 值较小，对室外综合温度和室内空气温度谐波波幅衰减较小的缘故。又如，通风墙体、通风屋面防热效果较好，保温性能不一定好。

　　建筑围护结构节能设计的要点就是采取适宜高效的节能技术措施，使其热工性能符合节能设计标准的要求。在此需要说明的是，本节所列各表中给出的设计限值是根据相关节能设计标准中的有关规定进行汇总后编制而成，主要是便于读者的使用。但这些限值不是针对相关气候区的最优值，并距离相关气候区的最优值还有一定差距，比起发达国家同样气候区的保温要求也有距离。

3.2.1　墙体节能设计要点

　　外墙占建筑外围护结构面积和比例的绝大部分，其供暖或空调能耗所占比例非常大，是节能设计的重要部位之一。严寒和寒冷地区建筑外墙重点是保温节能，其传热系数应符合表 3.6 的限值要求。

表 3.6　　　严寒和寒冷地区建筑外墙（包括非透光幕墙）

传热系数限值 K　　　　　　　　　　单位：W/(m² · K)

热工设计二级区划名称	居住建筑			甲类公共建筑		乙类公共建筑
	≤3层建筑	4～8层建筑	≥9层建筑	体形系数≤0.3	0.3<体形系数≤0.5	
严寒A区（1A）	0.25	0.40	0.50	0.38	0.35	0.45
严寒B区（1B）	0.30	0.45	0.55	0.43	0.38	0.50
严寒C区（1C）	0.35	0.50	0.60	0.43	0.38	0.50
寒冷A区（2A）	0.45	0.60	0.70	0.50	0.45	0.60
寒冷B区（2B）	0.45	0.60	0.70	0.50	0.45	0.60

注　甲类公共建筑是指单栋建筑面积大于 300m² 的建筑，或单栋建筑面积小于或等于 300m² 但总建筑面积大于 1000m² 的建筑群；乙类公共建筑是指单栋建筑面积小于或等于 300m² 的建筑。

　　此外，建筑内部分隔供暖与非供暖空间的隔墙也是热损失部位，其保温性能应满足表 3.7 的要求。

　　建筑物供暖（或空调）地下室的外墙（与土壤接触的墙）也需要进行保温设计，其保温材料层热阻应不小于表 3.8 的规定。

　　夏热冬冷地区及夏热冬暖地区的围护结构设计除了要注意保温节能，还需要考虑隔热的问题。这个要求体现在外围护结构的热工性能上，除传热系数 K 的控制外，还需要考虑外围护结构的热惰性指标 D，即外围护结构结构的热稳定性。因此，夏热冬冷地区及夏热冬暖地区的外围护结构的热工性能采用传热系数 K 和热惰性指标 D 的双指标控制。夏热冬冷地区及夏热冬暖地区居住建筑与公共建筑的外墙的传热系数 K 和热惰性指标 D 的限值应分别满足表 3.9、表 3.10 的要求。此外，居住建筑内部分隔采暖与非采暖空间的隔墙、不同采暖单元之间的隔墙也是热损失部位，其保温性能应满足表 3.9 的要求。

表 3.7　　　　　严寒和寒冷地区建筑供暖与非供暖空间的

隔墙传热系数限值 K　　　　　单位：W/(m² · K)

热工设计二级区划名称	居住建筑			甲类公共建筑	
	≤3层建筑	4~8层建筑	≥9层建筑	体形系数≤0.3	0.3<体形系数≤0.5
严寒A区（1A）	1.2	1.2	1.2	1.2	1.2
严寒B区（1B）	1.2	1.2	1.2		
严寒C区（1C）	1.5	1.5	1.5	1.5	1.5
寒冷A区（2A）	1.5	1.5	1.5	1.5	1.5
寒冷B区（2B）					

表 3.8　　　　　严寒和寒冷地区建筑供暖（或空调）地下室

外墙保温材料层热阻限值 R　　　　　单位：(m² · K)/W

热工设计二级区划名称	居住建筑			甲类公共建筑	
	≤3层建筑	4~8层建筑	≥9层建筑	体形系数≤0.3	0.3<体形系数≤0.5
严寒A区（1A）	1.80	1.50	1.20	1.1	
严寒B区（1B）	1.50	1.20	0.91		
严寒C区（1C）	1.20	0.91	0.61	1.1	
寒冷A区（2A）	0.91	0.61	—	0.6	
寒冷B区（2B）					

表 3.9　　　　夏热冬冷及夏热冬暖地区居住建筑外墙及隔墙的

传热系数 $K/[\mathrm{W}/(\mathrm{m}^2 \cdot \mathrm{K})]$ 和热惰性指标 D 的限值

围护结构部位	夏热冬冷地区				夏热冬暖地区			
	体形系数≤0.3		体形系数>0.4		—			
	$D{\leqslant}2.5$	$D{>}2.5$	$D{\leqslant}2.5$	$D{>}2.5$	—	$D{\geqslant}2.5$	$D{\geqslant}2.8$	$D{\geqslant}3.0$
外墙	$K{\leqslant}1.0$	$K{\leqslant}1.5$	$K{\leqslant}0.8$	$K{\leqslant}1.0$	$K{\leqslant}0.7$	$0.7{<}K$ $\leqslant}1.5$	$1.5{<}K$ $\leqslant}2.0$	$2.0{<}K$ $\leqslant}2.5$
分户墙、楼梯间隔墙、外走廊隔板	$K{\leqslant}2.0$				—			

表 3.10 夏热冬冷及夏热冬暖地区公共建筑外墙的

传热系数 $K/[W/(m^2 \cdot K)]$ 和热惰性指标 D 的限值

夏热冬冷地区			夏热冬暖地区		
甲类公共建筑		乙类公共建筑	甲类公共建筑		乙类公共建筑
$D \leq 2.5$	$D > 2.5$	—	$D \leq 2.5$	$D > 2.5$	—
$K \leq 0.6$	$K \leq 0.8$	$K \leq 1.0$	$K \leq 0.5$	$K \leq 0.8$	$K \leq 1.5$

3.2.2 屋面节能设计要点

屋面作为建筑物外围护结构的组成部分，冬季存在比任何朝向墙面都大的长波辐射散热，再加之对流换热，降低了屋面的外表面温度；夏季所接收的太阳辐射热最多，导致室外综合温度最高。这就造成其室内外温差传热强度在冬、夏季都大于各朝向外墙。因此，提高建筑物屋面的保温隔热能力，可有效减少能耗，改善顶层房间内的热环境舒适度。

严寒和寒冷地区建筑屋面传热系数应符合表 3.11 的限值要求。

表 3.11 严寒和寒冷地区建筑屋面传热系数限值 K 单位：$W/(m^2 \cdot K)$

热工设计二级区划名称	居住建筑			甲类公共建筑		乙类公共建筑
	≤3层建筑	4～8层建筑	≥9层建筑	体形系数≤0.3	0.3<体形系数≤0.5	
严寒 A 区（1A）	0.20	0.25	0.25	0.28	0.25	0.35
严寒 B 区（1B）	0.25	0.30	0.30			
严寒 C 区（1C）	0.30	0.40	0.40	0.35	0.28	0.45
寒冷 A 区（2A）	0.35	0.45	0.45	0.45	0.40	0.55
寒冷 B 区（2B）						

夏热冬冷地区及夏热冬暖地区建筑屋面传热系数 K 和热惰性指标 D 的限值应满足表 3.12 的要求。

表 3.12 夏热冬冷及夏热冬暖地区建筑屋面的传热

系数 $K[W/(m^2 \cdot K)]$ 和热惰性指标 D 的限值

夏热冬冷地区						夏热冬暖地区			
居住建筑				公共建筑		居住建筑		公共建筑	
体形系数≤0.3		体形系数>0.4		—					
$D \leq 2.5$	$D > 2.5$	$D \leq 2.5$	$D > 2.5$	$D \leq 2.5$	$D > 2.5$	—	$D \geq 2.5$	$D \leq 2.5$	$D > 2.5$
$K = 0.8$	$K = 1.0$	$K = 0.5$	$K = 0.6$	$K = 0.4$	$K = 0.5$	$K \leq 0.4$	$0.4 < K \leq 0.9$	$K = 0.5$	$K = 0.8$

3.2.3 门窗节能设计要点

建筑物外门、外窗是建筑物外围护结构的重要组成部分，除了具备基本的使用功能外，还必须具备采光、通风、防风雨、保温、隔热、隔声、防盗、防火等功能，才能为人们的生活提供安全、舒适的室内环境空间。但是，建筑外门、外窗又是整个建筑围护结构中保温隔热性能最薄弱的部分，是影响室内热环境质量和建筑耗能量的重要因素之一。此外，由于门窗需要经常开启，其气密性对保温隔热也有较大影响。据统计，在供暖或空调的条件下，冬季单层玻璃窗所损失的热量占供热负荷的 30%～50%，夏季因太阳辐射热透过单层玻璃窗射入室内而消耗的冷量占空调负荷的 20%～30%。因此，增强门窗的保温隔热性能，减少门窗能耗，是改善室内热环境质量、提高建筑节能水平的重要环节。同时，建筑门窗还承担着隔绝与沟通室内外两种空间的互相矛盾的任务，因此，在技术处理上相对其他围护部件，难度更大，涉及的问题也更复杂。

衡量门窗性能的指标主要包括 6 个方面：阳光得热性能、采光性能、空气渗透防护性能、保温隔热性能、水密性能和抗风压性能。建筑节能标准对门窗的保温隔热性能、窗户的气密性、窗户遮阳系数提出了明确具体的限值要求。建筑门窗的节能措施就是提高门窗的性能指标，主要是在冬季有效利用阳光，增加房间的得热和采光，提高保温性能、降低通过窗户传热和空气渗透引起的供暖能耗增加；在夏季采用有效的隔热及遮阳措施，降低透过窗户的太阳辐射得热以及空气渗透引起的空调能耗增加。

建筑外门、外窗是围护结构中保温隔热性能最薄弱的构件，是节能设计的重点构件，节能标准中对外门、外窗有多方面的构造和性能要求。

严寒地区居住建筑分隔供暖与非供暖空间的户门的传热系数应不大于 $1.5W/(m^2 \cdot K)$；寒冷地区居住建筑分隔供暖与非供暖空间的户门的传热系数应不大于 $2.0W/(m^2 \cdot K)$。

严寒地区公共建筑的外门应设置门斗；寒冷地区公共建筑面向冬季主导风向的外门应设置门斗或双层门，其他外门宜设置门斗或应采取其他减少冷风渗透的措施。外门的气密性应不低于国家标准《建筑外门窗气密、水密、抗风压性能分级及检测方法》（GB/T 7106—2008）中的 4 级。

提高外窗的节能性能，主要从控制窗墙面积比、加强窗的保温性和气密性等方面采取措施。

严寒和寒冷地区建筑的窗墙面积比应不大于表3.13规定的限值。

表3.13 严寒和寒冷地区建筑的窗墙面积比限值

热工设计一级区划名称	居住建筑			甲类公共建筑（包括透光幕墙）
	朝向			
	南	东、西	北	
严寒地区（1）	0.45	0.30	0.25	0.60
寒冷地区（2）	0.50	0.35	0.30	0.70

严寒和寒冷地区建筑外窗传热系数应符合表3.14规定的限值［单一立面窗墙面积比（包括透光幕墙）］。

表3.14 严寒和寒冷地区建筑外窗传热系数限值 K 单位：$W/(m^2 \cdot K)$

热工设计区划名称	单一立面窗墙面积比 CQB	居住建筑			甲类公共建筑		乙类公共建筑
		≤3层建筑	4～8层建筑	≥9层建筑	体形系数≤0.3	0.3＜体形系数≤0.5	
严寒A区（1A）	$CQB\leqslant0.2$	2.0	2.5	2.5	2.7	2.5	2.0
	$0.2＜CQB\leqslant0.3$	1.8	2.0	2.2	2.5	2.3	
	$0.3＜CQB\leqslant0.4$	1.6	1.8	2.0	2.2	2.0	
	$0.4＜CQB\leqslant0.45$	1.5	1.6	1.8	—	—	
	$0.4＜CQB\leqslant0.5$	—	—	—	1.9	1.7	
	$0.5＜CQB\leqslant0.6$	—	—	—	1.6	1.4	
	$0.6＜CQB\leqslant0.7$	—	—	—	1.5	1.4	
	$0.7＜CQB\leqslant0.8$	—	—	—	1.4	1.3	
	$CQB＞0.8$	—	—	—	1.3	1.2	
	屋顶透光面积≤20%	2.2					2.0
严寒B区（1B）	$CQB\leqslant0.2$	2.0	2.5	2.5	2.7	2.5	2.0
	$0.2＜CQB\leqslant0.3$	1.8	2.2	2.2	2.5	2.3	
	$0.3＜CQB\leqslant0.4$	1.6	1.9	2.0	2.2	2.0	
	$0.4＜CQB\leqslant0.45$	1.5	1.7	1.8	—	—	
	$0.4＜CQB\leqslant0.5$	—	—	—	1.9	1.7	
	$0.5＜CQB\leqslant0.6$	—	—	—	1.6	1.4	
	$0.6＜CQB\leqslant0.7$	—	—	—	1.5	1.4	
	$0.7＜CQB\leqslant0.8$	—	—	—	1.4	1.3	
	$CQB＞0.8$	—	—	—	1.3	1.2	
	屋顶透光面积≤20%	2.2					2.0

热工设计区划名称	单一立面窗墙面积比 CQB	居住建筑			甲类公共建筑		乙类公共建筑
		≤3层建筑	4～8层建筑	≥9层建筑	体形系数 ≤0.3	0.3<体形系数≤0.5	
严寒C区 (1C)	$CQB≤0.2$	2.0	2.5	2.5	2.9	2.7	2.2
	$0.2<CQB≤0.3$	1.8	2.2	2.2	2.6	2.4	
	$0.3<CQB≤0.4$	1.6	2.0	2.0	2.3	2.1	
	$0.4<CQB≤0.45$	1.5	1.8	1.8	—	—	
	$0.4<CQB≤0.5$	—	—	—	2.0	1.7	
	$0.5<CQB≤0.6$	—	—	—	1.7	1.5	
	$0.6<CQB≤0.7$	—	—	—	1.7	1.5	
	$0.7<CQB≤0.8$	—	—	—	1.5	1.4	
	$CQB>0.8$	—	—	—	1.4	1.3	
	屋顶透光面积≤20%				2.3		2.2
寒冷地区 (2)	$CQB≤0.2$	2.8	3.1	3.1	3.0	2.8	2.5
	$0.2<CQB≤0.3$	2.5	2.8	2.8	2.7	2.5	
	$0.3<CQB≤0.4$	2.0	2.5	2.5	2.4	2.2	
	$0.4<CQB≤0.5$	1.8	2.0	2.3	2.2	1.9	
	$0.5<CQB≤0.6$	—	—	—	2.0	1.7	
	$0.6<CQB≤0.7$	—	—	—	1.9	1.7	
	$0.7<CQB≤0.8$	—	—	—	1.6	1.5	
	$CQB>0.8$	—	—	—	1.5	1.4	
	屋顶透光面积≤20%				2.4		2.5

严寒和寒冷地区建筑外窗气密性等级限值如表 3.15 所示。

表 3.15　　　严寒和寒冷地区建筑外窗气密性等级限值

热工设计一级区划名称	居住建筑		公共建筑	
	1～6层建筑	≥7层建筑	<10层建筑	≥10层建筑
严寒地区（1）	6		6	7
寒冷地区（2）	4	6		

　　居住建筑设计时，为了建筑立面的丰富、美观和功能上的实用，常设计有凸窗，这对节能是不利的。所以，《严寒和寒冷地区居住建筑节能设计标准》（JGJ 26—2010）中要求，居住建筑不宜设置凸窗。严寒地区除南向外不应设置凸窗，寒冷地区北向的卧室、起居室不得设置凸窗。当设置凸窗时，凸窗凸出（从外墙面至凸窗外表面）尺寸应不大于 400mm；凸窗的传热系数限值应比普通窗降低 15%，且其不透明的顶部、底部、侧面的传热系数应小于或等于外墙的传热系数。当计算窗墙面积比时，凸窗的窗面积和凸窗所占的墙面积应按窗洞口面积计算。此外，建筑外窗节能设计时，在寒冷 B 区应兼顾外窗

遮阳和控制太阳辐射得热。

由于夏季与过渡季的自然通风是夏热冬冷与夏热冬暖地区建筑散热的主要途径，因此，这两个地区的窗墙比限值明显比严寒和寒冷地区的窗墙比大。夏热冬冷与夏热冬暖地区建筑各朝向的窗墙比应小于或等于表 3.16 的限值。

表 3.16　夏热冬冷及夏热冬暖地区建筑的窗墙面积比限值

热工设计一级区划名称	居住建筑				甲类公共建筑（包括透光幕墙）
	朝　　　　向				
	南	东、西	北	每套房间允许一个房间（不分朝向）	
夏热冬冷地区	0.45	0.35	0.40	0.6	0.70
夏热冬暖地区	0.40	0.30	0.40	—	0.70

夏季通过外窗进入室内的太阳辐射是影响夏热冬冷与夏热冬暖地区建筑空调能耗的重要因素，所以，在《夏热冬冷地区居住建筑节能设计标准》（JGJ 134—2010）及《夏热冬暖地区居住建筑节能设计标准》（JGJ 75—2012）对于外窗的热工性能要求中，除了传热系数 K 的限值以外，还有对外窗综合遮阳系数的限值要求。夏热冬冷与夏热冬暖地区建筑外窗的传热系数和遮阳系数的限值应满足表 3.17～表 3.19 的要求。

表 3.17　夏热冬冷地区建筑的外窗传热系数 K 和遮阳系数的限值

建筑		窗墙面积比	传热系数 K /[W/m² · K]	居住建筑：外窗综合遮阳系数 S_w（东、西向/南向） 公共建筑：太阳得热系数 $SHGC$（东、南、西向/北向）
居住建筑	体形系数≤0.40	窗墙面积比≤0.20	4.7	—/—
		0.20<窗墙面积比≤0.30	4.0	—/—
		0.30<窗墙面积比≤0.40	3.2	夏季≤0.40/夏季≤0.45
		0.40<窗墙面积比≤0.45	2.8	夏季≤0.35/夏季≤0.40
		0.45<窗墙面积比≤0.60	2.5	东、西、南向设置外遮阳 夏季≤0.25 冬季≥0.60
	体形系数>0.40	窗墙面积比≤0.20	4.0	—/—
		0.20<窗墙面积比≤0.30	3.2	—/—
		0.30<窗墙面积比≤0.40	2.8	夏季≤0.40/夏季≤0.45
		0.40<窗墙面积比≤0.45	2.5	夏季≤0.35/夏季≤0.40
		0.45<窗墙面积比≤0.60	2.3	东、西、南向设置外遮阳 夏季≤0.25 冬季≥0.60
甲类公共建筑	单一立面外窗（包括透光幕墙）	窗墙面积比≤0.20	3.5	—/—
		0.20<窗墙面积比≤0.30	3.0	≤0.44/0.48
		0.30<窗墙面积比≤0.40	2.6	≤0.40/0.44
		0.40<窗墙面积比≤0.50	2.4	≤0.35/0.40

建筑		窗墙面积比	传热系数 K /[W/m²·K]	居住建筑：外窗综合遮阳系数 Sw（东、西向/南向）公共建筑：太阳得热系数 SHGC（东、南、西向/北向）
甲类公共建筑	单一立面外窗（包括透光幕墙）	0.50＜窗墙面积比≤0.60	2.2	≤0.35/0.40
		0.60＜窗墙面积比≤0.70	2.2	≤0.30/0.35
		0.70＜窗墙面积比≤0.80	2.0	≤0.26/0.35
		窗墙面积比＞0.80	1.8	≤0.24/0.30
	屋顶透明部分（屋顶透明部分面积≤20%）	—	2.6	≤0.30
乙类公共建筑	单一立面外窗（包括透光幕墙）	—	3.0	≤0.52
	屋顶透明部分（屋顶透明部分面积≤20%）	—	3.0	≤0.35

注 1. 表中的"东""西"代表从东或西偏北 30°（含 30°）至偏南 60°（含 60°）的范围；"南"代表从南偏东 30°至偏西 30°的范围。

2. 楼梯间、外走廊的窗不按本表规定执行。

表 3.18　　夏热冬暖地区居住建筑的外窗传热系数 K 和加权平均综合遮阳系数的限值

区域	外墙平均指标	外窗平均传热系数 K/[W/(m²·K)]	外窗加权平均综合遮阳系数 Sw			
			平均窗地面积比 C_{MF}≤0.25 或平均窗墙面积比 C_{MW}≤0.25	平均窗地面积比 0.25＜C_{MF}≤0.30 或平均窗墙面积比 0.25＜C_{MW}≤0.30	平均窗地面积比 0.30＜C_{MF}≤0.35 或平均窗墙面积比 0.30＜C_{MW}≤0.35	平均窗地面积比 0.35＜C_{MF}≤0.40 或平均窗墙面积比 0.35＜C_{MW}≤0.40
北区	K≤2.0 D≥2.8	4.0	≤0.3	≤0.2	—	—
		3.5	≤0.5	≤0.3	≤0.2	—
		3.0	≤0.7	≤0.5	≤0.4	≤0.3
		2.5	≤0.8	≤0.6	≤0.6	≤0.4
	K≤1.5 D≥2.5	6.0	≤0.6	≤0.3	—	—
		5.5	≤0.8	≤0.4	—	—
		5.0	≤0.9	≤0.6	≤0.3	—
		4.5	≤0.9	≤0.7	≤0.5	≤0.2
		4.0	≤0.9	≤0.8	≤0.6	≤0.4
		3.5	≤0.9	≤0.9	≤0.7	≤0.5
		3.0	≤0.9	≤0.9	≤0.8	≤0.6
		2.5	≤0.9	≤0.9	≤0.9	≤0.7

续表

区域	外墙平均指标	外窗平均传热系数 K/[W/(m²·K)]	外窗加权平均综合遮阳系数 Sw			
			平均窗地面积比 CMF≤0.25 或平均窗墙面积比 CMW≤0.25	平均窗地面积比 0.25<CMF≤0.30 或平均窗墙面积比 0.25<CMW≤0.30	平均窗地面积比 0.30<CMF≤0.35 或平均窗墙面积比 0.30<CMW≤0.35	平均窗地面积比 0.35<CMF≤0.40 或平均窗墙面积比 0.35<CMW≤0.40
北区	K≤1.0 D≥2.5 或 K≤0.7	6.0	≤0.9	≤0.9	≤0.6	≤0.2
		5.5	≤0.9	≤0.9	≤0.7	≤0.4
		5.0	≤0.9	≤0.9	≤0.8	≤0.6
		4.5	≤0.9	≤0.9	≤0.8	≤0.7
		4.0	≤0.9	≤0.9	≤0.9	≤0.7
		3.5	≤0.9	≤0.9	≤0.9	≤0.8

区域	外墙平均指标	外窗加权平均综合遮阳系数 Sw				
		平均窗地面积比 CMF≤0.25 或平均窗墙面积比 CMW≤0.25	平均窗地面积比 0.25<CMF≤0.30 或平均窗墙面积比 0.25<CMW≤0.30	平均窗地面积比 0.30<CMF≤0.35 或平均窗墙面积比 0.30<CMW≤0.35	平均窗地面积比 0.35<CMF≤0.40 或平均窗墙面积比 0.35<CMW≤0.40	平均窗地面积比 0.40<CMF≤0.45 或平均窗墙面积比 0.40<CMW≤0.45
南区	K≤2.5 D≥3.0	≤0.5	≤0.4	≤0.3	≤0.2	—
	K≤2.0 D≥2.8	≤0.6	≤0.5	≤0.4	≤0.3	≤0.2
	K≤1.5 D≥2.5	≤0.8	≤0.7	≤0.6	≤0.5	≤0.4
	K≤1.0 D≥2.5 或 K≤0.7	≤0.9	≤0.8	≤0.7	≤0.6	≤0.5

表 3.19　夏热冬暖地区公共建筑的传热系数 K 和太阳得热系数的限值

建筑		窗墙面积比	传热系数 K /[W/m²·K]	公共建筑：太阳得热系数 SHGC（东、南、西向/北向）
甲类公共建筑	单一立面外窗（包括透光幕墙）	窗墙面积比≤0.20	5.2	≤0.52/—
		0.20<窗墙面积比≤0.30	4.0	≤0.44/0.52
		0.30<窗墙面积比≤0.40	3.0	≤0.35/0.44
		0.40<窗墙面积比≤0.50	2.7	≤0.35/0.40
		0.50<窗墙面积比≤0.60	2.5	≤0.26/0.35
		0.60<窗墙面积比≤0.70	2.5	≤0.24/0.30
		0.70<窗墙面积比≤0.80	2.5	≤0.22/0.26
		窗墙面积比>0.8	2.0	≤0.18/0.26

续表

建筑		窗墙面积比	传热系数 K /[W/m² · K]	公共建筑：太阳得热系数 SHGC （东、南、西向/北向）
甲类公共建筑	屋顶透明部分 （屋顶透明部分 面积≤20%）	—	3.0	≤0.30
乙类公共建筑	单一立面外窗 （包括透光幕墙）	—	4.0	≤0.48
	屋顶透明部分 （屋顶透明部分 面积≤20%）	—	4.0	≤0.30

3.2.4 地面节能设计要点

如果建筑物底层与土壤接触的地面的热阻过小，受二维、三维传热影响（见图 3.21），地面的传热量会很大，冬季时比较容易出现温度较低的情况，甚至发生地面结露和冻脚现象，尤其是靠近外墙的周边地面更是如此。这不仅不利于建筑节能，也不利于底层居民的健康。为减少通过地面的热损失、提高人体的热舒适性，要特别注意对底层地面的保温、防潮设计。

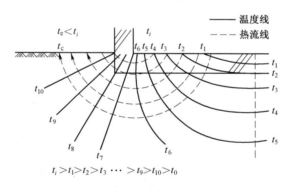

图 3.21 地面周边温度、热流分布

地面按其是否直接接触土壤分为两类，如表 3.20 所示。

表 3.20 地面的种类

种 类	所处位置、状况
地面（直接接触土壤）	周边地面
	非周边地面

续表

种　类	所处位置、状况
地板（不直接接触土壤）	接触室外空气楼板
	不供暖地下室上部顶板
	存在空间传热的层间地板

周边地面是指由外墙内侧算起向内 2.0m 范围内的地面，其余为非周边地面。在寒冷的冬季，供暖房间地面下土壤的温度一般都低于室内气温，特别是靠近外墙的周边地面比房间中间部位的温度低 5℃ 左右，如不采取保温措施，地面传热损失会加大。鉴于卫生和节能的需要，我国建筑节能设计标准对周边地面的保温提出了严格要求，其保温材料层热阻应不小于表 3.21 规定的限值。

表 3.21　　　　　　严寒和寒冷地区建筑周边地面保温材料层

热阻限值 R　　　　　　　　单位：$(m^2 \cdot K)/W$

热工设计二级区划名称	居住建筑			甲类公共建筑	
	≤3 层建筑	4～8 层建筑	≥9 层建筑	体形系数≤0.3	0.3＜体形系数≤0.5
严寒 A 区（1A）	1.70	1.40	1.10	1.1	
严寒 B 区（1B）	1.40	1.10	0.83		
严寒 C 区（1C）	1.10	0.83	0.56	1.1	
寒冷 A 区（2A）	0.83	0.56	—	0.60	
寒冷 B 区（2B）					

3.2.5　楼板节能设计要点

底面接触室外空气的架空（如过街楼的楼板）或外挑楼板（如外挑的阳台板等），供暖楼梯间的外挑雨棚板、空调外机搁板等由于存在二维（或三维）传热，致使传热量增大，也应进行节能设计。

分隔供暖（空调）与非供暖（空调）房间（或地下室）的楼板存在空间传热损失。住宅户式供暖（空调）因邻里不用（或暂时无人居住）或间歇供暖运行制式不一致，而楼板的保温性能又很差，导致供暖（或空调）用户的能耗增大，因此也必须按相关标准规定对楼板进行节能设计。严寒和寒冷地区建筑的地板传热系数限值应符合表 3.22 和表 3.23 的要求。

表 3.22　　严寒和寒冷地区建筑底面接触室外空气的架空或

外挑楼板传热系数限值 K　　　单位：W/(m²·K)

| 热工设计 | 居住建筑 | | | 甲类公共建筑 | | 乙类公 |
二级区划名称	≤3 层建筑	4~8 层建筑	≥9 层建筑	体形系数≤0.3	0.3<体形系数≤0.5	共建筑
严寒 A 区（1A）	0.30	0.40	0.40	0.38	0.35	0.45
严寒 B 区（1B）	0.30	0.45	0.45			
严寒 C 区（1C）	0.35	0.50	0.50	0.43	0.38	0.50
寒冷 A 区（2A）	0.45	0.60	0.60	0.50	0.45	0.60
寒冷 B 区（2B）						

表 3.23　　　　严寒和寒冷地区建筑非供暖地下室顶板

传热系数限值 K　　　单位：W/(m²·K)

| 热工设计 | 居住建筑 | | | 甲类公共建筑 | | 乙类公 |
二级区划名称	≤3 层建筑	4~8 层建筑	≥9 层建筑	体形系数≤0.3	0.3<体形系数≤0.5	共建筑
严寒 A 区（1A）	0.35	0.45	0.45	0.50	0.50	0.50
严寒 B 区（1B）	0.35	0.50	0.50			
严寒 C 区（1C）	0.50	0.60	0.60	0.70	0.70	0.70
寒冷 A 区（2A）	0.50	0.65	0.65	1.0	1.0	1.0
寒冷 B 区（2B）						

　　夏热冬冷地区需要考虑冬季的采暖。由于夏热冬冷地区不属于集中供暖区域，冬季主要是各户自行采暖，而且采暖的方式也是以间歇式采暖为主。因此，夏热冬冷地区的采暖是以户为单位，即采暖的分区为户。在这样的背景下，夏热冬冷地区居住建筑的分户构件，包括楼板、分户墙需要采取保温措施。根据《夏热冬冷地区居住建筑节能设计标准》（JGJ 134—2010），夏热冬冷地区楼板的传热系数限值应符合表 3.24 的要求。

表 3.24　夏热冬冷地区建筑楼板传热系数限值

建筑	围护结构部位	传热系数 K/[W/(m²·K)]
体形系数 ≤0.40	底面接触室外空气的架空或外挑楼板	1.5
	楼板	2.0
体形系数 >0.40	底面接触室外空气的架空或外挑楼板	1.0
	楼板	2.0

3.3 各热工区划居住建筑节能设计

居住区规划节能完成后，建筑节能设计的内容主要包括建筑围护结构的节能设计和设备系统的节能设计。与公共建筑相比，居住建筑通过围护结构的能耗比例相对更大。建筑围护结构的节能设计主要是指：建筑物墙体节能设计（含外墙和存在空间传热的内隔墙），屋面节能设计，外门、外窗节能设计，底层地面及存在空间传热的楼层地板或外挑楼板的节能设计等。

居住建筑的节能设计要以国家、行业和地方的相关节能设计标准，如《严寒和寒冷地区居住建筑节能设计标准》（JGJ 26—2010）、《夏热冬冷地区居住建筑节能设计标准》（JGJ 134—2010）、《夏热冬暖地区居住建筑节能设计标准》（JGJ 75—2012）等为依据，采用新材料、新技术、新工艺，选择适宜本地区气候特点的外围护结构保温、隔热方式及合理的构造措施，在某些地区还应选择合理的建筑体形系数及遮阳措施，并对热桥部位进行处理；运用先进的节能设计理念，在创造室内适宜热环境的前提下，尽可能利用可再生能源，如太阳能、风能、地热能等，最大限度地减少建筑物使用过程中对常规能源的消耗并提高能源的利用效率。同时，采用高效节能的设备系统。

3.3.1 严寒和寒冷地区居住建筑节能设计

严寒和寒冷地区供暖居住建筑的使用能耗主要包括通过外围护结构的传热损失和通过门窗缝隙的空气渗透热损失。以占我国北方居住建筑总量绝大多数的4个单元、6层楼的砖墙、混凝土楼板结构的多层住宅为例，通过外围护结构的传热损失约占全部热损失的73％～77％，通过门窗缝隙的冷空气渗透热损失约为23％～27％。在传热损失中，外墙约占23％～34％，窗户约占23％～25％，楼梯间隔墙约占6％～11％，屋面约占7％～8％，阳台门下部约占2％～3％，户门约占2％～3％，地面约占2％。窗户的传热损失与空气渗透热损失相加，约为全部热损失的50％。由此可知，加强围护结构的保温节能设计是居住建筑节能设计的主要任务之一。

3.3.1.1 外墙保温节能设计

外墙按其保温材料及构造类型，主要有单一材料保温墙体、单设保温层复合保温墙体。常见的单一材料保温墙体有加气混凝土墙体、多孔砖墙体、空心砌块墙体、自保温砌块墙体、轻质砌块墙体等。在单设保温层复合保温墙体中，根据保温层在墙体中的位置又分为内保温墙体、外保温墙体及夹心保温墙体，如图 3.22 所示。

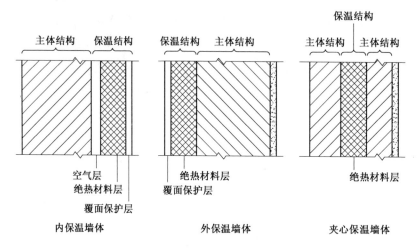

图 3.22 保温节能墙体的几种类型

随着节能标准的提高，大多数单一材料保温墙体难以满足包括节能在内的多方面技术指标的要求。而单设保温层复合墙体采用了新型高效保温材料而具有更优良的热工性能，且结构层、保温层都可充分发挥各自材料的特性和优点，既不使墙体过厚又可满足保温节能要求，也可满足抗震、承重及耐久性等多方面的要求。

在三种单设保温层复合墙体中，因外墙外保温系统技术先进成熟、优势明显，不仅适用于新建建筑工程，也适用于既有建筑的节能改造，从而成为广泛应用的建筑保温技术。外墙外保温系统具有七大技术优势：保护主体结构，大大减小了因温度变化导致结构变形所产生的应力，避免了雨、雪、冻、融、干、湿循环造成的结构破坏，减少了空气中有害气体和紫外线对围护结构的侵蚀，延长了建筑物的寿命；基本消除了"热桥"影响，也防止"热桥"部位产生结露；使墙体潮湿状况得到改善，一般不会发生内部冷凝现象；有利于室温保持稳定；可以避免装修对保温层的破坏；便于对既有建筑物进行节能改造；不影响房屋使用面积。

下面介绍两种保温材料性能优越、技术先进成熟、工程质量可靠稳定且应用较为广泛的外墙外保温系统。

1. EPS板薄抹灰外墙外保温系统

EPS板薄抹灰外墙外保温系统（简称EPS板薄抹灰系统）由EPS板保温层、薄抹面层和饰面涂层构成，EPS板用胶粘剂固定在基层上，薄抹面层中满铺抗碱玻纤网，如图3.23所示。EPS板薄抹灰外墙外保温系统在欧洲使用最久的实际工程已有40多年。

（1）基层墙体：可以是各种砌体墙体，也可以是混凝土墙体。但基层墙体表面应平整、清洁，无油污，无凸起、空鼓、疏松等现象。

（2）胶粘剂：将EPS板粘贴于基层墙体上的一种专用粘结胶料。EPS板的粘贴方法有点框粘法和满粘法。点框粘法应保证粘接面积大于EPS板面积的50%；满粘法的无空腔构造对提高EPS板薄抹灰外墙外保温系统的防火性能较为有利。

（3）EPS板：一种应用较为普遍、保温性能优良、燃烧性能达到B$_1$级的保温板材。其设计厚度经过计算应满足相关节能标准对该地区墙体的保温

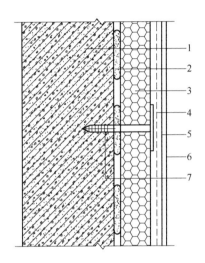

图3.23　EPS板薄抹灰系统

1—基层；2—胶粘剂；3—EPS板；4—玻纤网；
5—薄抹面层；6—饰面涂层；7—锚栓

要求。严寒和寒冷地区居住建筑、公共建筑墙体传热系数限值如表3.5～表3.7所示。EPS板性能指标应符合表3.25的要求。

表3.25　　　　　　　模塑聚苯板（EPS板）主要性能指标

试验项目	性能指标
导热系数/[W/(m·K)]	≤0.040
表观密度/(kg/m³)	18.0～22.0
垂直于板面方向的抗拉强度/MPa	≥0.10
尺寸稳定性（%）	≤0.30
压缩性能（形变10%）/MPa	≥0.10
燃烧性能/级	B$_1$

（4）玻纤网：耐碱涂塑玻璃纤维网格布。为使抹面层具有良好的耐冲击性及抗裂性，在薄抹面层中要求满铺玻纤网。保温材料密度小、质量轻、导热系数小，在遇温度和湿度变化时，保温层体积变化较大，抹面层也会产生很大的温度应力，当应力大于抹面层材料的抗拉强度时便产生裂缝。满铺耐碱玻纤网后，能使所受的变形应力均匀向四周分散，既限制沿平行耐碱网格布方向变形，又可允许在垂直耐碱网格布方向有少许变形量，使抹面层中的耐碱网格布长期稳定地起到抗裂和抗冲击的作用。因此，玻纤网被称为抗裂防护层中的软钢筋。

（5）薄抹面层：抹在保温层上，中间夹有玻纤网，保护保温层并起防裂、防水、抗冲击作用的构造层。抹面层要用抗裂砂浆，这种砂浆使用了弹性乳液和助剂。弹性乳液使水泥砂浆具有柔性变形性能，改变水泥砂浆易开裂的弱点。助剂和不同长度、不同弹性模量的纤维可以控制抗裂砂浆的变形量，并使其柔韧性得到明显提高。

（6）饰面涂层：在弹性底层涂料、柔性耐水腻子上刷的外墙装饰涂料。柔性耐水腻子黏结强度高，耐水性好，柔韧性好，特别适合在各种保温及水泥砂浆易产生裂缝的基层上做找平、修补材料，可有效防止面层装饰材料出现龟裂或有害裂缝。

（7）锚栓：确保外保温系统在受负风压作用较大或在不可预见情况下的安全性。

EPS 板薄抹灰系统主要适用于各种涂料饰面的外墙外保温。

2. EPS 钢丝网架板现浇混凝土外墙外保温系统

EPS 钢丝网架板现浇混凝土外墙外保温系统（简称有网现浇系统）以现浇混凝土为基层，EPS 单面钢丝网架板置于外墙外模板内侧并安装 $\phi 6$ 钢筋作为辅助固定件。浇灌混凝土后，EPS 单面钢丝网架板挑头钢丝和 $\phi 6$ 钢筋与混凝土结合为一体，EPS 单面钢丝网架板表面抹掺入外加剂的水泥砂浆形成厚抹面层，外表做饰面层，如图 3.24 所示。

该系统用于建筑剪力墙结构体系。施工时，当外墙钢筋绑扎完毕后，把由工厂预制的保温板构件放在墙体钢筋外侧，并与墙体钢筋固定。这种构件是外表面有横向齿形槽的聚苯板，中间斜插若干 $\phi 2.5$ 穿过保温板的镀锌钢丝，这些斜插镀锌钢丝与板材外的一层 $\phi 2$ 钢丝网片焊接，构件两面喷有界面剂。为确保保温板与墙体可靠结合，在聚苯板保温构件上除有镀锌斜插丝伸入混凝土墙内，还经过防锈处理的 $\phi 6L$ 形钢筋穿过聚苯板与墙体钢筋绑扎，或插入 $\phi 10$ 塑料胀管，每平方米 3～4 个。支好墙体内外侧钢模板后（此时保温板位于外侧钢模板内侧），即可浇筑混凝土墙。

为避免浇筑混凝土时产生过大侧压力而使保温板出现较大的压缩变形，混凝土一次浇筑高度不宜大于 1m。拆模后保温板和混凝土墙体牢固结合在一起，然后在钢丝网架上抹抗裂砂浆厚抹面层。

由于这种外保温系统有大量腹丝埋在混凝土中，与结构墙体连接

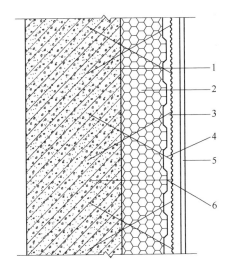

图 3.24 有网现浇系统

1—现浇混凝土外墙；2—EPS 单面钢丝网架板；

3—掺外加剂的水泥砂浆厚抹面层；

4—钢丝网架；5—饰面层；6—$\phi 6$ 钢筋

可靠，主要用作面砖饰面。在抗裂砂浆厚抹面层上，用专用面砖粘接砂浆粘贴面砖。保温板厚度应满足相关节能标准对墙体的保温要求。考虑到大量穿过聚苯板插入混凝土墙体的腹丝对保温板热工性能的影响，在实际计算保温板厚度时，其导热系数应乘以 1.2 的修正系数。

建筑物中的变形缝常见的有伸缩缝、沉降缝、抗震缝等，虽然这些部位的墙体一般不会直接面向室外寒冷空气，但这些部位的墙体散热量也是不应忽视的。尤其是建筑物外围护结构其他部位提高保温性能后，这些构造缝就成为较为突出的保温薄弱部位，散热量相对增大，所以，必须对其进行保温处理。《严寒和寒冷地区居住建筑节能设计标准》（JGJ 26—2010）中要求：变形缝应采取保温措施，并应保证变形缝两侧墙的内表面温度在室内空气设计温、湿度条件下不低于露点温度。

随着建筑业的科技进步，新型保温材料和保温系统不断出现。为确保外保温系统的可靠性、耐久性及稳定的保温性能，外墙外保温系统整体性能应符合表 3.26 的要求。

表 3.26   外墙外保温系统性能要求

检验项目	性能要求
耐候性	耐候性试验后，不得出现起泡、空鼓或脱落，不产生渗水裂缝。抗裂防护层与保温层的拉伸黏结强度不小于 0.1MPa，破坏部位应位于保温层
抗风荷载性能	系统抗风压值 R_d 不小于风荷载设计值。EPS 板薄抹灰外墙外保温系统、EPS 板现浇混凝土外墙外保温系统和 EPS 钢丝网架板现浇混凝土外墙外保温系统安全系数 K 应不小于 1.5，机械固定系统安全系数 K 应不小于 2
抗冲击性	建筑物首层墙面以及门窗口等易受碰撞部位：10J 级；建筑物二层以上墙面等不易受碰撞部位：3J 级
吸水量	水中浸泡 1h，只带有抹面层和带有全部保护层的系统的吸水量均不得大于或等于 $1.0kg/m^2$
耐冻融性能	30 次冻融循环后，保护层无空鼓、脱落，无渗水裂缝；保护层与保温层的拉伸黏结强度不小于 0.1MPa，破坏部位应位于保温层
热阻	复合墙体热阻符合设计要求
抹面层不透水性	2h 不透水
保护层水蒸气渗透阻	符合设计要求

外墙外保温系统的大力推广和广泛应用，为我国的建筑节能事业作出了很大贡献。然而，目前外墙外保温系统中所用保温材料约 80% 为防火性能相对较差的有机材料，如 EPS 板、XPS 板、硬泡聚氨酯等，存在外保温系统的防火安全隐患问题。近些年也发生了一系列由于保温材料或外保温系统燃烧引发的火灾事故，造成了人员伤亡和重大的财产损失。这也促使我国建筑领域高度重视并深入开展了外保温系统防火技术研究，且取得了具有应用价值的成果。

从材料的燃烧性能看，目前用于建筑外墙的保温材料主要是两大类：一类是以岩棉和玻璃棉等为代表的无机保温材料，通常被认定为不燃材料；另一类是以聚苯乙烯泡沫塑料（包括 EPS 板、XPS 板）、硬泡聚氨酯等为代表的有机保温材料，通常被认为是难燃材料，如表 3.27 所示。

表 3.27   常用保温材料的导热系数及燃烧性能等级

材料名称	EPS 板	XPS 板	聚氨酯板	岩棉板（带）	玻璃棉板	泡沫混凝土
导热系数/ [W/(m·K)]	0.040	0.030	0.023	≤0.048	0.042	0.080
燃烧性能等级	B_1	B_1	B_1	A	A	A

当外墙外保温系统的保温材料采用不燃材料时，保温系统几乎不存在防火

安全性问题。

然而，我们选用保温材料时，不仅要考虑它的防火性能，还要考虑它的保温性、耐久性、耐候性、施工工艺、造价成本等。在我国现有经济、技术条件下，以岩棉为代表的无机保温材料，除在燃烧性能方面优于其他类型保温材料外，其他方面都不具有明显优势，尤其是岩棉保温板强度低、吸水性大、面层易开裂且生产过程能耗大、污染重、成本高，影响了它在民用建筑中的推广应用。而有机保温材料性能好、质地轻、应用技术成熟，尽管具有可燃性，仍在国内外被广泛应用。目前，有机保温材料在我国建筑外保温应用中仍占据主导地位。

但从安全性考虑，我国《建筑设计防火规范》（GB 50016—2014）对燃烧性能为 B_1、B_2 级的保温材料的适用范围提出了限制要求。当采用外墙外保温系统时，建筑高度小于或等于 100m 的住宅建筑、建筑高度小于或等于 50m 的非人员密集的公共建筑，其保温材料的燃烧性能应不低于 B_1 级；建筑高度小于或等于 27m 的住宅建筑、建筑高度小于或等于 24m 的非人员密集的公共建筑，其保温材料的燃烧性能不应低于 B_2 级。当建筑外墙外保温系统按规定采用燃烧性能为 B_1、B_2 级的保温材料时，应在保温系统中每层设置水平防火隔离带，防火隔离带应采用燃烧性能为 A 级的材料。

虽然有机保温材料防火性能较差，但外保温系统中的保温材料都是被无机材料包覆在系统内部。采用将系统隔断、阻止火焰蔓延的防火隔离带（设置在难燃、可燃保温材料外墙外保温工程中，按水平方向分布，采用不燃保温材料制成、以阻止火灾沿外墙面或在外墙外保温系统内蔓延的防火构造），能有效阻止外保温系统被点燃，阻止火在外保温系统内传播蔓延。

防火隔离带的基本构造应与外墙外保温系统相同，并宜包括胶粘剂、防火隔离带保温板、锚栓、抹面胶浆、玻璃纤维网布、饰面层等，如图 3.25 所示。

防火隔离带的宽度应不小于

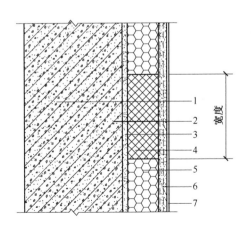

图 3.25 防火隔离带基本构造

1—基层墙体；2—锚栓；3—胶粘剂；
4—防火隔离带保温板；5—外保温系统保温材料；
6—抹面胶浆＋玻璃纤维网布；7—饰面材料

300mm，其厚度宜与外墙外保温系统厚度相同。防火隔离带保温板的主要性能指标应符合表 3.28 的规定。

表 3.28　　　　　　　　　防火隔离带保温板的主要性能指标

项　　目		性　能　指　标		
		岩棉带	发泡水泥板	泡沫玻璃板
密度/(kg/m³)		≥100	≤250	≤160
导热系数/[W/(m・K)]		≤0.048	≤0.070	≤0.052
垂直于表面的抗拉强度/kPa		≥80	≥80	≥80
短期吸水量/(kg/m²)		≤1.0	—	—
体积吸水率（%）		—	≤10	—
软化系数		—	≥0.8	—
酸度系数		≥1.6	—	—
匀温灼烧性能 (750℃，0.5h)	线收缩率（%）	≤8	≤8	≤8
	质量损失率（%）	≤10	≤25	≤5
燃烧性能等级		A	A	A

防火隔离带应设置在门窗洞口上部，且防火隔离带下边缘距洞口上沿应不超过 500mm。

严寒和寒冷地区的建筑外保温采用防火隔离带时，防火隔离带热阻不得小于外墙外保温系统热阻的 50%，而且防火隔离带部位的墙体内表面温度不得低于室内空气设计温、湿度条件下的露点温度。

外保温系统防火隔离带应与基层墙体可靠连接，应能适应外保温系统的正常变形而不产生渗透、裂缝和空鼓；应能承受自重、风荷载和室外气候的反复作用而不产生破坏。

影响建筑外墙外保温系统防火安全性能的要素包括系统组成材料的燃烧性能等级和系统防火构造措施两方面。在目前仍广泛使用有机保温材料的现状下，除研究提高有机保温材料的燃烧性能等级外，通过采取必要、合理、规范的防火构造措施提高外保温系统整体防火性能是解决建筑外墙外保温系统防火安全性问题的有效途径。

3.3.1.2 屋面保温节能设计

屋面保温节能设计绝大多数为外保温构造,这种构造很大程度上消除了周边热桥的不利影响。为了提高屋面保温能力,其保温节能设计要采用导热系数小、轻质高效、吸水率低(或不吸水)、有一定抗压强度、可长期发挥作用且性能稳定可靠的保温材料作为保温隔热层。

屋面保温材料性能、保温层厚度及构造措施应满足相关节能标准对屋面传热系数限值的要求。

下面介绍一种比传统构造屋面优势明显的倒置式保温屋面。

所谓倒置式保温屋面就是将传统屋面构造中保温层与防水层颠倒,将保温层设置在防水层之上的屋面,是一种具有多种优点的保温效果较好的节能屋面形式。其基本构造宜由结构层、找坡层、找平层、防水层、保温层及保护层组成,如图3.26所示。

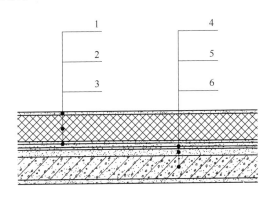

图 3.26　倒置式保温屋面基本构造

1—保护层;2—保温层;3—防水层;4—找平层;5—找坡层;6—结构层

倒置式保温屋面宜结构找坡;当采用材料找坡时坡度宜为3%,且最薄处不小于30mm。结构找坡的屋面可直接将原浆表面抹平压光成找平层;此外也可采用水泥砂浆或细石混凝土找平。

图3.27是一种用卵石(其粒径宜为40~80mm)做保护层的倒置式保温屋面构造形式。设计时保护层也可选用混凝土板块、地砖、瓦材、水泥砂浆、细石混凝土等。当采用板块材料、卵石做保护层时,在保温层与保护层之间应设置隔离层(如图3.27中的合成纤维无纺布)。保护层的质量应保证当地30年一遇最大风力时保温板不被刮起和保温层在积水状态下不浮起。

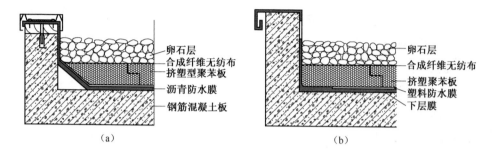

图 3.27 卵石保护层倒置式保温屋面构造

(a) 沥青防水膜处理；(b) 塑料防水膜防水处理

倒置式保温屋面的主要优点如下：

(1) 可以有效延长防水层的使用年限。倒置式保温屋面将保温层设在防水层上，大大减弱了防水层受大气、温差及太阳光紫外线照射的影响，使防水层不易老化，因而能长期保持其柔软性、延伸性等性能，有效延长使用年限。

(2) 保护防水层免受外界损伤。由保温材料组成的缓冲层使卷材防水层不易在施工中受外界机械损伤，又能衰减外界对屋面的冲击。

(3) 施工简便，利于维修。倒置式保温屋面省去了传统屋面中的隔汽层及保温层上的找平层，施工简化，更加经济。即使个别地方出现渗漏，只要揭开几块保温板，就可以进行处理，易于维修。

(4) 调节屋顶内表面温度。屋面最外层可为卵石层、配筋混凝土板或烧制方砖保护层，这些材料蓄热系数较大，在夏季可充分利用其蓄热能力强的特点，调节屋顶内表面温度，使其温度最高峰值向后延迟，错开室外空气温度最高值，有利于提高屋顶的隔热效果。

为充分发挥倒置式屋面防水、保温耐久性的优势，其设计选材、工程质量应符合相关标准的技术要求。

倒置式保温屋面工程应选用耐腐蚀、耐霉烂、适应基层变形能力且符合现行国家标准《屋面工程技术规范》（GB 50345—2012）规定的防水材料，防水等级应为Ⅰ级，防水层合理使用年限不得少于 20 年。当采用二道防水设防时，宜选用防水涂料作为其中的一道防水层。

倒置式保温屋面构造中保温材料的性能应符合下列规定：

（1）导热系数应不大于 0.080W/(m·K)。

（2）使用寿命应满足设计要求。

（3）压缩强度或抗压强度应不小于 150kPa。

（4）体积吸水率应不大于 3%。

（5）材料内部无串通毛细孔现象，反复冻融条件下性能稳定。

（6）适用范围广，在 −30～70℃ 范围内均能安全使用。

（7）当屋面板的耐火极限大于或等于 1.00h 时，保温材料的燃烧性能应不低于 B₂ 级；其他情况，保温材料的燃烧性能应不低于 B_1 级。屋面采用 B_1、B_2 级保温材料的外保温系统应有大于 20mm 的不燃材料作为防护层。

（8）不得使用松散保温材料。

挤塑聚苯板（XPS）、硬泡聚氨酯板、硬泡聚氨酯防水保温复合板、喷涂硬泡聚氨酯等就是能满足上述要求、适合于倒置式屋面的保温隔热材料。挤塑聚苯板（XPS）主要物理性能如表 3.29 所示。

表 3.29　挤塑聚苯板（XPS）主要物理性能

试验项目		压缩强度 /kPa	导热系数 (25℃) /[W/(m·K)]	吸水率 (V/V) (%)	表观密度 /(kg/m³)	尺寸稳定性 (70℃，48h) (%)	水蒸气渗透系数 (23℃，RH50%) /[g/(m·h·Pa)]	燃烧性能等级
性能指标	X150	≥150	≤0.030	≤1.5	≥20	≤1.5	≤3.5	B_1
	X250	≥250	≤0.030	≤1.0	≥25	≤1.5	≤3	
	X350	≥350	≤0.030	≤1.0	≥30	≤1.5	≤3	
	X600	≥600	≤0.030	≤1.0	≥40	≤1.5	≤2	

需要强调的是，倒置式屋面的保温层设计厚度应按计算厚度的 1.25 倍取值，且最小厚度不得小于 25mm。这是为了确保倒置式屋面的保温性能在保温层积水、吸水、结露、长期使用老化、保护层压置等复杂条件下仍能持续满足屋面节能的要求。

倒置式保温屋面的设置要求、防水材料的选用及质量标准、保温材料的选用及节能计算、屋面保护层的设计、细部构造等详尽要求见《倒置式屋面工程技术规程》（JGJ 230—2010）。

3.3.1.3　外门、外窗保温节能设计

建筑外门窗的保温节能技术主要是通过提高其性能指标，在冬季有效利用阳光，增加房间的得热和采光，减少通过窗户传热和冷空气渗透所造成的能

耗，从而达到节能的目的。

1. 外门节能设计

此处的外门是指居住建筑的户门和阳台门。户门和阳台门下部门芯板部位都应采取保温措施，以满足节能标准要求。常用各类门的热工性能指标如表3.30所示。

表 3.30 门的传热系数和传热阻

门框材料	门的类型	传热系数 K_0 /[W/(m² · K)]	传热阻 R_0 /[(m² · K)/W]
木、塑料	单层实体门	3.5	0.29
	夹板门和蜂窝夹芯门	2.5	0.40
	双层玻璃门（玻璃比例不限）	2.5	0.40
	单层玻璃门（玻璃比例<30%）	4.5	0.22
金属	单层实体门	6.6	0.15
	金属保温门	2.0	0.5
	单框双玻门（玻璃比例为30%～70%）	4.5	0.22

可以采用双层板间填充岩棉板、聚苯板来提高户门的保温隔热性能。此外，提高门的气密性（即减少冷空气渗透量）对提高门的节能效果是非常明显的。

2. 外窗节能设计

因为窗的保温性能较差，还有经缝隙的冷空气渗透引起的附加热损失，所以窗的保温节能设计原则是在满足功能要求的基础上尽量减小窗户面积、提高窗框、玻璃部分的保温性能、加强窗户的气密性及加强窗户的太阳能得热。具体可采取以下措施：

（1）控制窗墙面积比。窗墙面积比是指某一朝向的外窗总面积（包括阳台门的透明部分、透明幕墙）与同一朝向的外围护结构总面积之比。控制好开窗面积，可在一定程度上减少建筑能耗。严寒和寒冷地区建筑的窗墙面积比应符合表3.9规定的限值。

窗墙面积比的确定，是根据不同地区、不同朝向的墙面冬、夏日照情况，季风影响，室外空气温度，室内采光设计标准，以及开窗面积与建筑能耗所占的比例等因素确定的。窗墙面积比的确定，既要考虑严寒和寒冷地区利于建筑物冬季透过窗户获得太阳辐射热，又要兼顾保温和减少传热损失。

（2）提高窗的保温性能。

1）提高窗框的保温性能。通过窗框的传热能耗在窗户的总传热能耗中占有一定比例，它的大小主要取决于窗框材料的导热系数。提高窗框部分保温效果主要有三个途径：一是选择导热系数小的框材，木材和塑料保温性能优于钢和铝合金材料，但木窗耗用木材，且易变形而引起气密性不良；塑料窗需在型材内腔增加金属加强筋以提高其抗风压性能。二是采用导热系数小的材料截断金属框扇型材的热桥制成断桥式窗，效果很好，如铝合金材料与PVC塑料复合断热桥处理后，可显著降低其导热性能；铝木复合窗的热工性能较铝合金窗有较大改善。三是利用框料内的空气腔室提高保温隔热性能。

2）提高窗玻璃的保温性能。玻璃及其制品是窗户的常用材料，然而单层玻璃的传热阻几乎等于玻璃内外表面换热阻之和，即单层玻璃本身的热阻可忽略不计，所以通过窗户的热流很大，整个窗的保温性能较差。

可以通过增加窗的层数或玻璃层数提高窗的保温隔热性能。如采用单框双玻窗、单框双扇玻璃窗、多层窗等，利用设置的封闭空气层提高窗玻璃部分的保温性能。双层窗的设置是一种传统的窗户保温做法，双层窗之间常有50～150mm的空间。中空双层玻璃将空气完全密封在中间，空气层内装有干燥剂，不易结露，保证了窗户的洁净和透明度。

无论哪种节能窗型，封闭空气间层的厚度与传热系数的大小有一定的规律性，通常空气间层的厚度在5～25mm可产生明显的阻热效果，在此范围内，随空气层厚度增加，热阻增大，当空气层厚度大于25mm后，随着对流效应增加，热阻值增加趋缓。空气间层数量越多，保温隔热性能越好。

此外，窗玻璃的选择对提高窗的保温隔热性能也很重要。高透光低辐射玻璃是一种对波长范围2.5～40μm的远红外线有较高反射比的镀膜玻璃，具有较高的可见光透过率（大于或等于80%，可将室内80%以上的远红外辐射热反射回去）和良好的热阻隔性能，非常适合于北方供暖地区，尤其是供暖地区北向窗户的节能设计。

严寒和寒冷地区居住建筑节能设计中外窗的保温性能应符合表3.14的规定。常用外窗的保温性能如表3.31所示。

建 筑 节 能

表 3.31　典型玻璃配合不同窗框的整窗传热系数

玻璃品种		玻璃中部传热系数 K_{gc} [W/(m²·K)]	整窗传热系数 K [W/(m²·K)]				
			不隔热金属型材 $K_f=$10.8[W/(m²·K)]　框面积：15%	隔热金属型材 $K_f=$5.8[W/(m²·K)]　框面积：20%	塑料型材 $K_f=$2.7[W/(m²·K)]　框面积：25%	隔热金属型材多腔密封 $K_f=$5.0[W/(m²·K)]　框面积：20%	多腔塑料型材 $K_f=$2.2[W/(m²·K)]　框面积：25%
透明	3mm透明玻璃	5.8	6.6	5.8	5.0	—	—
	6mm透明玻璃	5.7	6.5	5.7	4.9	—	—
	12mm透明玻璃	5.5	6.3	5.6	4.8	—	—
单片Low-E	6mm高透光Low-E玻璃	3.6	4.7	4.0	3.4	—	—
	6mm中透光Low-E玻璃	3.5	4.6	4.0	3.3	—	—
中空玻璃	6透明+12空气+6透明	2.8	4.0	3.4	2.8	3.2	2.7
	6中透光热反射+12空气+6透明	2.4	3.7	3.1	2.5	2.9	2.4
	6高透光Low-E+12空气+6透明	1.9	3.2	2.7	2.1	2.5	2.0
	6中透光Low-E+12空气+6透明	1.8	3.2	2.6	2.0	2.4	1.9
	6低透光Low-E+12空气+6透明	1.8	3.2	2.6	2.0	2.4	1.9
	6高透光Low-E+12氩气+6透明	1.5	2.9	2.4	1.8	2.2	1.7
	6中透光Low-E+12氩气+6透明	1.4	2.8	2.3	1.7	2.1	1.6

（3）提高窗的气密性，减少冷空气渗透能耗。提高窗的气密性、减少冷空气渗透量是提高窗节能效果的重要措施之一。由于经常开启，要求窗框、窗扇变形小；因为墙与框、框与扇、扇与玻璃之间都可能存在缝隙，会产生室内外空气交换。从建筑节能角度讲，冷空气渗透量越大，供暖耗能量就越大。因此，必须对窗进行密封。提高窗户的气密性，非常有利于窗户节能。但是，如果窗的气密性过高，需要通过合理组织通风提供新鲜空气，否则，对人体健康及卫生状况都不利。

严寒和寒冷地区居住建筑外窗及敞开式阳台门的气密性能等级应不低于表3.11 的规定。

（4）选择适宜的窗型。窗的几何形式与面积以及窗扇开启方式对窗的节能效果也有一定的影响。

供暖地区窗型的设计应把握以下要点：

1）在保证冬季换气次数和满足夏季通风要求的前提下，应选择平开窗并尽量减小可开窗扇面积。

2）选择周边长度与面积比小的窗扇形式，即接近正方形有利于节能。

3）镶嵌的玻璃面积尽可能的大。

（5）提高窗保温性能的其他方法。为提高窗的节能效率，设计上还可以使用具有保温特性的窗帘、窗盖板等构件。采用热反射织物和装饰布做成双层保温窗帘就是其中的一种，这种窗帘的热反射织物设置于里侧，反射面朝向室内，一方面阻止室内热空气流向室外；另一方面通过红外反射将热量保存在室内，从而起到保温作用。多层铝箔—密闭空气层—铝箔构成的活动窗帘具有很好的保温性能，但价格较贵。在严寒地区夜间使用平开或推拉式窗盖板也具有较好的保温性能。

外窗的保温节能措施是多方面的，既包括选用性能优良的窗用材料，也包括控制窗的面积，加强气密性，使用合适的窗型及保温窗帘、窗盖板等，多种方法并用，会大大提高窗的保温性能，部分供暖地区的南向窗户完全有可能成为得热构件。

3.3.1.4　地面保温节能设计

在寒冷的冬季，供暖房间地面下土壤的温度一般都低于室内气温，特别是靠近外墙的地面比房间中间部位的温度低 5℃左右，热损失也较大，且易出现冻脚现象。鉴于卫生和节能的要求，应对地面特别是周边地面进行保温，其保温材料层热阻值应不小于表 3.13 规定的限值。地面保温材料应具有一定抗压强度、吸水率小且保温性能稳定，挤塑聚苯板（XPS 板）等就是较好的地面保温材料。模塑聚苯板和挤塑聚苯板地面保温构造如图 3.28 所示。

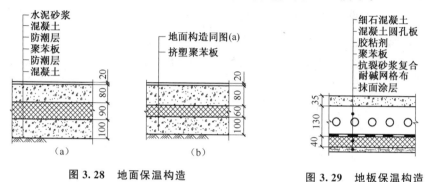

图 3.28　地面保温构造
（a）模塑聚苯板保温地面；（b）挤塑聚苯板保温地面

图 3.29　地板保温构造

3.3.1.5　地板保温节能设计

地板直接接触室外空气或分隔供暖与非供暖空间，也应采取保温措施，使这些特殊部位的传热系数满足节能要求。模塑聚苯板地板外保温构造如图 3.29 所示。保温层设计厚度应满足表 3.14、表 3.15 提出的传热系数限值要求。

接触室外空气地板的保温构造或层间楼板保温构造也可参考表 3.32 或表 3.33 所示内容。无论使用何种保温构造、何种保温材料，都必须满足相关节能标准要求。

表 3.32　　　　　　　　　　接触室外空气地板的保温构造

简　　　图	基本构造（由上至下）
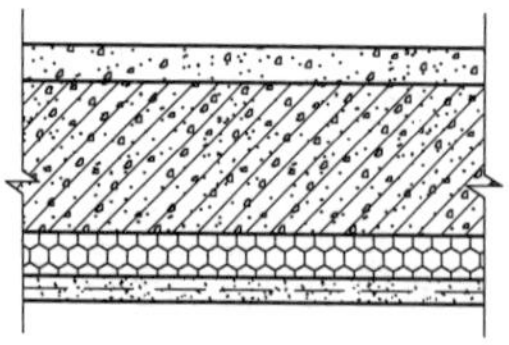	1—20mm 水泥砂浆找平层； 2—100mm 现浇钢筋混凝土楼板； 3—挤塑聚苯板（胶粘剂粘贴）； 4—3mm 聚合物砂浆（压入网格布）
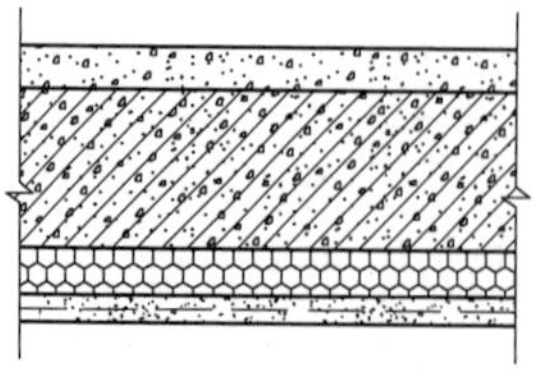	1—20mm 水泥砂浆找平层； 2—100mm 现浇钢筋混凝土楼板； 3—模塑聚苯板（胶粘剂粘贴）； 4—3mm 聚合物砂浆（压入网格布）

续表

简　图	基本构造（由上至下）
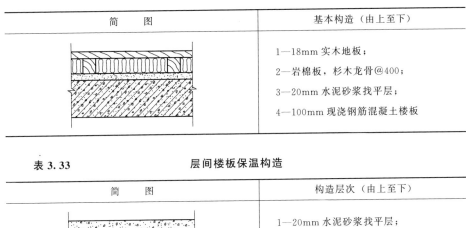	1—18mm 实木地板； 2—岩棉板，杉木龙骨@400； 3—20mm 水泥砂浆找平层； 4—100mm 现浇钢筋混凝土楼板

表 3.33　　　　　　　　　　　　层间楼板保温构造

简　图	构造层次（由上至下）
	1—20mm 水泥砂浆找平层； 2—100mm 现浇钢筋混凝土楼板； 3—保温砂浆； 4—5mm 抗裂砂浆（压入网格布）
	1—12mm 实木地板； 2—15mm 细木工板； 3—30mm×40mm 杉木龙骨@400； 4—20mm 水泥砂浆找平层； 5—100mm 现浇钢筋混凝土楼板
	1—20mm 水泥砂浆找平层； 2—挤塑聚苯板（XPS板）； 3—20mm 水泥砂浆找平及黏结层； 4—120mm 现浇钢筋混凝土楼板； 5—5～20mm 石灰砂浆抹面层

3.3.2　夏热冬冷与夏热冬暖地区居住建筑节能设计

由于气候特征的差异，夏热冬冷与夏热冬暖地区的节能设计和严寒与寒冷地区的节能设计在围护结构保温设计方面具有许多相似之处，但是在围护结构的隔热设计，以及建筑的遮阳设计等方面存在较大的差异。

3.3.2.1　围护结构保温设计

按照《民用建筑热工设计规范》（GB 50176—2016）对于夏热冬冷及夏热

冬暖地区设计要求的说明，夏热冬冷 A 区与夏热冬冷 B 区，以及夏热冬暖 A 区均有保温设计的要求，夏热冬暖 B 区可以不考虑保温设计。另外需要说明的是，温和地区尚没有单独的节能设计标准，其节能设计要求基本上是参照夏热冬暖地区的规范执行。在《民用建筑热工设计规范》（GB 50176—2016）中对于温和地区的设计要求的说明中，温和 A 区及温和 B 区也都有保温设计的要求。

在围护结构的保温设计中，墙体、门窗、屋面、楼板等各构件的构造做法与本书 3.3.1 节严寒与寒冷地区的构造做法比较相似，差异主要通过对于各构件的传热系数 K 的限值体现。夏热冬冷与夏热冬暖地区围护结构各构件的传热系数 K 的限值请参见本书的 3.2 节。由于 3.3.1 节对于围护结构的构造设计做了较为详细的介绍，本节不再赘述。而将篇幅用来说明与严寒和寒冷地区具有明显差异的隔热设计及遮阳设计。

3.3.2.2 围护结构隔热设计

在《民用建筑热工设计规范》（GB 50176—2016）对于夏热冬冷与夏热冬暖地区设计要求的说明中，夏热冬冷 B 区、夏热冬暖 A 区及 B 区均将隔热设计放在设计要求的首位，夏热冬冷 A 区中隔热设计与保温设计并列，可见在夏热冬冷与夏热冬暖地区的围护结构设计中，隔热设计是重点。

围护结构除了传统的通过控制围护结构构件的热工性能进行隔热设计以外，近年来新涌现了通过建筑表皮构件进行隔热设计（含绿化构件），以及采用建筑反射隔热涂料进行隔热设计等方式。

1. 围护结构构件的隔热设计

夏热冬冷与夏热冬暖地区围护结构构件（包括屋面与墙体）的隔热设计是通过对构件的传热系数 K 与热惰性指标 D 进行双指标控制来实现的。目的在于降低外墙内表面平均温度和波动程度，减小夏季从室外传入室内的热量。夏热冬冷与夏热冬暖地区围护结构各构件的传热系数 K 与热惰性指标 D 的限值请参见本书 3.2 节。

近年来，夏热冬冷与夏热冬暖地区采用自保温体系逐渐成为趋势。如蒸压加气混凝土砌块、页岩多孔砖等材料的应用越来越广泛。这类砌块本身就能满足相关节能设计标准的要求，同时也避免了保温材料的使用寿命与墙体材料不一致的问题，符合国家的墙改政策。

2. 建筑表皮构件的隔热设计

表皮源于生物学概念，表示动物植物的外表面被覆层。最早将"表皮"引入建筑领域源于现代建筑框架结构的产生，使得建筑的外围护结构可以独立于承重框架而存在。一般来讲，建筑表皮是指除屋顶外的建筑外围护部分。广义上来讲，凡是具有表皮作用的建筑元素、构件等都可成为表皮，是从室外到室内的过渡空间界面。相对于建筑外墙的概念强调实体性与构件性，建筑表皮则更多关注内外空间界面特征。而作为建筑表皮的一个分支，节能表皮是以节能为目的的外围护系统统称。本部分主要介绍双层表皮及绿化表皮的隔热性能。

近年来，随着新的建筑技术与建筑材料的不断涌现，建筑表皮的形式与功能都得到了快速发展。其中双层表皮（Double-layer facade 或 Double-skin system）在公共建筑中得到了广泛的应用。双层表皮通过技术手段，使建筑内部的温度、湿度以及阳光的照射量得以调节，以达到节能的效果。例如，在武汉建设大厦综合改造工程的设计过程中采用的双层隔热表皮，获得了良好的隔热效果。

建设大厦改造过程中在保留原有外墙的同时，在外墙的外侧采用木塑板增加一层格栅形成双层构造，即双层隔热表皮，如图 3.30 (a)、(b) 所示，可通过外侧表皮中格栅的遮阳与空气间层的通风作用，提高围护结构的隔热性能，有效降低夏季外墙内侧表皮的表面温度。

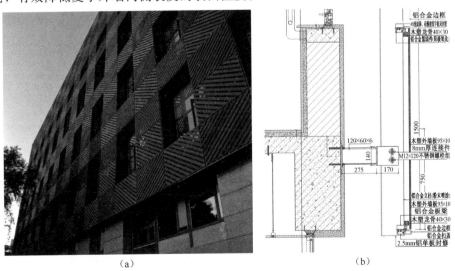

(a)   (b)

图 3.30 双层隔热表皮里面与构造

(a) 立面照片；(b) 墙体构造图

2012 年夏季对武汉建设大厦所选取的非空调房间进行了双层隔热表皮热工性能的实测（见图 3.31）。图 3.32 为实测结果，从图中可以看出内侧墙体外表皮的表面温度较外表皮的表面温度低 4～6℃，内侧墙体的内表面的表面温度在昼间基本维持在 30℃，较好地抑制了室内气温的上升（室内房间未使用空调），使室内气温基本维持在 29℃。并且如图 3.30（a）所示，双层隔热表皮形成深窗的形式，提高外窗的遮阳效果，从而降低夏季空调能耗。

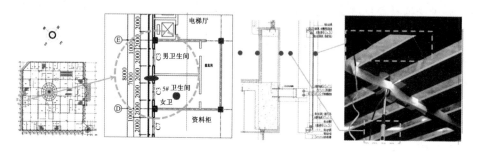

图 3.31　三楼测点及各仪器安装位置

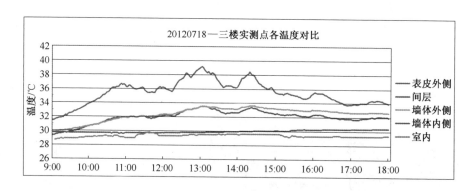

图 3.32　表面温度实测结果

注：间层及室内分别为空气间层与室内的气温，室内是一个未使用空调的自然通风房间

另一方面，南方地区（包括夏热冬冷地区的部分区域及夏热冬暖的大部分区域）采用表面绿化的建筑也越来越多。目前在国内外开始受到关注的 living wall（国内翻译为活体墙、活墙、生命墙等）就是建筑表面绿化很好的应用方式。建筑的表面绿化不仅能够通过植物的蒸腾作用降低绿化的表面温度，同时也能通过植物叶面对建筑外墙的覆盖，减少建筑外墙获得的太阳辐射，从而起到建筑外围护结构隔热的作用。

如图 3.33 所示的深圳某建筑的外墙采用双层表皮设计，并在外表皮上采用了种植皿进行绿化。这套表皮系统通过三个途径减少建筑外墙外表面的得热：①绿化的蒸腾作用降低表面温度；②绿化及种植皿的遮阳作用；③通过两层表皮之间的空气间层的自然通风带走热量。种植皿中的植物采用滴灌的方式进行节水灌溉，并且种植皿采用模块化设计，可以进行更换，能够在保证建筑立面效果的同时，起到良好的隔热效果。

（a）立面；（b）立面细部；（c）种植皿细部；（d）剖面示意

图 3.33　绿化表皮设计案例

3. 建筑反射隔热涂料的应用

建筑反射隔热涂料（Architectural reflective thermal insulation coating）

的定义为：以合成树脂为基料，与功能性颜填料及助剂等配制而成，施涂于建筑物外表面，具有较高可见光反射比、近红外反射比和半球发射率的涂料。这种涂料具有装饰及隔热的双重作用，属于功能性涂料，可用于夏热冬冷与夏热冬暖地区建筑物的屋面及墙面的反射隔热。

建筑反射隔热涂料通过有效反射夏季的太阳热辐射，减少建筑物表面对太阳辐射能量的吸收量，从而达到隔热的效果。采用建筑反射隔热涂料可降低夏热冬冷与夏热冬暖地区的空调能耗。有研究表明，对于夏热冬暖地区的居住建筑，其外墙采用反射隔热涂料后，降低空调能耗的效果可达到 2％（全年空调）～5％（仅夏季空调）。

建筑反射隔热涂料的热工性能只是隔热，虽然其材料具有导热系数小、保温性能好的特点，但由于其属于薄涂层涂料，不具有明显的保温性能。在有保温要求的墙体及屋面上使用时，需要与墙体及屋面的保温系统配合使用，才能满足围护结构的保温与隔热要求，如图 3.34 所示。

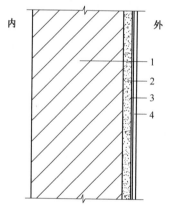

非金属材料基层采用
建筑反射隔热涂料饰面的
基本构造

1—基层；2—水泥砂浆找平层
（或柔性腻子层）；3—底漆层；
4—建筑反射隔热涂料层

（a）

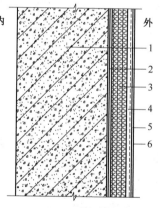

非金属材料基层的
外墙外保温系统采用建筑反射
隔热涂料饰面的基本构造

1—基层；2—界面层；3—保温层；
4—抗裂层；5—柔性腻子层；6—底
漆层及建筑反射隔热涂料层

（b）

图 3.34　建筑反射隔热涂料构造做法示意

（a）无保温层时的构造做法；（b）有保温层时的构造做法

目前，建筑反射隔热涂料已受到广泛关注，我国已出台建筑反射隔热的产品标准，如《建筑外表面用热反射隔热涂料》（JC/T 1040—2007）、《建筑反射隔热涂料》（JG/T 235—2014）、《建筑用反射隔热涂料》（GB/T 25261—2010）、《建筑反射隔热涂料应用技术规程》（JGJ/T 359—2015）4 项国家及行业标准来规范建筑反射隔热涂料的应用。

3.3.2.3 建筑遮阳设计

我国夏热冬冷及夏热冬暖地区的夏季水平面太阳辐射强度可高达 $1000W/m^2$。夏季强烈的阳光直射屋内将严重影响室内热环境，导致建筑空调能耗大量增加。建筑外围护结构中外窗、玻璃幕墙与天窗等透明构件是建筑室内获得太阳辐射的主要途径。减少夏季外窗、玻璃幕墙与天窗的辐射传热是降低夏季空调能耗，实现建筑节能的重要方法。

夏热冬冷地区的气候具有两极性，夏季炎热而冬季寒冷，尽管通过外窗、玻璃幕墙与天窗等透明构件进入室内的太阳辐射得热在夏季将降低室内热舒适，增加了建筑的空调负荷，但是在冬季则可提高室内热舒适，减少建筑的采暖负荷。因此，夏热冬冷地区的遮阳设计需要综合考虑夏、冬两个季节的需求。在夏热冬暖地区，冬季相对较温暖，遮阳设计时可主要考虑减少夏季建筑室内的太阳辐射得热，适当考虑冬季太阳辐射对室内热舒适的改善作用。在综合考虑夏季及冬季建筑室内对于阳光的需求时，夏热冬冷与夏热冬暖地区宜采用可调节的活动外遮阳。

由于太阳运行轨迹的日变化与年变化有规律可循，因此，针对不同地域、不同朝向，通过模拟分析，掌握太阳的高度角与方位角的变化规律，有针对性地采取适当的遮阳措施，防止直射阳光的不利影响，对于提高建筑室内热环境舒适度，减少夏热冬冷及夏热冬暖地区的空调能耗与采暖能耗具有重要作用。

建筑的遮阳措施主要包括外窗自身的遮阳以及遮阳构件的遮阳等方式，另外，在建筑体形设计上的形体自遮阳、建筑表面绿化也是建筑遮阳的措施。

1. 外窗的遮阳设计

夏热冬冷及夏热冬暖地区建筑的外窗及天窗等透明围护结构构件的遮阳设计是通过相关设计标准中规定的外窗综合遮阳系数（居住建筑）、太阳的热系数（公共建筑）来实现的。在《夏热冬冷地区居住建筑节能设计标准》（JGJ 134—2010）、《夏热冬暖地区居住建筑节能设计标准》（JGJ 75—2012）、《公共建筑节能设计标准》（GB 50189—2015）等设计标准中，均对外窗、天窗等透明围护结构构件的综合遮阳系数及太阳得热系数规定了限值，具体的限值请参考本书3.2.3节中的说明。

另外，对于外窗的遮阳，遮阳百叶、窗帘等内、外遮阳方式也是常见的遮阳措施。从减少空调能耗的角度而言，内遮阳是一种不利的遮阳方式。太阳辐射虽然被室内的窗帘等遮挡住了，但是太阳辐射热量中的大部分进入室内，被窗帘、墙体吸收后，通过辐射与对流的方式影响室内热环境及空调能耗。因此，在夏热冬冷与夏热冬暖地区，外窗采用外遮阳的形式，如外百叶或外卷帘的活动遮阳方式，能够得到较好的效果。

2. 遮阳构件的应用

太阳辐射包括直达日射和漫射日射两类日射，是建筑室内获取太阳辐射的主要途径，其中直达日射由于方向变化有规律，较容易控制，漫射日射缺少方向性，较难控制。此外，来自地面及周边建筑物的反射日射也是建筑室内获取太阳辐射的途径之一。通过遮阳构件控制进入室内的太阳辐射是常用的遮阳方式。

（1）固定式外遮阳构件。采用固定式外遮阳构件是控制直达日射的常用方法。建筑遮阳构件的类型很多，按照构件遮挡阳光的特点可将遮阳构件分为以下四类（见图3.35）。

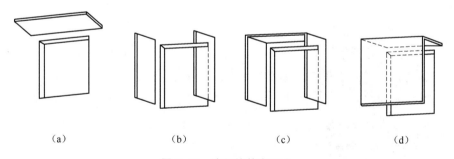

|（a）|（b）|（c）|（d）|

图 3.35　遮阳的基本形式

（a）水平式遮阳；（b）垂直式遮阳；（c）综合式遮阳；（d）挡板式遮阳

1）水平式遮阳：能有效遮挡高度角较大的、从窗口上方投射下来的阳光；适用于接近南向的窗口或北回归线以南低纬地区的北向附近的窗口。

2）垂直式遮阳：能有效遮挡高度角较小的、从窗侧斜射的阳光，但对于高度角较大的、从窗口上方投射的阳光，或接近日出、日没时平射窗口的阳光不起遮挡作用；主要适用于东北和西北向附近的窗口。

3）综合式遮阳：能有效遮挡高度角中等的、从窗前斜射下来的阳光，遮阳效果比较均匀；主要适用于东南或西南向附近的窗口。

4）挡板式遮阳：能有效遮挡高度角较小、正射窗口的阳光；主要适用于东、西向附近的窗口。

上述四种遮阳构件形式简单有效，造价及维护成本低廉，并且通过精心设计，可与建筑立面的造型要素相结合，形成优美的建筑外观。

关于固定式遮阳构件尺寸计算的方法在《建筑物理》（中国建筑工业出版社）中已经有明确的说明，并且现在很多软件都能实时模拟计算出遮阳构件的阴影范围，不需要读者自己动手进行计算，因此固定式遮阳构件尺寸计算的方法在此就不再赘述。

（2）活动式外遮阳构件。随着建筑技术的进步，以及人们对于室内环境调节要求的提高，建筑遮阳装置与建筑表皮设计相结合，构成具有活动式外遮阳功能的建筑外表皮设计的案例越来越多。活动式外遮阳装置可以通过机电及传感器实现自动控制，也可以仅依靠手动进行调节。前者技术复杂、造价与维护成本较高，后者机构简单、造价较低。活动式外遮阳装置的最大优点在于可以按照需要控制进入室内的阳光，达到最有效地利用和限制太阳辐射的目的。尤其是夏热冬冷地区气候两极，活动式外遮阳可以很好地满足建筑夏季遮阳，减少空调能耗，冬季获取充分日照，降低采暖能耗的需求。

活动式外遮阳装置的形式很多，一般可分为金属活动百叶、遮阳卷帘、织物遮阳等几种类型，如图 3.36 所示。这几种活动式外遮阳装置的调节方式较为简单，可根据太阳辐射的日变化与季节变化，灵活调节室内光线及太阳辐射得热。

（a）　　　　　　　　　　（b）　　　　　　　　　　（c）

图 3.36　遮阳形式

（a）金属活动百叶遮阳；（b）遮阳卷帘；（c）织物遮阳

近年来，在建筑设计中参数化设计的应用越来越受到广泛的关注。参数化设计工具除了在建筑形体生成的过程中功能强大以外，在建筑表皮的设计中也具有突出作用，尤其是在针对建筑室内采光、日照等物理性能进行的优化设计中是非常有效的设计工具。例如，图 3.37 所示建筑的遮阳设计中，通过计算机模拟太阳在不同季节、不同时间的高度角及方位角，确定各窗口的太阳光线入射角度，并综合考虑遮阳构件的阳光反射以及使用者的视线要求，在 Grasshopper 平台上建立模型，并进行日射模拟，从而确定满足室内采光及热环境要求的室外遮阳构件形式。在图 3.37（b）中，遮阳构件还可以结合机械传动构件，形成可调节外遮阳，根据室外环境条件及室内光环境传感器检测状况按照功能要求进行自动调节，保证各房间的室内环境的质量。

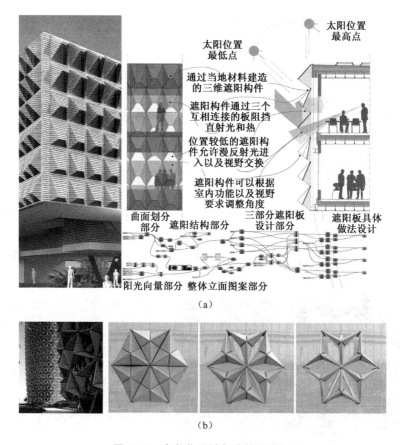

图 3.37　参数化设计与建筑外遮阳

（a）三维遮阳构件设计；（b）可调节遮阳表皮设计

4 模拟技术在建筑节能设计中的应用

建筑能耗模拟的发展开始于 20 世纪 60 年代中期，一些学者采用反应系数法对建筑围护结构的传热特性进行动态模拟。随着计算机技术的飞速发展，完成大量复杂的计算成为可能，全球各研究机构相继开发了一系列建筑能耗模拟软件[1,2]。表 4.1 中列出了国内外建筑能耗模拟领域的核心软件。

表 4.1　　　　　　　　　国内外建筑能耗模拟软件

软件	主要功能	优点	缺点
DOE-2	采用反应系数法进行动态热环境模拟；逐时能耗分析 HVAC 系统运行的寿命周期成本（LCC）分析	软件开源，可自定义修改，有非常详细的建筑能耗逐时报告，可处理结构和功能较为复杂的建筑	软件已经停止更新；DOS 下操作界面，输入较为麻烦，须经过专门培训；对专业知识要求较高
EnergyPlus	建筑冷热负荷及全年能耗动态模拟。多区域气流分析，太阳能利用方案设计及建筑热性能研究	软件功能全面，使用广泛，也是开源软件	操作方式仍然较为专业，需要借助一系列外部软件进行操作
TRNSYS	采用热平衡法进行计算，HVAC 系统和控制分析，多区域气流分析，太阳能利用方案设计以及建筑热性能研究	软件功能较为全面，HVAC 计算较为灵活	没有为建筑和 HVAC 系统设定合理的缺省值，用户必须逐项输入两者较为详细的信息
ESP-r	采用热平衡法进行计算，可对影响建筑能源特性和环境特性的因素做深入的评估	软件开源，可在 Linux 或 Windows 平台上运行	需要较强的专业知识，须对专业知识具有深入理解
DeST	基于状态空间法建立建筑动态热过程模型[3]，拥有完善的建筑节能设计模块	依托于 AutoCAD 平台，操作方法简便	不能识别国内常用的建筑设计软件绘制的电子图档，如天正建筑、浩辰建筑、斯维尔建筑、中望建筑等

目前,我国的节能设计软件的开发也较为普遍,国内已有多加公司在节能设计软件的开发方面取得了显著成绩,比较知名的如北京绿建软件有限公司的绿建节能设计软件 BECS(以下简称 BECS)、北京构力科技有限公司的绿色建筑方案软件 PKPM-GBS、上海市凯创建筑科技有限公司的上海市民用建筑节能设计软件、清华大学 DeST 开发组所开发的 DeST 建筑环境及 HVAC 系统模拟的软件平台等。

各地节能设计标准都涉及建筑冷热能耗动态模拟的问题。动态模拟程序过去都是研究机构的专用工具,建模和使用方法都不易为设计人员所熟悉,而BECS 兼容主流建筑设计软件的电子文档,可以快速地将设计图档转化成可以用于节能审查和动态模拟的建筑模型,并大大简化动态模拟的输入。

BECS 运行于 AutoCAD 平台,针对建筑节能系列标准做出验证,能够对空调的全年运行状况进行模拟,准确计算出采暖空调年耗电量。软件使用三维建模技术,生成的模型符合工程实际,通过方便的功能,使建模过程并不比二维绘图更复杂。计算过程透明,计算结果准确,并配合以强大的检查机制,能够切实为用户提高工作效率。

本章结合北京绿建软件有限公司研发的 BECS 软件,系统讲解计算机辅助节能设计。

4.1 建筑节能计算流程

BECS 软件采用自定义对象技术快速建立三维热工模型,以《民用建筑热工设计规范》(GB50176)为热工计算依据,按照国家、地方相关建筑节能设计技术标准、规范、规程,对建筑物进行规定性指标、性能权衡的判定,可将计算结果输出 word、excel、dwg 等形式的文档用于施工图节能审查。软件提供 GBxml 接口,将 BECS 热工计算模型导入相关软件中进行建筑环境分析,并与公司绿色建筑模拟软件模型共享,真正实现一模多算。

建筑节能计算的流程大体可以分为文件准备、建筑建模、热工设置、节能判定四大步骤,具体流程如图 4.1 所示。

(1)文件准备。节能设计需要含有建筑信息。在绘制建筑方案的过程中,所用工具不同,其图纸含有的信息也不同。若图纸由斯维尔建筑、天正建筑绘制,那么 BECS 将可以完整识别,直接形成模型文件,跳过建筑建模阶段。若

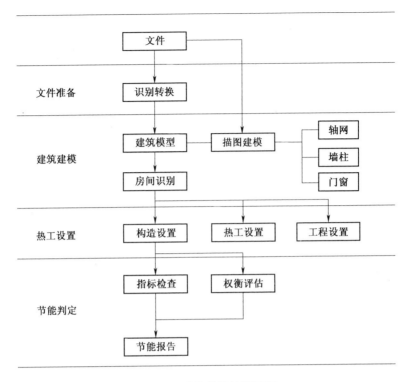

图 4.1 建筑节能计算流程

BECS 无法识别或仅部分识别图纸,则需通过建筑建模阶段将建筑必要信息补全。

在使用 BECS 的过程中,同一个工程的各个文件都需要放在同一个磁盘目录下,并应尽量避免将不同的项目存在同一目录下而导致软件运行混乱。

(2)建筑建模。在建筑建模阶段,用户可直接进行建筑围护结构的绘制,包括墙柱、门窗、屋顶等。

(3)热工设置。获得基本的建筑模型之后,应当设置围护结构构造、房间属性、所用节能设计标准等参数。

(4)节能判定。对于节能模型进行建筑节能判定、建筑节能标准的规定性指标检查,若得出的结论达标合格即可直接输出节能报告和节能审查等表格,完成建筑节能设计。如果规定性指标不满足要求,则需根据指标对原方案围护结构热工性能进行相应修改,或通过性能权衡评估法对建筑物的整体进行节能计算，直至达到节能标准所要求的规定与要求。

4.2 建筑节能软件的系统安装与配置

建筑节能设计软件首先需要完成系统的安装与配置，然后才能应用软件进行节能设计。

BECS 构筑在 AutoCAD 平台上，AutoCAD 主要构筑在 Windows 平台上，因此用户需要使用 Windows＋AutoCAD＋BECS 来解决节能计算问题。除此之外，还需要使用办公软件（Word 及 Excel）进行报告输出。

4.2.1 软件和硬件环境

BECS 是基于 AutoCAD 的应用而开发的，因此对于软硬件环境的需求主要取决于 AutoCAD 平台的要求。由于不同用户工作范围不同，工程量也不尽相同，硬件配置也相应有所区别。本书中推荐使用酷睿 I5/2.5GMz 以上处理器配合 2GB 以上内存。

4.2.2 软件的安装与启动

由于 BECS 版本的差别，其安装方法有所不同。软件安装之前请阅读软件附带的自述说明文件。请确定计算机已安装 AutoCAD 软件，并能够正常运行。程序安装后，将在桌面上建立启动快捷图标"节能设计 BECS2018"，运行该快捷方式即可启动 BECS。

若计算机安装了多个版本的 AutoCAD 软件，在首次启动时将提示用户选择 AutoCAD 平台，若需跳过每次询问 AutoCAD 平台的过程，则可勾选"下次不再提问"。在使用的过程中，若用户安装了更适合的 AutoCAD 平台，或由于工作需要而变更了 AutoCAD 平台，只需要更改 BECS 目录下 startup.ini 内容，"SelectAutoCAD＝1"，即可回复到可以选择 AutoCAD 平台的状态。

4.2.3 用户界面

BECS 基于 AutoCAD 进行了二次开发，如图 4.2 所示。以下对用户界面做简要介绍。

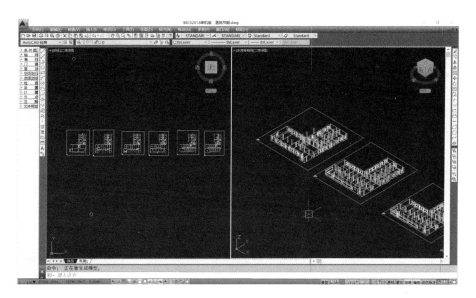

图 4.2　BECS 用户界面

1. **屏幕菜单**

BECS 的主要功能都列在屏幕菜单上，屏幕菜单采用"开合式"两级结构（见图 4.3），第一级菜单可以单击展开第二级菜单，任何时候最多只能展开一个一级菜单，展开另外一个一级菜单时，原来展开的菜单自动并拢。二级菜单是真正可以执行任务的菜单，大部分菜单项都有图标，以方便用户更快地确定菜单项的位置。当光标移到菜单项上时，AutoCAD 的状态行会出现该菜单项功能的简短提示。

2. **右键菜单**

本节主要介绍绘图区的右键菜单，其他界面上的右键菜单见相应的章节。

BECS 没有将所有的功能都列在屏幕菜单上，有些编辑功能只在右键菜单上列出。右键菜单有两类：①模型空间空选右键菜单，列出节能设计最常用的功能；②选中特定对象的右键菜单，列出该对象相关的操作。

3. **工具条**

工具条是另一种工作菜单，为了节省屏幕空间，工具条默认情况下不开启，用户可以右击 AutoCAD 工具条的空白处，选择 Toolbar 工具条。

4. **命令行按钮**

在命令行的交互提示中，有分支选择的提示，显示为局部按钮，可以单击

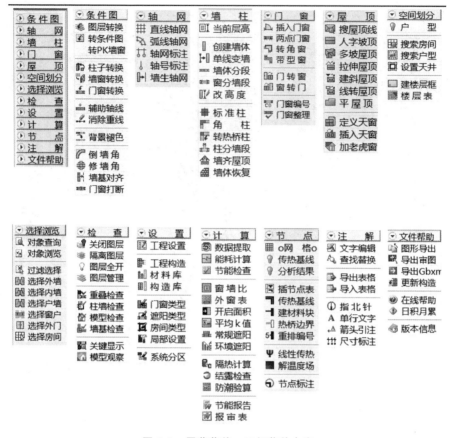

图 4.3　屏幕菜单一二级菜单内容

该按钮或单击键盘上对应的快捷键，即进入分支选择。用户可以通过设置，关闭命令行按钮和单键转换的特性。

5. **文档标签**

AutoCAD 平台是多文档的平台，可以同时打开多个 DWG 文档，当有多个文档被打开时，文档标签出现在绘图区上方，可以点取文档标签快速切换当前文档。用户可以配置关闭文档标签，将屏幕空间还给绘图区。

6. **模型视口**

BECS 中模型视口的相关操作与 AutoCAD 相同，通过对当前视口四个边界的拖放控制进行增加视口、改变视口、删除视口等操作。

4.3 文件准备

4.3.1 设置文件夹

首先在选定的磁盘中建立该工程项目的文件夹。在建模计算过程中，在该文件夹下将会产生工程设置文件 swr → workset.ws、外部楼层表文件 building.dbf 以及能耗分析结果 *.dbf 等过程文件。

4.3.2 识别转换

对于天正建筑 3.0、理正建筑和 AutoCAD 绘制的建筑图，可以根据原图的规范和繁简程度，通过本组命令进行识别转换变为 BECS 的建筑模型。

1. 转条件图

本功能用于识别转换天正 3.0 或理正建筑图，按墙线、门窗、轴线和柱子所在的不同图层进行过滤识别。但由于本功能是整图转换，因此对原图的质量要求较高，对于绘制比较规范和柱子分布不复杂的情况，本功能可保证一定的转换成功率。

屏幕菜单命令：

【条件图】 →【转条件图】（ZTJT）

操作步骤：

（1）按命令行提示，分别用光标在图中选取墙线、门窗（包括门窗号）、轴线和柱子，选取结束后，它们所在的图层名自动提取到对话框（见图 4.4），也可以手动输入图层名。每种构件可以选取多个图层，但彼此不能互相共用图层。

（2）设置转换后的竖向尺寸和容许误差。这些尺寸可以按占比例最多的数值设置，因为后期批量修改十分方便。

（3）对于被炸成散线的门窗，要让系统能够识别需要设置门窗的标识。也就是说，大致在门窗编号的位置输入一个或多个符号，系统将根据这些符号代表的标识，判定这些散线转成门或窗。

提示：如下的情况不予转换：①标识同时包含门和窗两个标识；②无门窗编号；③包含 MC 两个字母的门窗。总之，标识的目的是告诉系统转成什么。

（4）框选准备转换的图形。一套工程图有很多个标准层图形，一次转多少取决于图形的复杂度和绘制得是否规范，最少一次要转换一层标准图，最多支持全图一次转换。

图 4.4　转条件图对话框

2.　柱子转换

该命令用于单独转换柱子（见图 4.5）。对于一张二维建筑图，如果想柱子和墙窗分开转换，最好先转柱子，再进行墙窗的转换，将提高增加转换成功率。

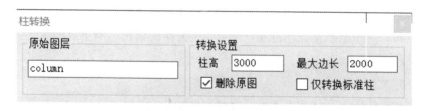

图 4.5　柱子转换的对话框

3.　墙窗转换

该命令用于单独转换墙窗，原理和操作与"转条件图"相同（见图 4.6）。

图 4.6　墙窗转换对话框

4.　门窗转换

该命令用于单独转换天正 3.0 或理正建筑的门窗。对话框右侧选项的意义是，勾选项的数据取自本对话框的设置，未勾选项的数据取自图中测量距离

（见图 4.7）。分别设置好门窗的转换尺寸后，框选准备转换的门窗块，系统批量生成 BECS 的门窗。当采用描图方式处理条件图时，在描出墙体后使用本命令转换门窗最恰当。

天正建筑 3.0 和理正建筑的门窗是特定的图块，如果被炸成单线，本命令则无效，可考虑用"墙窗转换"的门窗标识方法，或者利用原图中的门窗线通过"两点插窗"快速插入。

图 4.7 门窗转换对话框

提示：对于绘制不规范的原始图，转换前需适当做一些处理，例如"消除重线"和整理图层等，将提高转换成功率。

4.4 建筑建模

对于绘图不规范或来源复杂的图纸，识别转换成功率将会比较低，需要重新对图纸进行建模处理。

4.4.1 图纸描绘

1. 背景褪色
背景褪色主要有两方面作用：一方面，描图前对天正建筑 3.0 或理正建筑的图档做褪色处理，将它们作为参考底图，使其与描出来的围护结构看上去泾渭分明；另一方面，对于节能设计而言，建筑设计的工程图纸最关注的是墙体和门窗，将不关注的其他图形做褪色处理，这样既不影响对图纸的阅读，又突出重点。

背景褪色的屏幕菜单命令：

【条件图】→【背景褪色】（BJTS）

分支命令选项包括：

（1）背景褪色：将整个图形按 50% 褪色度进行处理。

（2）删除褪色：删除经褪色处理的图元。

（3）背景恢复：将经褪色处理的图纸恢复到原来的色彩。

2. 辅助轴线

"辅助轴线"命令主要作为描图的辅助手段，对缺少轴网的图档在两根墙线之间居中生成临时轴线和表示墙宽的数字，以便沿辅助轴线绘制墙体。辅助轴线的屏幕菜单命令：

【条件图】→【辅助轴线】（FZZX）

3. 创建墙体

"创建墙体"命令在后面的墙体章节中有详细介绍，可用于墙体的创建。创建墙体的屏幕菜单命令：

【墙柱】→【创建墙体】（CJQT）

4. 门窗转换

描出墙体后，可以批量转换天正建筑 3.0 或理正建筑的门窗，然后用对象编辑修改同编号的门窗尺寸，也可以用特性表修改。"门窗转换"的屏幕菜单命令：

【条件图】→【门窗转换】（MCZH）

5. 两点插窗

天正建筑 3.0 或理正建筑的门窗块含有属性，一旦被炸成一堆散线，尽管可以用门窗标识的方式转换，但方法繁琐。在这种情况下，采用"两点门窗"功能，利用图中的门窗线做捕捉点可快速连续插门窗。其屏幕菜单命令：

【门窗】→【两点门窗】（LDMC）

6. 倒墙角

"倒墙角"功能与 AutoCAD 的倒角（Fillet）命令相似，专门用于处理两段不平行的墙体的端头交角问题，其屏幕菜单命令：

【条件图】→【倒墙角】（DQJ）

倒墙角在设置时包含两种情况：

（1）当倒角半径不为 0 时，两段墙体的类型、总宽和左右宽必须相同，否则无法进行。

（2）当倒角半径为 0 时，用于不平行且未相交的两段墙体的连接，此时两墙段的厚度和材料可以不同。

7. 修墙角

"修墙角"命令提供对两端墙体相交处的清理功能，当用户使用 AutoCAD 的某些编辑命令对墙体进行操作后，墙体相交处有时会出现未按要求打断的情况，采用本命令框选墙角可以轻松处理。修墙角的屏幕菜单命令：

【条件图】→【修墙角】（XQJ）

4.4.2　创建轴网

轴网在节能设计中没有实质用处，仅反映建筑物的布局和围护结构的定位。轴网由轴线、轴号和尺寸标注三个相对独立的系统构成。

绘制轴网通常分三个步骤：

（1）创建轴网，即绘制构成轴网的轴线。

（2）对轴网进行标注，即生成轴号和尺寸标注。

（3）编辑修改轴号。

1. 直线轴网

"直线轴网"命令用于创建直线正交轴网或非正交轴网的单向轴线，可以同时完成开间和进深尺寸数据设置。输入轴网数据方法有两种：一种是直接在"键入"栏内键入（见图 4.8），每个数据之间用空格或逗号隔开，输入完毕回

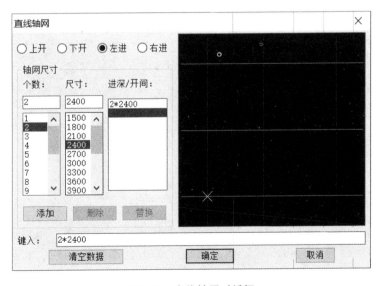

图 4.8　直线轴网对话框

车生效；另一种是在"个数"和"尺寸"中键入（见图 4.8），或鼠标点击从下方数据栏获得待选数据，双击或点击"添加"按钮后生效。

设置直线轴网的屏幕菜单命令：

$$【轴网】→【直线轴网】（ZXZW）$$

2. **弧形轴网**

"弧形轴网"命令用于创建一组同心圆弧线和过圆心的辐射线组成弧形轴网（见图 4.9）。当开间的角度总和为 360°时，生成弧线轴网的特例，即圆轴网。

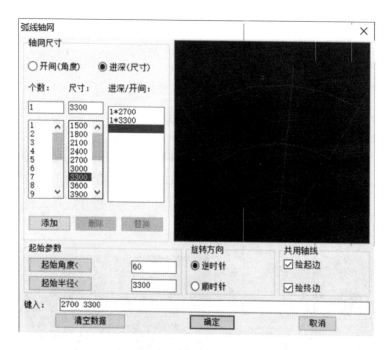

图 4.9　弧形轴网对话框

形成弧形轴网的屏幕菜单命令：

$$【轴网】→【弧形轴网】（HXZW）$$

3. **墙生轴网**

"墙生轴网"功能用于在已有墙体上批量快速生成轴网，很像先布置轴网后画墙体的逆向过程。在墙体的基线位置上自动生成轴网。其屏幕菜单命令：

$$【轴网】→【墙生轴网】（QSZW）$$

4. 轴网标注

轴网的标注有轴号标注和尺寸标注两项，软件自动一次性智能完成，但两者属不同的自定义对象，在图中是分开独立存在的。

轴网标注的屏幕菜单命令：

【轴网】→【轴网标注】（ZWBZ）

其右键命令：

〈选中轴线〉→【墙生轴网】（ZWBZ）

（1）轴号编辑。使用在位编辑来修改编号。选中轴号对象，然后单击圆圈，即进入在位编辑状态。如果要关联修改后续的多个编号，按回车键；否则只修改当前编号。

（2）添补轴号。本命令对已有轴号对象添加一个新轴号。其右键命令：

〈选中轴线〉→【添补轴号】（TBZH）

（3）删除轴号。本命令删除轴号系统中某个轴号，后面相关联的所有轴号自动更新。其右键命令：

〈选中轴线〉→【删除轴号】（SCZH）

4.4.3　建筑层高

每层建筑都有一个层高，也就是本层墙、柱的高度。可使用两种方法确定层高。

1. 当前层高

在创建楼层时设置当前默认的层高，可以避免每次创建墙体时都要修改墙高（墙高的默认值就是当前层高）。其屏幕菜单命令：

【墙柱】→【当前高度】（DQGD）

2. 改高度

选择"改高度"命令后，选择所需要修改高度的墙、柱构件。其屏幕菜单命令：

【墙柱】→【改高度】（GGD）

4.4.4　柱子

柱子在建筑物中起承载作用。从热工学上讲，如果位于外墙中的钢筋混凝土柱子由于热工性能差会引起围护结构的热桥效应，影响建筑物的保温效果甚至在墙体内表面结露。因此，节能设计中必须重视热桥效应带来的不利影响。BECS 支持标准柱、角柱和异形柱，并且可以自动计算热桥影响下的外墙平均传热系数 K 和热惰性系数 D，前提是模型中准确地布置了柱子。

节能设计中只需要关注插入外墙中的柱子，独立的柱子不必理会。墙体与柱相交时，墙被柱自动打断；如果柱与墙体材料相同，墙体被打断的同时与柱连成一体。柱子的常规截面形式有矩形、圆形、多边形等。

1. 标准柱

标准柱的截面形式为矩形、圆形或正多边形。通常柱子的创建以轴网为参照，创建标准柱的步骤如下：

（1）设置柱的参数，包括截面类型、截面尺寸和材料等（见图 4.10）。

（2）选择柱子的定位方式，柱子的定位方式有点选插入、沿线插入、区域插入、替换等。

（3）根据不同的定位方式回应相应的命令行输入。

设置标准柱的屏幕菜单命令：

【墙柱】→【标准柱】（BZZ）

图 4.10　标准柱对话框

2. 墙角柱

"墙角柱"命令在墙角（最多四道墙汇交）处创建角柱。点取墙角后，弹出对话框（见图 4.11），依照对话框进行编辑修改，其屏幕菜单命令：

【墙柱】→【角柱】（JZ）

3. 异形柱

"异形柱"命令可将闭合的 PLINE 转为柱对象。柱子的底标高为当前标高，柱子的默认高度取自当前层高。其屏幕菜单

图 4.11　角柱对话框

命令：

【墙柱】→【异形柱】（YXZ）

4. 转热桥柱

"转热桥柱"命令把来自 Arch 和天正建筑 6 文件中的构造柱转换成参与热桥计算的热桥柱。操作时可以框选整个图形，系统自动过滤选择出构造柱并将其转换成同材料和同尺寸的热桥柱置于"节-热桥柱"图层上，支持"对象查询"查看。其屏幕菜单命令：

【墙柱】→【转热桥柱】（ZRQZ）

5. 柱分墙段

"柱分墙段"命令将构造柱转成混凝土墙体以简化模型。通常在建筑图中，设计师习惯于将剪力墙用复杂的构造柱表达，由于柱子与墙体之间的关系过于复杂而给模型的计算带来困难。为解决此类问题，本命令将复杂构造柱转成混凝土墙体（剪力墙），其屏幕菜单命令：

【墙柱】→【柱分墙段】（ZFQD）

4.4.5 墙体

墙体作为建筑物的主要围护结构在节能中起到至关重要的作用，它既是围合成建筑物和房间的对象，又是门窗的载体。在进行模型处理过程中，与墙体打交道最多，节能计算无法正常进行时往往与墙体处理不当有关。如果不能用墙体围成建筑物和有效的房间，节能设计将无法进行下去。

BECS 墙体的表面特性。选中墙体时可以看到墙体两侧有两个黄色箭头，它们表达了墙体两侧表面的朝向特性，箭头指向墙外表示该表面朝向室外与大气接触，箭头指向墙内表示该表面朝向室内。显然，外墙的两侧箭头一个指向墙内一个指向墙外，而内墙则都指向墙内。

1. 墙体基线

墙体基线是墙体的代表"线"，也是墙体的定位线，通常和轴线对齐。墙体的相关判断都是依据于基线，如墙体的连接相交、延伸和剪裁等。因此，相互连接的墙体应当使它们的基线准确交接。BECS 规定墙基线不准许重合，也就是墙体不能重合，如果在绘制过程产生重合墙体，系统将弹出警告，并阻止这种情况的发生。如果用 AutoCAD 命令编辑墙体时产生了重合墙体，系统将给出警告，并要求用户排除重合墙体。

建筑设计中通常不需要显示基线，但在节能设计中把墙基线打开有利于检查墙体的交接情况。在图形窗口右下角可启动/关闭基线显示，如图4.12和图4.13所示。

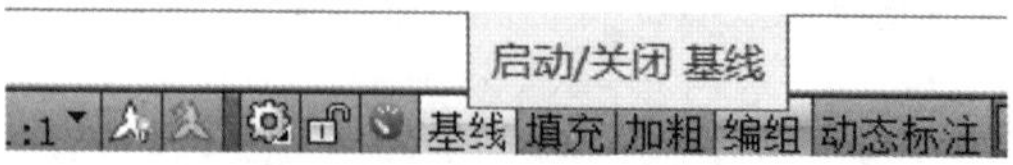

图 4.12　启动或关闭基线

图 4.13　基线位置不同的墙体

2. 墙的类型

在建筑节能设计中，按着墙体两侧空间的性质不同，可将墙体分为四种类型：

（1）外墙：与室外接触，并作为建筑物的外轮廓。

（2）内墙：建筑物内部空间的分隔墙。

（3）户墙：住宅建筑户与户之间的分隔墙，或户与公共区域的分隔墙。

（4）虚墙：用于室内空间的逻辑分割（如居室中的餐厅和客厅分界）。

在建模的过程中，BECS将根据用户空间划分的操作自动对墙体进行分类。同时，用户也能通过双击墙体弹出墙体属性对话框进行修改。

3. 墙体材料

在墙体创建对话框中有"材料"项，是指墙的主材类型，它与墙的建筑二维表达有关，不同的主材有不同的二维表现形式，这是建筑设计的需要，这个"材料"与节能设计的"构造"无关。节能设计中用"工程构造"来描述墙体的热工性能，通过工程构造的形式按墙体的不同类型赋给墙体。在创建和整理节能模型时，墙体材料可以用来区分不同工程构造的墙体，无须将名称一一对应。例如，钢筋混凝土的墙体不一定要用"钢砼墙"材料，用砖墙也没关系，只要在"工程构造"中设置钢筋混凝土的构造并赋给墙体就能进行正确的节能分析了。总之，建筑节能分析采用的墙体，其材料取决于工程构造赋予的信息，而与墙体的材料无关。

4. 创建墙体

墙体的操作方式与天正建筑类似，"墙体设置"对话框中（见图 4.14）左侧的图标为墙体创建方式，可以创建单段墙体、矩形墙体和等分加墙，"总宽""左宽""右宽"用来指定墙的宽度和基线位置，三者互动，应当先输入总宽，然后输入左宽或右宽。"高度"参数的默认值取当前层高，若想改变该项，设置"当前层高"即可。

图 4.14 创建墙体对话框

在基线定位时，为了墙体与轴网的准确定位，系统提供了自动捕捉，即捕捉已有墙基线和轴线。如果有特殊需要，用户可以通过 F3 键打开或关闭对墙基线和轴线的捕捉。换句话说，AutoCAD 的捕捉和系统捕捉是互斥的，并且采用同一个控制键。

5. 单线变墙

"单线变墙"命令可将绘制好的单线转为墙对象（设置方式见图 4.15），并删除选中的单线，其生成的墙的基线与原单线相重合或通过原有轴线直接生成墙体，并保留轴线，其屏幕菜单命令：

【墙柱】→【单线变墙】（DXBQ）

6. 墙体分段

当面对剪力墙结构建筑的建模时，往往遇到一段墙体由不同的墙体构造组

图 4.15 "单线变墙"对话框

图 4.16 墙体分段对话框

成，此时可使用"墙体分段"命令（见图 4.16）将该段墙体分割为多段，并根据实际需求赋予不同的墙体构造，其屏幕菜单命令：

【墙柱】→【墙体分段】（QTFD）

4.4.6 门窗

门窗是建筑节能的薄弱环节，也是节能审查的重点。建筑节能标准中对门和窗有不同的定义，强调透光的外门需当作窗考虑。在 BECS 中，门窗属于两个不同类型的围护结构，二者与墙体之间有联动关系，门窗插入后在墙体上自动开洞，删除门窗则墙洞自动消除。因此，门窗的建模和修改效率非常高。

提示：建筑专业以功能划分门窗，而节能设计则以是否透光来判定是门还是窗。节能标准中规定窗包含门的透光部分，因此，在模型处理过程中务必需将门窗准确分类。

BECS 支持下列类型的门窗：普通门、普通窗、弧窗、凸窗、转角窗、带形窗。

4.4.6.1 插入门窗

插入门窗的屏幕菜单命令：

【门窗】→【插入门窗】（CRMC）

在"门窗参数"对话框中（见图4.17），可以完成以下操作：

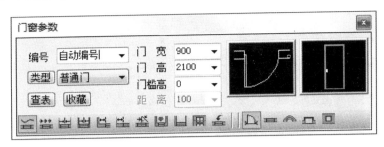

图4.17 "门窗参数"对话框

（1）调整参数，可以为门窗设置编号、尺寸、类型等。

（2）选择图库，在图库中选择门、窗在平面中的显示方式。

（3）选择插入方式，BECS为用户设定了丰富的插入方式，依次为自由插入、顺序插入、轴线等分插入、在点取的墙段上等分插入、在垛宽定距插入、在轴线定距插入、角度插入、智能插入、满墙插入、上层插入、替换插入。

其中智能插入的规则为：系统将一段墙体分三段，两端段为定距插，中间段为居中插；当鼠标处于两端段中，系统自动判定门开向有横墙一侧，内外开启方向用鼠标在墙上内外移动变换；两端的定距插有两种，即墙垛定距和轴（基）线定距，可用Q键切换，且二者用不同颜色短分割线提示。

上层窗指的是在已有的门窗上方再加一个宽度相同、高度不同的窗，这种情况常常出现在厂房或大堂的墙体设计中。

（4）选择窗户类型，依次为门、窗、弧窗、凸窗、矩形洞口。

1. 普通门

普通门的参数如图4.17所示，其中门槛高指门的下缘到所在墙底标高的距离，通常就是离本层地面的距离，插入时可以选择按尺寸进行自动编号。

2. 普通窗

普通窗的参数与普通门类似，支持自动编号。

3. 弧窗

弧窗安装在弧墙上，并且和弧墙具有相同的曲率半径。弧窗的参数如图4.18所示。

提示：弧墙也可以插入普通门窗，但门窗的宽度不能很大，尤其是在弧墙的曲率半径很小的情况下，门窗的中点可能超出墙体的范围而导致无法插入。

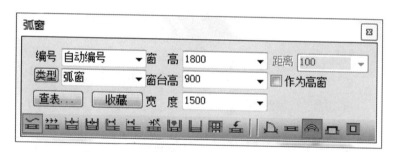

图 4.18　插入门窗（弧窗）对话框

4. 凸窗

凸窗设置的对话框（见图 4.19）中包括四种类型，即梯形凸窗、三角形凸窗、圆弧形凸窗、矩形凸窗，其中矩形凸窗具有侧挡板特性。

图 4.19　插入门窗（凸窗）对话框

5. 转角窗

转角窗安装在墙体转角处，即跨越两段墙的窗户，可以是外飘或骑在墙上。因两扇窗体的朝向不同，节能分析中按两个窗处理。转角窗的参数如图 4.20 所示。

图 4.20　插入门窗（转角窗）对话框

6. 带形窗

"带形窗"命令用于插入高度不变、水平方向沿墙体走向的带形窗，此类窗转角数不限。建筑中常见的封闭阳台使用带形窗命令最为方便，点取该命令后，命令行提示输入带形窗的起点和终点。带形窗的起点和终点可以在一个墙段上，也可以经过多个转角点，但不能外飘。带形窗在节能分析中按多个窗处理。添加带形窗的屏幕菜单命令：

【门窗】→【带形窗】（DXC）

4.4.6.2 门窗编号

"门窗编号"命令用于给图中的门窗编号，可以单选编号也可以多选批量编号，分支命令"自动编号"与门窗插入对话框中的"自动编号"一样，按门窗的洞口尺寸自动组号，原则是由四位数组成，前两位数字代表宽度，后两位数字代表高度，按四舍五入提取。例如，900×2150 的门编号为 M09×22。采用这种规则的编号可以使设计人员直观看到门窗规格，目前被广泛采用。

应用 BECS 进行节能分析，门窗编号是一个重要的属性，用来标识同类制作工艺的门窗，即同编号的门窗，除位置不同外，它们的材料、洞口尺寸和三维外观都应当相同。如果没有编号而形成了空号门窗，这会给后期的节能检查和分析造成麻烦，因为无标识的门窗无法在"门窗类型"中确定其与节能相关的参数。补救方法是采用本命令给门窗进行统一的编号，其屏幕菜单命令：

【门窗】→【门窗编号】（MCBH）

4.4.6.3 插转角窗

在墙角的两侧插入等高角窗有三种形式，即随墙的非凸角窗（也可用带形窗完成）、落地的凸角窗和未落地的凸角窗。转角窗的起始点和终止点在一个墙角的两个相邻墙段上，转角窗只能经过一个转角点。

插转角窗的屏幕菜单命令（见图 4.21）：

【门窗】→【插转角窗】（CZJC）

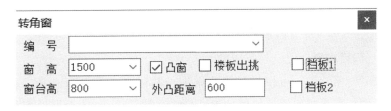

图 4.21 "转角窗"对话框

4.4.6.4 定义天窗

"定义天窗"命令将封闭线条定义成天窗。封闭线条可以是多义线和圆。先将封闭线条布置在天窗下的房间所在楼层上，可以不必设置其标高，系统提取模型时，会自动将其投影到屋顶上。定义天窗的屏幕菜单命令：

【门窗】→【定义天窗】（DYTC）

4.4.6.5 插入天窗

"插入天窗"命令用于在三维的屋顶上插入天窗对象，其屏幕菜单命令：

【门窗】→【插入天窗】（CRTC）

4.4.6.6 门转窗

建筑节能标准中规定，透光的外门需当作窗考虑。对于玻璃门，需将其整个转为窗；对于部分透光的门（如阳台门），则将透光的部分当作窗，即门的上半部分要转成窗。"门转窗"命令可以完成门部分或全部转成窗（见图 4.22）。如果部分转

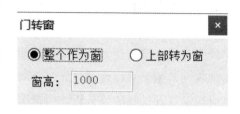

图 4.22 "门转窗"对话框

换，则上部分转换为上层窗。门转窗的屏幕菜单命令：

【门窗】→【门转窗】（MZC）

4.4.6.7 窗转门

"窗转门"命令用于将窗对象转换成门。例如，还原门转窗操作中误转成窗的对象。

窗转门的屏幕菜单命令：

【门窗】→【窗转门】（CZM）

4.4.6.8 门窗打断

"门窗打断"用于将被内墙隔断而属于不同房间的跨房间门窗分割成两个或多个独立的门窗，其屏幕菜单命令：

【门窗】→【门窗打断】（MCDD）

4.4.6.9 门窗编辑

利用"对象编辑"可以批量修改同编号的门窗。首先对一个门窗进行修改，当命令行提示相同编号门窗是否一起修改时，回答"Y"则一起修改，回答"N"则只修改这一个门窗。或打开对象特性表（Ctrl＋1），然后用过滤选择选中多个门窗，在特性表中修改门窗的尺寸等属性，达到批量修改的目的。

4.4.6.10 门窗整理

"门窗整理"命令汇集了门窗编辑和检查功能，将图中的门窗按类提取到表格中，鼠标点取列表中的某个门窗，视口自动对准并选中该门窗，此时，既

可以在表格中也可以在图中编辑门窗。表格与图形之间通过"应用""提取""选取"按钮交换数据（见图4.23）。当表中的数据被修改后以红色显示，提示该数据修改过且与图中不同步，直到点击"应用"同步后才显示正常。在某个编号行进行修改，该编号下的全部门窗同步被修改。冲突检查将规格尺寸不同，却采用相同编号的同类门窗找出来，以便修改编号或改尺寸。

门窗整理的屏幕菜单命令：

【门窗】→【门窗整理】（MCZL）

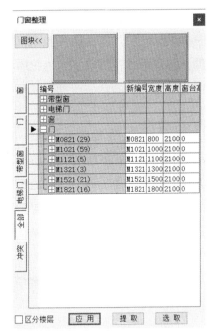

图 4.23　门窗整理列表

4.4.7　阳台

在建筑节能设计中，无论是敞开阳台还是封闭阳台，在建筑节能标准中都有具体的要求，所以都需要模型的支持。新的《采暖区居住建筑节能设计标准》［DB 13（J）185—2015］中，封闭阳台作为一个特殊空间，其组成的每个构件都有专项的条款规定。

1. 封闭阳台

完整的封闭阳台组成包括阳台栏板、阳台窗、顶层阳台的顶板、底层阳台的地板，以及阳台与房间之间的隔墙、隔墙上的门和窗。在BECS中用"外墙＋带形窗＋房间（封闭阳台）"的方式构成。

封闭阳台有三种情况：

（1）封闭阳台与房间之间没有隔墙。此时，封闭阳台与房间为一体，封闭阳台的栏板、阳台窗视为外墙外窗即可。

（2）封闭阳台与房间之间有隔墙但采暖。此时，封闭阳台为一个普通房间，其房间功能默认即可。

（3）封闭阳台与房间之间有隔墙但不采暖。此时，需将其房间功能设置为"封闭阳台"。

提示：BECS房间功能设置中的"封闭阳台"是指不采暖封闭阳台。

2. 敞开阳台

在 BECS 中，敞开阳台无须建模，但由于阳台底板起到了遮阳板作用，对隔墙上的窗而言需要设置一个与阳台底板同位置、同尺寸的平板遮阳。计算能耗时，外窗就是靠这项区分为"有阳台"和"无阳台"的。

4.4.8 屋顶

屋顶是建筑物的重要围护结构，对于节能计算而言，屋顶的数据和形态具有复杂多变的特点。值得欣慰的是，在 BECS 中，屋顶的数据和工程量都自动提取，无须人工计算。BECS 除了提供常规屋顶，如平屋顶、多坡屋顶、人字屋顶和老虎窗，还提供了用二维线转屋顶的工具来构建复杂的屋顶。

提示：BECS 中约定，屋顶对象要放置到屋顶所覆盖的房间上层楼层框内，并且数据提取中的屋顶数据也是统计在上层。

1. 生成屋顶线

"生成屋顶线"命令是一个创建屋顶的辅助工具，搜索整栋建筑物的所有墙体，按外墙的外皮边界生成屋顶平面轮廓线。该轮廓线为一个闭合 PLINE，用于构建屋顶的边界线。节能标准中规定，屋顶挑出墙体之外的部分对温差传热没有贡献，因此屋顶轮廓线应当与墙外皮平齐，也就是外挑距离等于零。

在命令行提示"请选择互相联系墙体（或门窗）和柱子"时，选取组成建筑物的所有外围护结构，如果有多个封闭区域要多次操作本命令，形成多个轮廓线（见图 4.24），偏移建筑轮廓的距离请输入"0"。

"生成屋顶线"的屏幕菜单命令：

【屋顶】→【搜屋顶线】（SWDX）

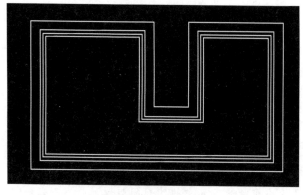

图 4.24　搜屋顶线示例

2. 人字坡顶

以闭合的 PLINE 为屋顶边界，按给定的坡度和指定的屋脊线位置生成标准人字坡屋顶。屋脊的标高值默认为 0，如果已知屋顶的标高可以直接输入，也可以生成后编辑抬高。由于人字屋顶的檐口标高不一定平齐，因此使用屋脊的标高作为屋顶竖向定位标志。

人字坡顶的设置方法：准备一封闭的 PLINE，或利用"搜屋顶线"生成的屋顶线作为人字屋顶的边界；执行命令，在对话框中输入屋顶参数（见图4.25），在图中点取 PLINE；分别点取屋脊线起点和终点，生成人字坡顶。也可以把屋脊线定在轮廓边线上生成单坡屋顶。

理论上讲，只要是闭合的 PLINE 就可以生成人字坡顶，具体的边界形状依据设计而定。也可以生成屋顶后与闭合 PLINE 进行"布尔编辑"运算，切割出形状复杂的坡顶。设置人字坡顶的屏幕菜单命令：

【屋顶】 →【人字坡顶】（RZPD)

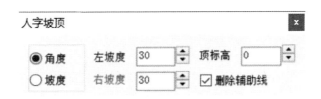

图 4.25　人字坡顶

3. 多坡屋顶

由封闭的任意形状 PLINE 线生成指定坡度的坡形屋顶，可采用对象编辑单独修改每个边坡的坡度，以及用限制高度切割顶部为平顶形式。

准备一封闭的 PLINE，或利用"搜屋顶线"生成的屋顶线作为屋顶的边线；执行命令，在图中点取 PLINE；给出屋顶每个坡面的等坡坡度或接受默认坡度，回车生成；选中"多坡屋顶"，通过右键对象编辑命令进入坡屋顶编辑对话框，进一步编辑坡屋顶的每个坡面，还可以通过屋顶的夹点修改边界。

在坡屋顶编辑对话框中，列出了屋顶边界编号和对应坡面的几何参数。单击电子表格中某边号行时，图中对应的边界用一个红圈实时响应，表示当前处理对象是这个坡面。用户可以逐个修改坡面的坡角或坡度，修改完成后点取"应用"使其生效。"全部等坡"能够将所有坡面的坡度统一为当前的坡面。坡屋顶的某些边可以指定坡角为 90°，对于矩形屋顶，表示双坡屋面的情况。

多坡屋顶的屏幕菜单命令：

【屋顶】→【多坡屋顶】（DPWD）

4. 平屋顶

"平屋顶"命令由闭合曲线生成平屋顶。在 BECS 中，通常情况下平屋顶无须建模，系统自动处理，只在一些特殊情况下需要建平屋顶。

（1）多种构造的屋顶。创建多个平屋顶，默认屋顶仍无须建模。在工程构造的"屋顶"项中设置相应的构造，系统默认将位居第一位的构造附给默认屋顶，其他构造的屋顶用"局部设置"分别附给。

（2）公共建筑与居住建筑混建。当上部为居住建筑下部为公共建筑，且公共建筑的平屋顶比居住建筑的首层地面大时，与居住建筑地面重合的这部分公共建筑屋顶需要建平屋顶，并在特性表中将这个屋顶的边界条件设置为"绝热"。

（3）地下室与室外大气相接触的顶板。当地下室的某部分顶板暴露在大气中，且这部分顶板的构造不同于与地上首层连接的顶板时，需要建平屋顶来解决。

5. 线转屋顶

选择一组二维的线段构成三维屋面模型，线转屋顶的屏幕菜单命令：

【屋顶】→【线转屋顶】（XZWD）

6. 老虎窗

"老虎窗"命令在三维屋顶坡面上生成参数化的老虎窗对象，控制参数比较详细。老虎窗与屋顶属于父子逻辑关系，必须先创建屋顶才能够在其上正确加入老虎窗。根据光标拖拽老虎窗的位置，系统自动确定老虎窗与屋顶的相贯关系，包括方向和标高。在屋顶坡面点取放置位置后，系统插入老虎窗并自动求出与坡顶的相贯线，切割掉相贯线以下部分实体。加老虎窗的屏幕菜单命令：

【屋顶】→【加老虎窗】（JLHC）

7. 墙齐屋顶

"墙齐屋顶"命令以坡屋顶做参考，自动修剪屋顶下面的外墙，使这部分外墙与屋顶对齐。像人字屋顶、多坡屋顶和线转屋顶都支持本功能，人字屋顶的山墙由此命令生成。

该命令必须在完成"搜索房间"和"建楼层框"后进行，坡屋顶单独一层，将坡屋顶移至其所在的标高或选择"参考墙"，有参考墙确定屋顶的实际标高；选择准备进行修剪的标准层图形，屋顶下面的内外墙被修剪，其形状与屋顶吻合。

墙齐屋顶的屏幕菜单命令：

【屋顶】→【墙齐屋顶】（QQWD）

8. 墙体恢复

对于被"墙齐屋顶"修剪后的墙体，可通过"墙体恢复"命令复原到原来的矩形，其屏幕菜单命令：

【屋顶】→【墙体恢复】（QTFH）

9. 屋顶开洞

"屋顶开洞"功能为人字屋顶和多坡屋顶开洞或消洞，以便提供更加精确的建筑模型。

（1）加洞：事先用闭合 PLINE 绘制一个洞口水平投影轮廓线，系统按这个边界开洞。

屋顶开洞的右键菜单命令：

〈选中屋顶〉→【屋顶开洞】（WDKD）

（2）消洞：点击洞内删去洞口，恢复屋顶原状。

屋顶消洞的右键菜单命令：

〈选中屋顶〉→【屋顶消洞】（WDXD）

4.4.9 房间识别

建筑节能设计的目标就是要确保房间供冷和供热的能耗保持一个经济的目标。将常规意义上的房间概念扩展为空间，那么就包含了室内空间、室外空间和大地等，围护结构将室内各个空间与室外分隔开，每个围护结构通过其两个表面连接不同的空间，这就是 BECS 的建筑模型。

围合成建筑轮廓的墙就是外墙，它与室外接触的表面就是外表面。室内用来分隔各个房间的墙，就是内墙。居住建筑中某些房间共同属于某个住户，这里称为户型或套房，围合成户型但又不与室外大气接触的墙，就是户墙。

在处理节能建筑模型时，应根据具体采用的节能标准规定的节能判定方法灵活地建模，对于不需要和可以简化掉的内围护结构可以不建，这样将大大节省建模时间。

1. 模型简化

（1）采暖区居住建筑。计算耗热量、耗煤量指标时，创建全部外围护结构。内部房间只需画出靠外墙的不采暖房间即可，例如不采暖楼梯间和户门，其余房间无须分割出来。

（2）夏热冬暖地区居住建筑。计算耗电指数时，可以不创建内墙，房间功能不影响结果。

2. 搜索房间

"搜索房间"是建筑模型处理中的一个重要命令和步骤，能够快速地划分室内空间和室外空间，即创建或更新一系列房间对象和建筑轮廓，同时自动将墙体区分为内墙和外墙。需要注意的是建筑总图上如果有多个区域要分别搜索，要一个闭合区域搜索一次，建立多个建筑轮廓。如果某房间区域已经有一个（且只有一个）房间对象，本命令不会将其删除，只更新其边界和编号。

提示：房间搜索后系统记录了围成房间的所有墙体的信息，在节能计算中将采用这些信息，请不要随意更改墙体，如果必须更改请务必重新搜索房间。"搜索房间"后即便生成了房间对象，也不意味这个房间能为节能所用，有些貌似合格的房间在进行"数据提取"等后续操作时系统会给出"房间找不到地板"等提示。一旦有提示，请用图形检查工具或手动纠正，然后再进行"搜索房间"。区分有效和无效房间可选中房间对象，能够为节能所接受的有效房间在其周围的墙基线上有一圈蓝色边界，无效房间则没有。

3. 设置天井

"设置天井"命令用于完成天井空间的划分和设置（见图 4.26）。一定要在"搜索房间"后再操作本命令，否则天井的边界墙体内外属性不正确。执行本命令后，选取"搜索房间"时在天井内生成的房间对象使其变为天井对象。

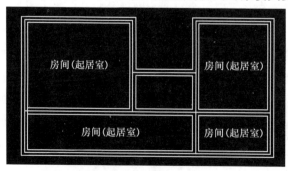

图 4.26 设置天井

4. **楼层设置**

"楼层设置"用于全部标准层在一个 DWG 文件的模式下，确定标准层图形的范围以及标准层与自然层之间的对应关系，其本质就是一个楼层表。

楼层框从外观上看就是一个矩形框，内有一个对齐点，左下角有层高和层号信息（见图 4.27），"数据提取"中的层高取自本设置。系统认为被楼层框圈在其内的建筑模型是一个标准层。建立过程中提示录入"层号"时，是指这个楼层框所代表的自然层，输入格式与楼层表中输入相同。

楼层框的层高和层号可以采用在位编辑进行修改，方法是首先选择楼层框对象，再用鼠标直接点击层高或层号数字，数字呈蓝色为被选状态，直接输入新值替代原值，或者将光标插入数字中间，像编辑文本一样再修改。楼层框具有五个夹点，鼠标拖拽四角上的夹点可修改楼层框的包容范围，拖拽对齐点可调整对齐位置。

建楼层框的屏幕菜单命令：

【空间划分】→【建楼层框】（JLCK）

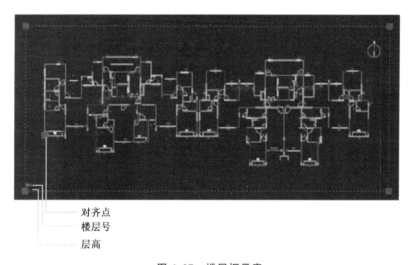

对齐点
楼层号
层高

图 4.27　楼层框元素

5. **楼层表**

建筑模型是由不同的标准层构成的，在 BECS 中用楼层表来指定标准层和自然层之间的对应关系。这样系统才可以获取整个建筑的相关数据来进行节能评估。每个标准层可以单独放到不同的 DWG 文件中，也可以放到同一个DWG 文件中，用楼层框加以区分。一般情况下选取后者作为操作方式。

对于多图设置，确保"全部标准层都在当前图"复选框没有被选中，然后在"楼层"列相应的行内输入一张标准层所代表的自然楼层，可以写多项，各项之间用逗号隔开，每一项又可以写成"××"或"××～××"的格式，比如"2，4～6"，表示该图代表第二层和第四到第六层。然后在"文件名"列内输入该标准层图形文件的完整路径；也可以通过"选文件…"按钮来选择图形文件（见图 4.28）。对于单图设置，只需将"全部标准层都在当前图"复选框选中即可，系统会自动识别图形文件中的楼层框。

提示： 无论是单图设置还是多图设置，一定要确认楼层没有重复。此外，单图和多图两种模式只能任取其一，不支持混合方式，即一个工程由多张图构成，其中的某些图上又包括多个楼层的情况。

楼层表的屏幕菜单命令：

【空间划分】→【楼层表】（LCB）

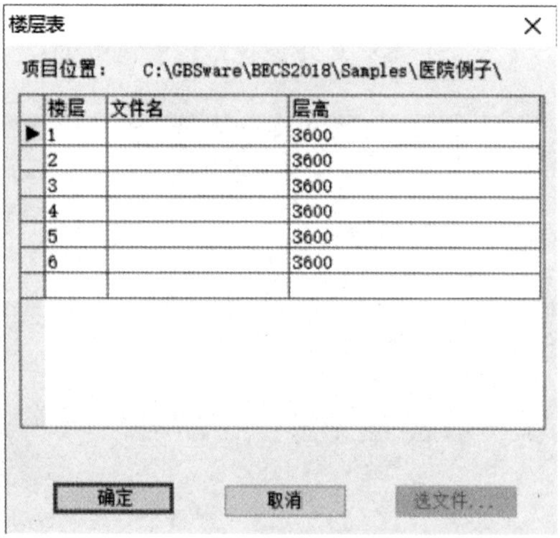

图 4.28　"楼层表"对话框

4.5　热工设置

4.5.1　工程设置

工程设置的屏幕菜单命令：

【设置】→【工程设置】（GCSZ）

工程设置就是设定当前建筑项目的地理位置（气象数据）、建筑类型、节能标准和能耗种类等计算条件（见图 4.29）。有些条件是节能分析的必要条件，并关系到分析结果的准确性，需要准确填写。

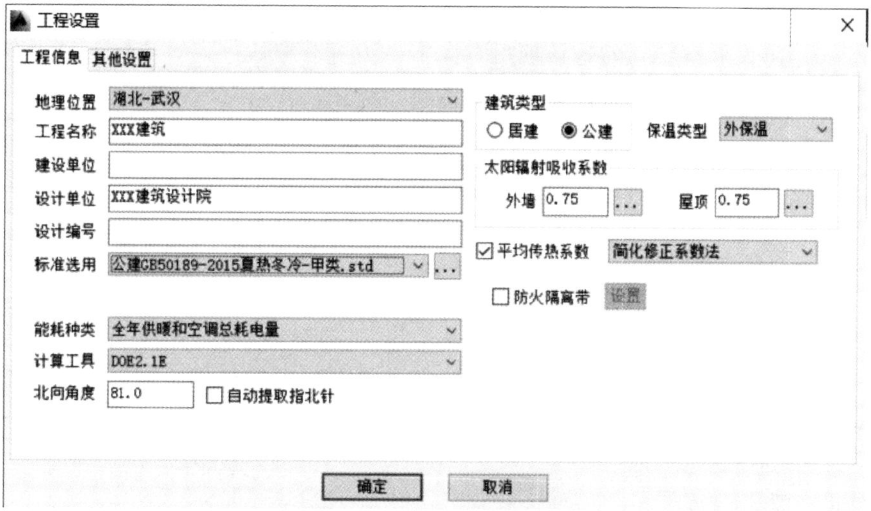

图 4.29 工程设置对话框

工程设置对话框由两个界面组成，"工程信息"界面用于设置一些基本信息，"其他设置"界面用于设置计算的一些特殊参数。"工程信息"设置项介绍如下：

（1）地理位置：用于设置工程所在地点，该选项决定了本工程的气象参数。点击"地理位置"后的下拉菜单，再点击"更多地点..."进入省和地区列表找到工程所在的城市，如果名单中没有该地点所在位置，可以选择气象条件相似的邻近城市作为参考。

（2）建筑类型：用于确定建筑物类型，可选择居建或公建。

（3）标准选用：根据工程所在城市和建筑类型，选择本工程所采用的节能标准或细则，点取右侧按钮可查看备选标准的详细描述。

（4）能耗种类：用于设置能耗计算的种类，决定"能耗计算"命令所采用的计算方法，可供选择的种类由所选节能标准确定。

（5）平均传热系数：根据选用节能标准的不同，目前系统支持四种外墙热桥计算方法，即简化修正系数法、面积加权平均法、线性传热系数（节点建模）法、线性传热系数（节点查表）法。软件将按标准指定的方法自动匹配计

算方法，也可以从下拉列表中选择其他的计算方法。当采用"线性传热系数
（节点查表）法"时，"线性热桥设置"按钮被激活，可以点取进入设置对话
框，按热桥部位选取不同的热桥形式。不勾选"平均传热系数"设置，外墙只
计算主体热工，不考虑热桥的影响。

（6）防火隔离带：勾选该项后，点击"设置"按钮进入对话框，可设置屋
顶、外墙的防火隔离带宽度及防火隔离带所采用的构造。

（7）太阳辐射吸收系数：该项设置对南方地区影响较大，这个参数和屋
顶、外墙的外表面颜色和粗糙度有关，可以点取右侧的按钮选取合适的数值。

（8）北向角度：北向角就是北向与 WCS-X 轴（即 CAD 中的世界坐标系
的 X 轴）的夹角。通常，北向角度是 WCS-X 轴逆时针转 90°，即"上北下南
左西右东"，不过也有些项目不是正南正北的，轴网可以仍然按 X-Y 方向画，
再从 WCS-X 轴逆时针转北向指向，这个夹角就是北向角度。如果图纸中绘有
指北针，也可以勾选"自动提取指北针"读取北向角度。

4.5.2 热工设置

建筑模型建立后，还需完成下列工作将其变为热工模型才能进行节能分
析。热工设置主要包括设定房间的功能、外窗遮阳和门窗类型以及其他必要的
设置，然后设置围护结构的构造等。

建筑模型建立后，应当考虑建筑构件的热工属性设置。热工属性用三种思
路来设置：

（1）设置缺省热工属性。

（2）按类型设置热工属性。

（3）按个体（局部）设置热工属性。

4.5.2.1 工程构造

构造是指建筑围护结构的构成方法，一个构造由单层或若干层一定厚度的
材料按一定顺序叠加而成，组成构造的基本元素是建筑材料。

为了设计方便和思路清晰，BECS 提供了基本"材料库"，并用这些材料
根据各地的节能细则建立了一个丰富的"构造库"，我们可以把这个库看作是
系统构造库，它的特点是按地区分类并且种类繁多。当进行一项节能工程设计
时，软件采用"工程构造"的方式为每个围护结构附给构造，"工程构造"中
的构造可以从"构造库"中选取导入，也可以即时手工创建，其屏幕菜单

命令：

【设置】→【工程构造】（GCGZ）

"工程构造"用一个表格形式的对话框管理本工程用到的全部构造（见图4.30）。每个类别下至少要有一种构造。如果一个类别下有多种构造，则位居第一位者作为默认值赋给模型中对应的围护结构，第二位及以后的构造需采用"局部设置"附给围护结构。

"工程构造"分为"外围护结构""地下围护结构""内围护结构""门""窗""材料"六个页面。前五个页面列出的构造附给了当前建筑物对应的围护结构，"材料"页面则是组成这些构造所需的材料以及每种材料的热工参数。构造的编号由系统自动统一编制。

"工程构造"对话框下边的表格中显示当前选中构造的材料组成，材料的排列顺序是从上到下或从外到内。对话框右边的图示是根据左边的表格绘制的，点击它后可以用鼠标滚轮进行缩放和平移。

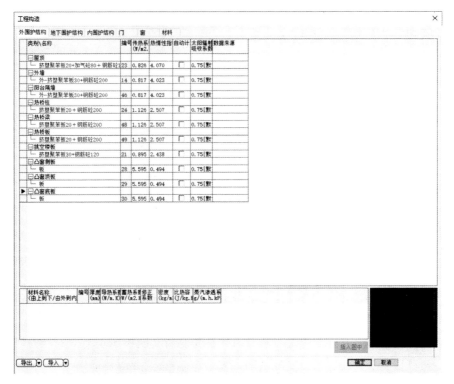

图4.30　"工程构造"对话框

1. 新建构造与复制构造

在已有构造行上单击鼠标右键，在弹出的右键菜单中选择"新建构造"创建空行，然后在新增加的空行内点击"类别/名称"栏，其末尾会出现一个按钮，点击该按钮可以进入系统构造库中选择构造。

"复制构造"则拷贝上一行内容，然后进行编辑。

2. 编辑构造

（1）更改名称：直接在"类别/名称"栏中修改。

（2）添加、复制、更换、删除材料：单击要编辑的构造行，在对话框下边的材料表格中右键单击准备编辑的材料，在"添加/复制/更换/删除"的右键菜单中选择一个编辑项。"添加"和"更换"这两个编辑项将切换到材料页中，选定一种新材料后，点击下边的"选择"按钮完成编辑（见图4.31）。

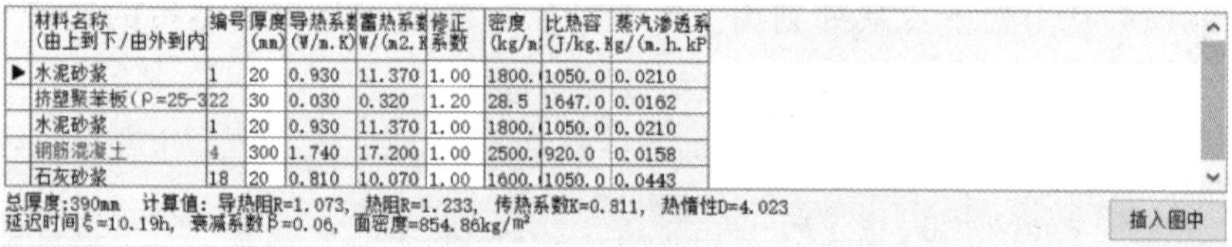

材料名称 （由上到下/由外到内）	编号	厚度 (mm)	导热系数 (W/m.K)	蓄热系数 W/(m2.K)	修正 系数	密度 (kg/m3)	比热容 (J/kg.K)	蒸汽渗透系
水泥砂浆	1	20	0.930	11.370	1.00	1800	1050.0	0.0210
挤塑聚苯板(ρ=25-32)	22	30	0.030	0.320	1.20	28.5	1647.0	0.0162
水泥砂浆	1	20	0.930	11.370	1.00	1800	1050.0	0.0210
钢筋混凝土	4	300	1.740	17.200	1.00	2500	920.0	0.0158
石灰砂浆	18	20	0.810	10.070	1.00	1600	1050.0	0.0443

总厚度:390mm 计算值:导热阻R=1.073, 热阻R=1.233, 传热系数K=0.811, 热惰性D=4.023
延迟时间ξ=10.19h, 衰减系数β=0.06, 面密度=854.86kg/m² 　　　插入图中

图4.31　编辑构造

（3）改变厚度：直接修改表格中的厚度值，允许材料厚度为0。在实际工程中，可能会遇到工程构造材料不参与计算的情况，这两种情况下，需要软件在工程构造设置时，允许材料厚度等参数为0；输出报告时，构造依然输出，而相应的厚度、导热系数等参数项留空。

保温材料进行高亮显示，以便进行修改。

（4）修正系数：资料中给出的保温材料导热系数一般是实验值，不能直接应用，需要根据材料应用的部位乘以一个修正折减系数。在构造组成表中点击"修正系数"一栏，末尾会出现"修正系数参考"按钮，点击该按钮可调出常用保温材料的修正系数表格（见图4.32），当地节能标准中规定了修正系数则调用当地的标准，如当地没有标准则调用《民用建筑热工设计规范》（GB 50176—2016）。

（5）材料顺序：选中一个材料行，鼠标移到行首时会出现上下的箭头，此时按住鼠标上下拖拽即可改变材料的位置顺序。

提示：在此可以修改材料页中的材料参数，但此更改将影响本工程中采用此材料的所有构造。

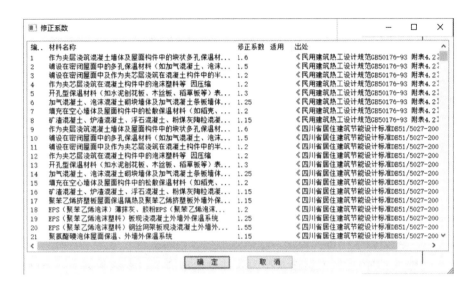

图 4.32 修正系数参考表

（6）参数检查：用于检查工程材料的蓄热系数与理论计算值不一致的情况。勾选"参数检查"，当蓄热系数与理论计算值不一致时，数值红色高亮显示。

（7）构造库更新：在线更新构造库、材料库。

3. 选择构造

用户也可以直接在构造库中编辑，然后再选择编辑好的构造。方法是点击所要编辑构造的"类别/名称"列，在列的末尾出现一个灰色小按钮，点击该按钮，进入外部系统构造库中，用户可以选择合适的围护结构构造，按"确定"按钮或双击该行完成选择。

4. 删除构造

只有本类围护结构下的构造有两个以上时才容许"删除构造"，也就是说每类围护结构下至少要有一个构造不能为空。鼠标点击选中构造行，再单击鼠标右键，在弹出的右键菜单中选择"删除构造"，或者按 DELETE 键。

5. 导出/导入

表格下方提供了将当前工程构造库"导出"的功能，可以存为软件的初始默认工程构造库，或者导出一个构造文件 ＊.wsx，遇到其他构造相似的工程时可"导入"采用。导入时可以全部导入也可以部分导入。

4.5.2.2　门窗类型

"门窗类型"命令按类型设置、检查和批量修改门窗的热工参数，以门窗编号作为类型的关键字，设置开启比例、玻璃距外墙皮距离、气密性等级和门窗构造（见图4.33）。外窗的遮阳由"遮阳类型"设置和管理，因为相同编号的外窗会有不同的遮阳形式，屏幕菜单命令：

【设置】→【门窗类型】（MCLX）

透光的玻璃幕墙在节能中按窗对待。在BECS中，幕墙和窗默认按对象类型区分，窗和幕墙的区别在于气密性和开启面积的要求不同。假如用插入大窗的方法来建玻璃幕墙，请选取相应编号的一行按右键，再点击"窗改幕墙"；如果直接创建玻璃幕墙，则不需其他的设置，门窗类型自动设置外窗和幕墙。

门窗类型中提供了两种门窗开启面积的设置模式，即按开启比例输入和按开启尺寸输入。"按开启比例输入"为软件默认的方式。在该模式下，直接在对话框中输入门窗开启比例，软件自动根据对应的外窗面积计算可开启面积。按住Ctrl键或Shift键可以选择多个门窗进行批量修改。在该模式下，提供了两种输入方式：输入门窗的开启长度/开启宽度、开启面积/个数，从而得到门窗的开启面积。门窗开启长度、开启宽度、开启面积等参数可以从门窗大样图中选取。"开启比例"栏为不可编辑状态。

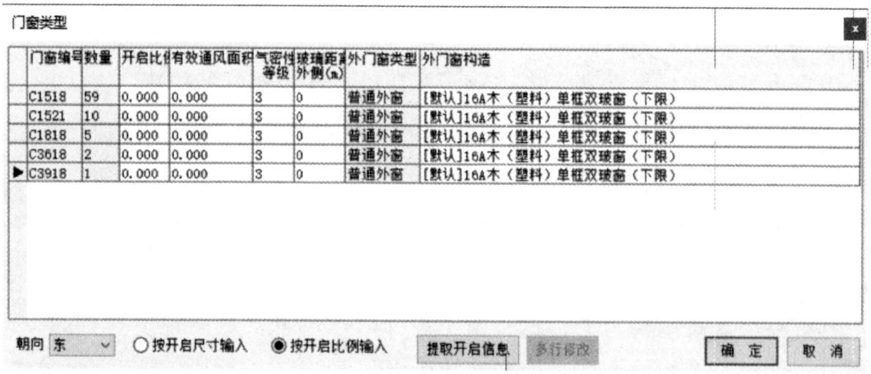

图4.33　门窗类型

4.5.2.3　遮阳类型

研究表明，减少夏季能耗的关键是采取遮阳措施。BECS提供了若干种固定遮阳形式的设置，有平板遮阳、百叶遮阳、活动遮阳等常见外遮阳类型（见图4.34），屏幕菜单命令：

【设置】→【遮阳类型】（ZYLX）

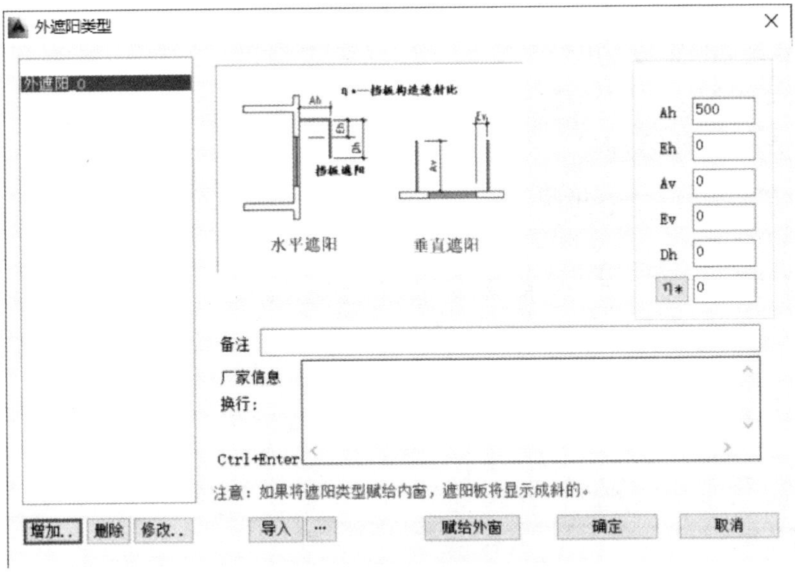

图 4.34 外遮阳类型对话框

外遮阳类型与计算参数是一一对应的，参数必须在"外遮阳类型"对话框中设置或修改。当选中外窗时，在 AutoCAD 的特性表中可以对外窗的遮阳类型进行修改（见图 4.35），当外遮阳编号为空时，表示外窗无外遮阳措施。

4.5.2.4　房间类型

房间类型屏幕菜单命令：

【设置】→【房间类型】（FJLX）

"房间类型"命令是用来管理房间类型的，系统预置了如何设置房间的功能，当系统给定的房间类型不能满足需求时，采用本功能扩充。设置夏冬室温、新风量等参数来定义新的房间，设置好的房间类型采用"房间设置"方法，即在房间对象的特性表中指定给具体的房间。

图 4.35 特性表修改外遮阳

123

4.5.2.5 系统分区

大型公共建筑有时会设计多套相互独立的空调系统为不同的空间区域工作，"系统类型"功能用于命名和设置一系列空调系统（见图4.36）。命名后的系统可以在房间对象的特性表中设置给具体的房间，具有相同空调系统的房间处于同一空调系统内。

系统类型的屏幕菜单命令：

【设置】→【系统分区】（XTFQ）

建筑物只有一个系统的情况无须设置，第一项空就是这个默认系统。右侧显示的是整栋建筑的所有房间，勾选表示该房间隶属于左侧选中的系统。

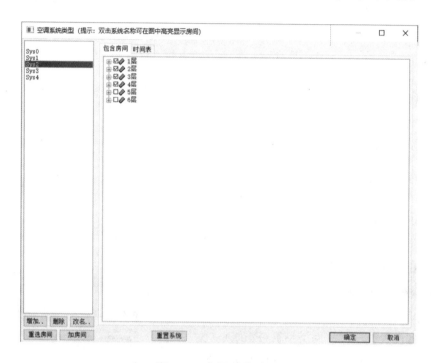

图 4.36 空调系统分区

4.5.2.6 局部设置

局部设置的屏幕菜单命令：

【设置】→【局部设置】（JBSZ）

不同的对象所拥有的热工属性也不同，表4.2列出了BECS所有的热工属性。

表 4.2 热工属性汇总

属性名称	解 释	拥有该属性的构件类型
构造	构件所引用的工程构造中的构造	墙、门窗、屋顶、柱子
楼板构造	房间楼板引用的工程构造中的楼板构造	房间
老虎窗的屋顶构造	老虎窗屋顶所引用的构造	老虎窗
老虎窗的外墙构造	老虎窗外墙所引用的构造	老虎窗
空调系统	房间所属空调系统，通过"系统类型"管理当前工程的空调系统	房间
房间功能	房间所引用的房间功能	房间
有无楼板	当本层房间与下层相通时设置为"无"	房间
房间高度	房间的高度，用于计算房间体积。除了坡屋顶下面的房间取平均高度外，其他应当取楼层高度	房间
边界条件	墙体的边界条件，可供选择的条件如下：自动确定、普通墙、沉降缝、伸缩缝、抗震缝、地下墙、不采暖阳台、绝热	墙
梁构造	指定墙的梁构造，没有梁则为空	墙
梁高	墙的梁高，单位为 mm	墙
朝向	墙的朝向，可供选择的类型是自动确定、东、南、西和北	墙
地下比例	地下部分所占比例	墙（边界条件为地下墙时）
过梁构造	指定门窗过梁的构造，没有过梁则为空	门窗
过梁超出宽度	门窗的过梁超出宽度，单位为 mm	门窗
过梁高	门窗的过梁高度，单位为 mm	门窗
门类型	门的类型，可供选择的有自动、外门、阳台门、户门和内门	门
外遮阳编号	窗或玻璃幕墙所引用的外遮阳编号	窗、玻璃幕墙
外遮阳类型	外遮阳类型，平板遮阳、百叶遮阳或无	窗、玻璃幕墙
平板遮阳 Ah	水平外挑 A，单位为 mm	窗、玻璃幕墙
平板遮阳 Eh	距离窗上沿，垂直超出窗上沿，单位为 mm	窗、玻璃幕墙
平板遮阳 Av	垂直外挑，单位为 mm	窗、玻璃幕墙
平板遮阳 Ev	垂直距离窗边缘，水平超出窗两侧，单位为 mm	窗、玻璃幕墙

属性名称	解　释	拥有该属性的构件类型
平板遮阳 Dh	挡板高，单位为 mm	窗、玻璃幕墙
平板遮阳 η *	透光比 0～1	窗、玻璃幕墙
百叶遮阳类型	百叶遮阳类型，水平或垂直	窗、玻璃幕墙
百叶遮阳外挑 A	遮阳叶片外挑距离 A，单位为 mm	窗、玻璃幕墙
百叶遮阳间隔 D	遮阳叶片之间的间隔 $D=B+C$，单位为 mm	窗、玻璃幕墙
百叶遮阳下垂 C	遮阳叶片下垂距离 C，单位为 mm	窗、玻璃幕墙
百叶遮阳净间隔 B	净间隔 $B=D-C$，单位为 mm	窗、玻璃幕墙

在此介绍一些重要的属性。

1. 围护结构的构造

墙、门窗、屋顶、柱子、房间楼板和老虎窗等围护结构都有构造属性，所引用的构造位于"工程构造"中，而工程构造中的构造是分类别的，例如，屋顶只能引用屋顶类别的构造。如果不设置该属性，则引用对应类别的第一个构造。

梁构造和过梁构造比较特殊，默认为空，代表没有梁和过梁。

2. 外墙的边界条件

所谓外墙的边界条件就是外墙的边界类型，通常由系统"自动确定"，当外墙遇有特殊情况时，需要手动设置其属性。外墙的边界条件包括下列几种类型：

（1）自动确定：系统依据楼层表（框）判定，层号为正数就是普通墙，层号为负数则为地下墙。

（2）普通墙：外侧与大气相接触的外墙。

（3）变形缝和抗震缝：外墙为变形缝或抗震缝处的墙体。

（4）地下墙：外墙的外侧与土壤相接触。

（5）不采暖阳台：处于封闭的不采暖阳台内的外墙。

（6）绝热：外墙不与大气相接触且处于不传热状况。新建筑与旧建筑相邻并共用一个墙，此墙可设置为绝热。

3. 墙体的朝向

默认情况下外墙的朝向由系统自动判定和处理，本设置可以强行改变外墙的朝向。

例如，在某些地方节能标准中规定，天井内的外墙或狭窄内凹的外墙应视为北向墙，此处朝向设为北。

4. **门的类型**

系统默认自动识别和判定门的类型。与楼梯间相邻的外墙上的门为外门，与楼梯间相邻的内墙上的门为户门，与阳台相邻的内墙上的门为阳台门。本设置抛开自动指定而强行改变指定门的类型。

5. **房间功能**

房间功能就是房间的用途。房间功能决定房间的控温特性、室内热源和作息制度等。公共建筑和居住建筑可选的房间功能是不同的。居住建筑的房间功能有起居室、主卧室、次卧室、厨房、卫生间、空房间、楼梯间和封闭阳台，默认为起居室。公共建筑房间功能很多，系统预置了一些常用的，也可以通过"房间类型"来扩充。

4.5.2.7 T墙热桥

在外墙采用内保温的情况下，外墙与内墙的T形交点处保温层会被内墙打断而不连续，这将引起该处的热桥效应。"T墙热桥"命令在交点处生成一个虚拟的柱子（见图4.37），并通过工程构造为该柱赋予不含保温层的外墙构造，通过这种方式考虑T形墙角的热桥影响。

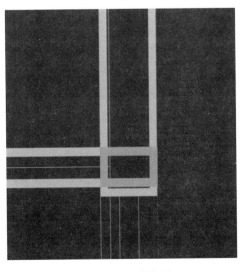

图 4.37 T墙热桥

"T 墙热桥"的屏幕菜单命令:

【设置】→【T 墙热桥】（TQRQ）

本设置有效的前提是在"工程设置"中选择自动考虑热桥为"是"。

4.5.3 构造设置

构造库和材料库的关系一一对应，BECS 采用开放模式来组织构造库，一个构造库就是 BESC 安装位置 StructLib 下的一个文件夹，其中的 structure.dbf 是构造表，material.dbf 是材料表，这样就可以为不同的数据来源建立相应的构造库。

1. 构造管理

构造管理用于管理和维护系统构造库。构造库采用树式结构，对话框左侧列举了常用构造库和用户库，以及各省区市和地方构造库，右侧则详细地列举了各个库中包含的构造做法（见图 4.38）。

提示：在系统的构造库中，只可以查看调用其中的构造做法，而没有编辑功能。只有在"用户"库下才可以通过右侧窗口顶端的一排工具条按钮来建立新的构造库或导入、导出构造等操作。

屏幕菜单命令：

【设置】→【构造库】（GZK）

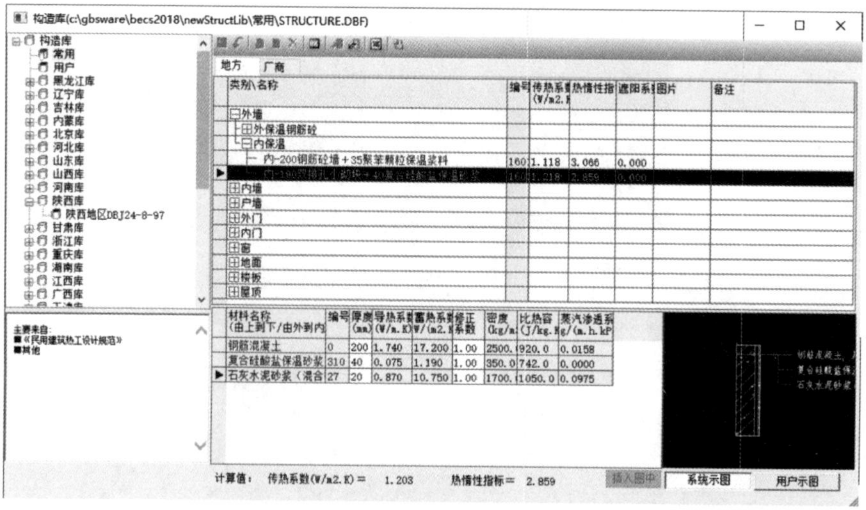

图 4.38 构造库对话框

与工程构造类似，选中某种构造后，对话框下方表格内列出该种构造所用的全部材料，用户可以对组成构造的材料进行新建、交换、复制和删除操作。屋顶、楼板和地面材料的顺序由上到下，墙体的材料顺序则由外到内。

编辑某种构造时，对话框的最下面会显示根据材料层算出的传热系数和热惰性指标，这是默认数据。也可以在上半区的表格中强行填入构造的平均传热系数和热惰性指标，规范验证时将以用户填入的数据为准。

2. 材料管理

构造由建筑材料构成，BECS 的材料库汇集了大量各地常用的建筑材料，其管理模式与构造库相似，屏幕菜单命令：

【设置】→【材料库】（CLK）

3. 新材料入库

BECS 提供了开放式的构造库、材料库管理方式。用户可以通过点击"构造库""材料库"进入用户库下添加新材料或构造做法。

进入材料库用户库界面下，通过右侧顶端的图标新建类别或新建行，也可以选中一行，右键单击新建类别并命名，例如，保温材料、砂浆、混凝土等。在每一个类别下右键选择"新建行"，依次录入新材料的热工参数。其中"密度""导热系数""比热容""蓄热系数"参数是必填项，"材料编号"由软件自动确定，"填充图案""颜色""备注"可为空。

构造做法入库的操作与新材料入库的方法相似，在构造库、用户库下新建构造类别、构造做法，然后在对话框下边的材料表格空白区域右键单击，选择"添加"，从材料库中选择构成做法的各项材料。

提示：

（1）只有在"材料库""构造库"、用户库下才有编辑权限。

（2）新建构造时，所需添加的材料若不在已有材料库中，需要先在材料库、用户库下添加新材料，方能在构造库中使用。

4.6 节能判定

由于各地规范不同，节能判定依据也不相同，节能分析典型的流程如图4.39 所示。

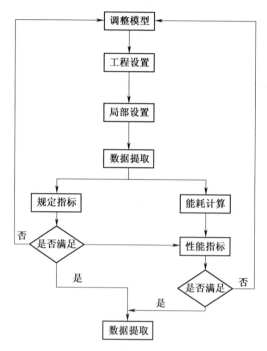

图 4.39 节能分析典型流程

4.6.1 数据提取

数据提取的屏幕菜单命令:

【计算】→【数据提取】(SJTQ)

"数据提取"命令在建筑模型中按楼层提取详细的建筑数据,包括建筑面积、外侧面积、挑空楼板面积、屋顶面积等,以及整幢建筑的地上体积、地上高度、外表面积和体形系数等(见图 4.40)。

建筑数据的准确度依赖于建筑模型的真实性。建筑层高等于楼层框高,外表面积等于外墙面积之和。BECS 支持复杂的建筑形式,如老虎窗、人字屋顶、多坡屋顶、凸窗、塔式、门式、天井、半地下室等都能自动提取数据和进行能耗计算。建筑数据表格可以插入图中,也可以输出到 Excel 中,以便后续编辑和打印。

体形系数是建筑外表面积和建筑体积之比,是反映建筑形态是否节能的一个重要指标。体形系数越小,意味着同一使用空间下,接触室外大气的面积越小,则越节能。

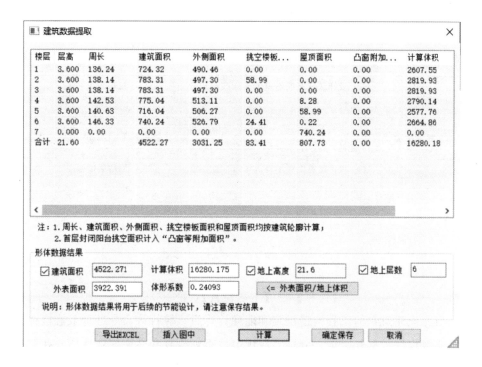

图 4.40　数据提取对话框

在需要手动修正建筑数据的特殊情况下，"形体数据结果"下的数据可以手动输入变更。如果修改的是外表面积或地上体积，将影响体形系数的大小，请按一次"≤外表面积/地上体积"按钮更新体形系数。此外，还需注意，节能分析以点击"确定保存"后的数据为准，因此每次重新提取或更改数据后都需要点击"确定保存"。第一次数据提取自动计算，以后的提取模型数据都需要按一次"计算"按钮才能从模型中提出数据，否则列出的仍是上次的数据。

4.6.2　能耗计算

"能耗计算"命令根据所选标准中规定的评估方法和所选能耗种类计算建筑物不同形式的能耗。用于在规定性指标检查不满足时，采用综合权衡判定的情况。标准和能耗种类可以用"工程设置"（GCSZ）命令选择，其屏幕菜单命令：

【计算】→【能耗计算】（NHJS）

能耗评估方法如表 4.3 所示。

表 4.3 能耗评估方法

评估方法	定　义	典型标准
限值法	设计建筑能耗不得大于标准给定的限值	夏热冬冷居建（JGJ 134—2001）
参照对比法	设计建筑能耗不得大于参照建筑能耗	公共标准（GB 50189—2005）
基准对比法	设计建筑能耗不得大于基准建筑能耗的 50%	湖南居建标准（DB 43/001—2004）

4.6.3 节能检查

节能检查的屏幕菜单命令：

【计算】→【节能检查】（JNJC）

当完成建筑物的工程构造设定和能耗计算后，执行该命令进行节能检查并输出两组检查数据和结论，分别对应规定性指标检查和性能权衡评估。在对话框下端选取"规定指标"（见图 4.41），则是根据工程设置中选用的节能设计标准对建筑物逐条进行规定性指标的检查并给出结论；如果选取"性能指标"（见图 4.41），则是根据标准中规定的性能权衡判定方式进行检查并给出结论。当"规定指标"的结论满足时，可以判定为节能建筑；当"规定指标"的结论不满足而"性能指标"的结论满足时，也可判定为节能建筑。

节能检查输出的表格中列出了检查项、计算值、标准要求、结论和可否性能权衡，其中"可否性能权衡"是表示该项指标超出规定性值，性能权衡判定时该检查项是否可以超标，"可"表示可以超标，"不可"表示无论如何均不能超标。

节能检查中，一些检查项的数据量大或复杂，因此采用了展开检查的方式，即"节能检查"表中给出该项的总体判定，全部的细节数据则打开详表检查，如开间窗墙比、外窗热工、封闭阳台等项，并支持输出详表到 Word 或 Excel 中。很多检查项支持在表格中点取该项自动对准到图中，以便将数据与模型一一对应，为调整设计提供方便。

当"规定指标"或"性能指标"二者有一项的结论为"满足"时，说明本建筑已经通过节能设计，可以输出报告和报表了。

图 4.41 节能检查对话框

4.6.4 节能报告

输出节能报告的屏幕菜单命令:

【计算】→【节能报告】(JNBG)

完成节能分析后,采用"节能报告"命令输出 Word 格式的《建筑节能计算报告书》。除个别需要设计者叙述的部分外,报告书内容从模型和计算结果中自动提取数据填入,如建筑概况、工程构造、指标检查、能耗计算以及结论等。同时,还自动生成维护结构的材料组成,方便设计师、审图人员进行核查。

4.6.5 报审表

输出报审表的屏幕菜单命令：

【计算】→【报审表】（BSB）

各地节能审查部门一般都要求在报审节能设计同时要填报各种表格，有报审表、备案表和审查表等，"报审表"命令支持自动输出 Word 格式的表格（见图 4.42）。

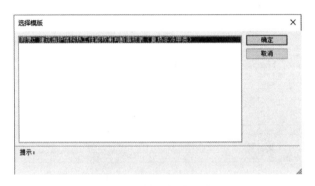

图 4.42 报审表模板选择

4.6.6 导出审图

导出审图的屏幕菜单命令：

【文件帮助】→【导出审图】（DCST）

该命令对送审的电子节能文档进行打包压缩，生成审图文件包 ＊.bdf，审图机构可以用 BECS 的审图版解压打开进行审核。

4.6.7 其他工具

1. 窗墙面积比

计算窗墙面积比的屏幕菜单命令：

【计算】→【窗墙比】（CQB）

窗墙比是影响建筑能耗的重要指标，本命令用于提取计算建筑模型的窗墙比（见图 4.43）。按目前正在实施的一系列节能标准，有三种窗墙比：

（1）平均窗墙比，即东西南北四个朝向的平均窗墙比。

134

（2）开间窗墙比，即单个房间的窗墙比，是按房间外窗所在朝向计算。

（3）天窗屋顶面积比。

图 4.43 "窗墙比"对话框

在节能设计中，"窗"是指透光围护结构，包括玻璃窗、玻璃门、阳台门的透光部分和玻璃幕墙。透光部分是保温的薄弱环节，也是夏季太阳传热的主要途径，因此从节能角度出发，较小的透光比例对建筑节能更加有利。同时，建筑设计还要兼顾室内采光的需要，因此也不能过小。对于夏热冬暖地区，温差传热不是建筑耗能的主要方式，控制窗墙比实际上是控制太阳辐射得热。采取适当的遮阳，可以允许较大的透光面积。

关于凸窗窗面积的计算方法，各地节能标准也不尽相同，一种是按玻璃的展开面积计算，另一种是按墙上窗洞计算，系统按项目地点的标准给定。

2. 门窗表

"门窗表"命令按东西南北四个朝向统计门窗面积（见图 4.44），其屏幕菜单命令：

【计算】→【门窗表】（MCB）

3. 开启面积

"开启面积"命令根据"门窗类型"中设置的开启比例（见图 4.45），分层统计该层中每个房间门窗的开启面积，并对照工程所在地的规范要求，给出判定，其屏幕菜单命令：

【计算】→【开启面积】（KQMJ）

外窗表 — □ ×

朝向	编号	尺寸	楼层	数量	单个面积	合计面积
东向 126.63	C1518	1.50×1.80	1~6	30	2.70	81.00
	C1521	1.50×2.10	1	3	3.15	9.45
	C1818	1.80×1.80	2~6	5	3.24	16.20
	C3618	3.60×1.80	5~6	2	6.48	12.96
	C3918	3.90×1.80	1	1	7.02	7.02
西向 185.04	C0818	0.80×1.80	1	4	1.44	5.76
	C1518	1.50×1.80	1~6	23	2.70	62.10
	C1521	1.50×2.10	1	4	3.15	12.60
	C2118	2.10×1.80	4	1	3.78	3.78
	C5218	5.20×1.80	2~6	6	9.36	56.16
	ZJC2018[6218]	6.20×1.80	2~4,6	4	11.16	44.64
南向 241.56	C0718	0.65×1.80	1	2	1.17	2.34
	C0918	0.90×1.80	1	2	1.62	3.24
	C1118	1.10×1.80	1	1	1.98	1.98
	C1518	1.50×1.80	1~6	6	2.70	16.20
	C1521	1.50×2.10	1	2	3.15	6.30
	C18118	18.05×1.80	2~4	3	32.49	97.47
	C2118	2.10×1.80	5~6	11	3.78	41.58
	C2118	2.10×1.80	5	1	3.78	3.78
	C3118	3.10×1.80	1	3	5.58	16.74
	C3418	3.40×1.80	1	1	6.12	6.12
	ZJC2018[5318]	5.35×1.80	2~3	2	9.63	19.26
	ZJC2018[5618]	5.55×1.80	4	1	9.99	9.99
	ZJC2018[9218]	9.20×1.80	1	1	16.56	16.56
北向 142.83	C1521	1.50×2.10	1~6	1	3.15	3.15
	C2118	2.10×1.80	1~6	14	3.78	52.92
	C2218	2.20×1.80	2~6	1	3.96	19.80
	C3118	3.10×1.80	1~4	12	5.58	66.96

插入图中　　关闭

图 4.44　门窗表对话框

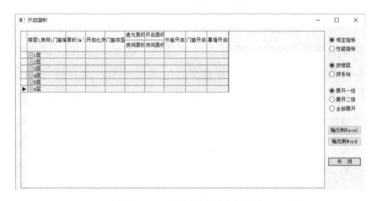

图 4.45　开启面积比例计算

4. 平均 K 值

计算平均 K 值的屏幕菜单命令：

【计算】→【平均 K 值】（PJKZ）

该命令为外墙平均 K 值和 D 值的计算工具，可以计算单段外墙的平均传热系数 K 以及整栋外墙的平均传热系数 K 和平均热惰性指数 D。

提示：只有完成建筑节能模型的全部工作，包括插入柱子和设置墙中的梁，创建各个标准层和楼层表，以及正确设置工程构造，等等，计算出的平均结果才有意义。

（1）单段外墙平均 K 值。单段外墙上，按墙体和热桥梁柱各个所占面积，采用面积加权平均的方法计算出这段单墙的平均传热系数 K 值。

（2）整栋外墙的平均 K 值和 D 值。对模型中多种不同构造的外墙和热桥梁柱进行面积加权平均，计算出整栋建筑物的单一朝向或全部外墙的平均传热系数 K 和 D 值。

5. **遮阳系数**

"遮阳系数"命令类似于"平均 K 值"命令，用于计算单个外窗的外遮阳系数，以及整栋建筑外窗的外遮阳和综合遮阳平均遮阳系数，其屏幕菜单命令：

【计算】→【常规遮阳】（CGZY）

采用模拟法计算遮阳系数，考虑建筑自身、周边建筑对外窗的遮阳效果。计算结果保存于图中，可通过外窗属性表查看外窗环境遮阳系数。当"工程设置"中设置了启用环境遮阳，计算值可用于外窗遮阳系数的检查，其屏幕菜单命令：

【计算】→【环境遮阳】（HJZY）

6. **隔热计算**

"隔热计算"命令根据《民用建筑热工设计规范》（GB 50176—2016）条文 6.1、6.2 及附录 C.3 对外墙、屋顶进行隔热检查，其屏幕菜单命令：

【计算】→【隔热计算】（GRJS）

该命令可用于计算建筑物的屋顶和外墙的内表面最高温度，并判断其是否超过温度限值（见图 4.46）。计算最高温度值不大于温度限值为隔热检查合格。

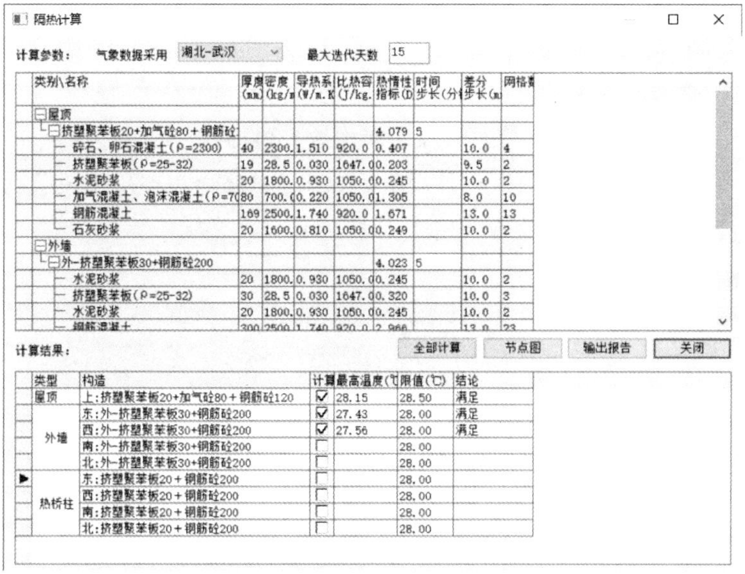

图 4.46 隔热计算对话框

屋顶和外墙结构参数自动提取，根据设置参数和默认的时间步长，自动划分网格。勾选所要计算的外围护结构，计算得到内表面最高温度，与限值比较得到检查结论。

点击"节点图"按钮，生成围护结构的节点划分图。

点击"输出报告"按钮，生成具有详细计算过程的 Word 格式隔热检查计算书。

提示：

（1）最大迭代天数参数设置。BECS 隔热计算将墙体视为一维非稳态导热，收敛天数由具体工程参数决定。建议最大迭代天数保持默认设定值 15 天。若计算过程中，围护结构 15 天内迭代计算不收敛，可将最大迭代天数调大。

（2）其他计算参数。根据工程参数、材料参数和默认时间步长，软件计算得到差分步长和网格数，自动划分网格。建议时间步长保持默认值 5min 不变，差分步长和网格数用户不可更改。

（3）需要计算的围护结构的选择。根据《民用建筑热工设计规范》（GB 50176—2016）条文 6.1、6.2，勾选屋顶、外墙，计算内表面最高温度，并与限值比较得到检查结论。当地方标准要求对热桥梁、热桥柱结构进行隔热计算时，勾选需要计算的热桥梁、热桥柱结构，计算内表面最高温度，并与限值比较得到检查结论。

7. 结露检查

结露检查的屏幕菜单命令：

【计算】→【结露检查】（JLJC）

该命令按《民用建筑热工设计规范》（GB 50176—2016）相关条款对所选外墙或屋顶构造进行结露检查（见图 4.47）。

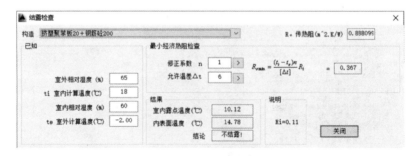

图 4.47 结露检查

当工程中有热桥节点表时，"结露检查"将读取热桥节点表，通过解温度场，得出热桥节点的内表面最低温度，判定是否结露，并可以将结果生成Word格式的结露报告书。

8. **防潮验算**

防潮验算的屏幕菜单命令：

【计算】→【防潮验算】（FCYS）

该命令按《民用建筑热工设计规范》（GB 50176—2016）的内容对外墙和屋顶构造进行防潮验算，并生成冷凝受潮验算计算书。

计算结果可以以"数据表格"或"图形曲线"两种方式表达（见图4.48和图4.49），以"数据表格"表达时，可以将结果输出到Excel。以"图形曲线"表达时，可以将结果插入到当前工程中。

图4.48　防潮验算对话框

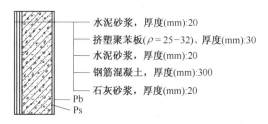

水泥砂浆，厚度(mm):20
挤塑聚苯板(ρ=25−32)、厚度(mm):30
水泥砂浆，厚度(mm):20
钢筋混凝土，厚度(mm):300
石灰砂浆，厚度(mm):20
Pb
Ps

图4.49　防潮验算图形

4.7　计算实例

为了使读者能够快速入手并学会建筑节能设计软件，本书将以某一实际建筑在武汉、沈阳两个不同的气候分区的建筑节能设计评估为例，对软件使用步骤、背景知识、使用技巧进行说明。

4.7.1 案例介绍

本书以常见的住宅楼形式为示范案例，分别对其在武汉、沈阳两地结合当地标准进行建筑节能计算，展示节能设计过程。

本例所选用住宅标准层为 3 户，共 33 层，建筑高度为 98.6m，其总平面图和户型平面分别如图 4.50 和图 4.51 所示。

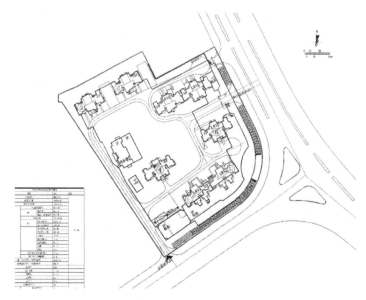

图 4.50　总平面图

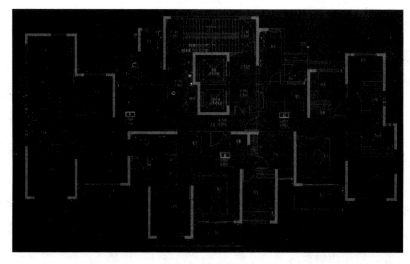

图 4.51　户型平面

4.7.2 武汉案例

4.7.2.1 计算流程

通过对 CAD 文件进行初步判断，本案例所用版本为天正 T3 格式，且绘制过程不规范，有较多缺陷，因此需要将模型描图重绘。通过识别转换难度较大，需要通过描图建模获得建筑的节能模型。此外，根据项目所在地实行的标准，即湖北省《低能耗居住建筑节能设计标准》（DB42/T 559—2013）的规定，建筑仅能通过指标检查达到节能标准。

4.7.2.2 文件准备

1. 工作路径

在项目开始之前，需新建一个独立的文件夹作为节能计算的专用文件夹（见图 4.52）。在建模计算过程中，在该文件夹下将会产生工程设置文件 swr→workset. ws、外部楼层表文件 building. dbf 以及能耗分析结果 *. dbf 等过程文件。

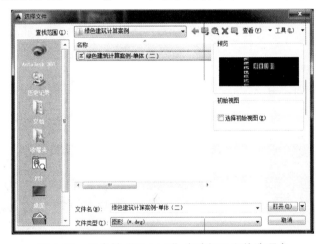

图 4.52 组合键"Ctrl＋O"启动打开文件选项卡

2. 识别转换

本案例所用版本为天正 T3 格式，且绘制过程不规范，有较多缺陷，因此需要将模型描图重绘。

4.7.2.3 建筑建模

1. 建筑主体

（1）图纸描绘。使用"背景褪色"（BJTS）命令对图纸做褪色处理（见图 4.53），以方便作为参照底图进行描绘。

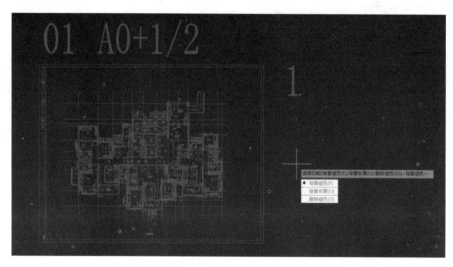

图 4.53 背景褪色

（2）设置当前层号。使用"当前层高"（DQCG）命令设置默认的墙体高度。

（3）描绘墙体。

1）使用"创建墙体"（CJQT）命令，依照原本的图纸进行绘制（见图4.54）。

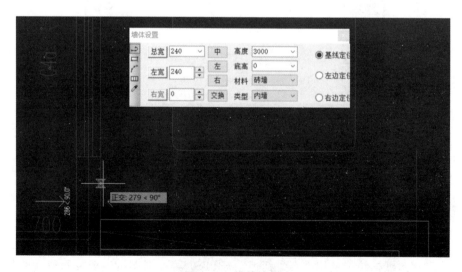

图 4.54 描绘墙体

2）使用"墙体分段"（QTFD）命令对于一段墙内同时存在剪力墙与填充墙的墙体进行分割，以方便分别赋予构造设置，此过程中可打开右下角填充效果进行观察（见图 4.55）。

图 4.55　打开填充效果

（4）插入门窗。

1）使用"插入门窗"（CRMC）命令对门窗进行插入。插入飘窗，在插入门窗对话框中选择凸窗类型（见图 4.56），并进行相关参数调整。

图 4.56　插入凸窗

2）使用"两点插窗"（LDCC）命令对平开窗进行插入（见图 4.57）。

图 4.57　两点插窗

3）同样使用"两点插窗"（LDCC）命令，选择门，对外门进行插入。

4）使用"门转窗"（MZC）命令，将阳台处玻璃门改为窗（见图 4.58）。

2. 房间识别

（1）使用"搜索房间"（SSFJ）命令对建筑进行识别（见图 4.59），BECS将自动识别建筑内外空间。

图 4.58　门转窗

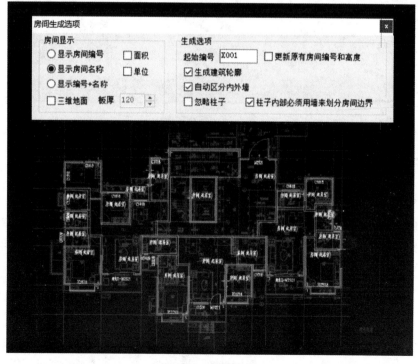

图 4.59　搜索房间

提示：使用"搜索房间"（SSFJ）命令时应避免出现回形房间，若出现该类房间，可使用虚墙避免该类情况的发生（见图 4.60）。

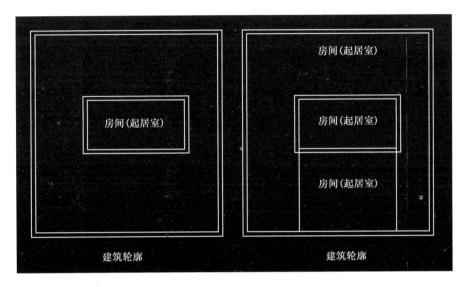

图 4.60　使用虚墙避免回形房间

（2）用"建楼层框"（JLCK）命令对模型楼层进行设置（见图 4.61），将首层平面图层高设置为 3000，层号为 1，标准层平面图层高设置为 3000，层号为 2～30，并设置相同的对齐点。

3. **遮阳设置**

（1）使用"遮阳类型"（ZYLX）对阳台透明窗进行设置，使其等同于开敞阳台的效果（见图 4.62）。

（2）使用"遮阳类型"（ZYLX）对有空调板的外窗进行设置。

（3）使用"环境遮阳"（HJZY）计算全部外窗环境遮阳系数。

（4）使用"模型观察"（MXGC）命令对建筑模型进行观察（见图 4.63），检查热工模型的建立是否正确，右键选取不同的围护结构，可以查看结构的热工参数。该模式下，拖动鼠标左键可旋转模型，并随时可关闭模型观察窗口返回 CAD 界面进行修改。

（5）使用"指北针"（ZBZ）命令，在建筑首层添加指北针。

4.7.2.4　热工设置

1. **工程设置**

使用"工程设置"（GCSZ）命令对建筑项目进行设置（见图 4.64）。

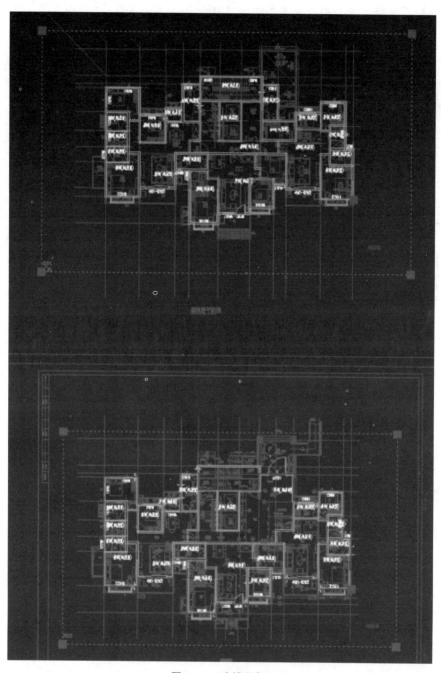

图 4.61　建楼层框

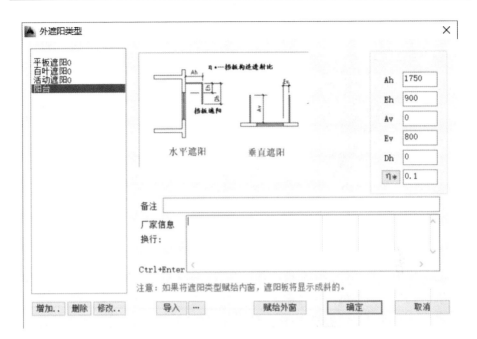

图 4.62　设置阳台外遮阳类型

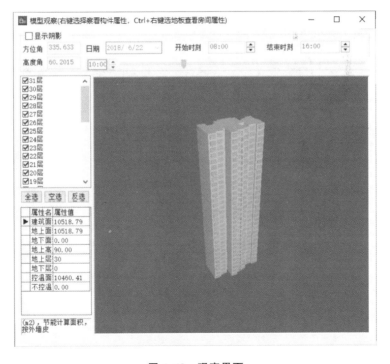

图 4.63　观察界面

图 4.64 工程设置对话框

（1）添加本案例所在的地理位置：湖北省武汉市。

（2）选择建筑类型：居住建筑。

（3）标准选用：根据该项目情况，选择湖北省《低能耗居住建筑节能设计标准》（DB42/T 559—2013）A 区南北向，如图 4.65 所示。

图 4.65 节能标准描述对话框

（4）完善对话框中的其他内容。

2．热工设置

（1）使用"工程构造"（GCGZ）命令对建筑的构造按照设计进行编辑（见图 4.66）。

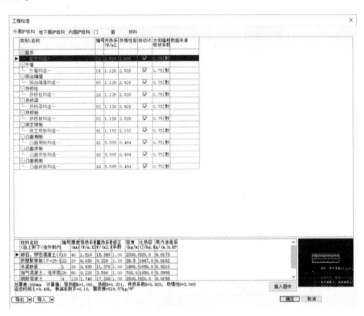

图 4.66　工程构造对话框

（2）使用"房间类型"（FJLX）命令对建筑的房间功能进行设置（见图 4.67）。

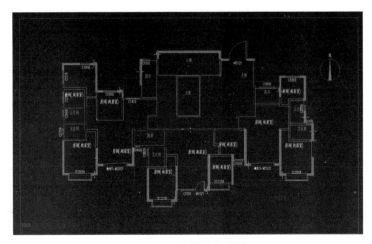

图 4.67　设置房间类型

（3）使用"搜索户型"（SSHX）命令设置建筑户型组合（见图4.68）。

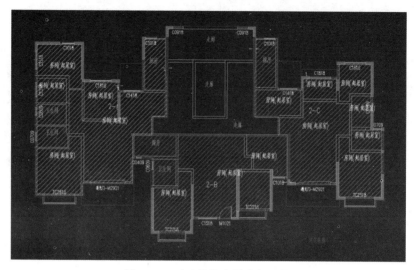

图4.68 对建筑的户型进行设置

4.7.2.5 节能判定

1. **数据提取**

使用"数据提取"（SJTQ）命令对建筑的基本数据进行提取（见图4.69）。

图4.69 数据提取

2. 节能检查

使用“节能检查”（JNJC）命令对项目进行节能检查，弹出节能检查对话框。节能检查将显示项目未通过节能规范的单项，如图 4.70 所示。

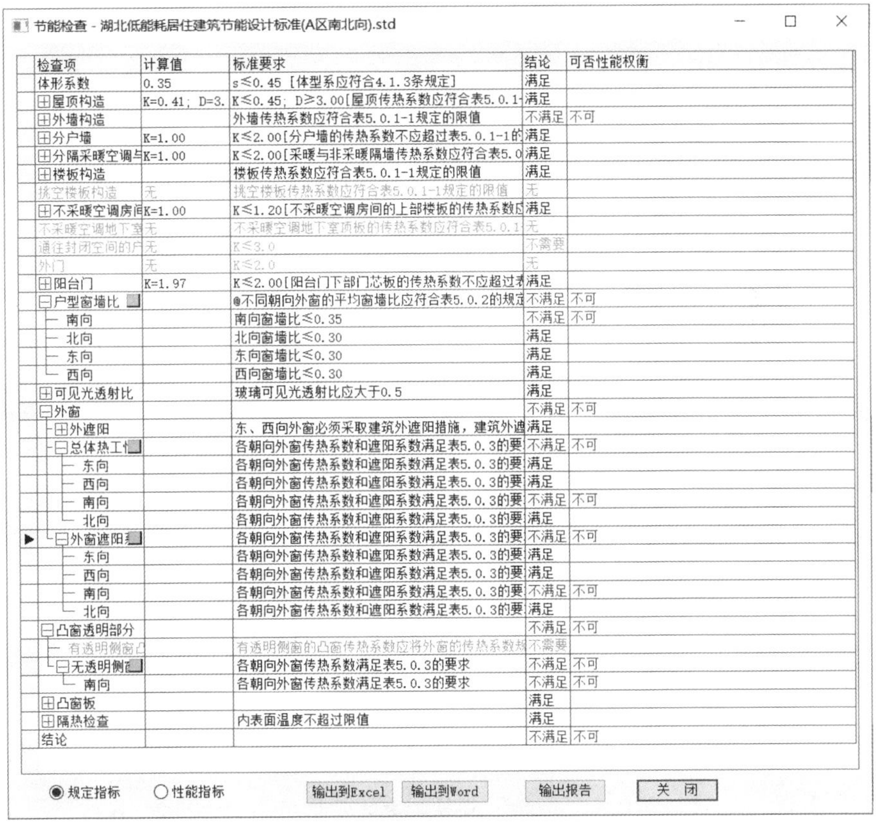
节能检查 - 湖北低能耗居住建筑节能设计标准(A区南北向).std
◉规定指标
○性能指标
输出到Excel
输出到Word
输出报告
关 闭

检查项	计算值	标准要求	结论	可否性能权衡
体形系数	0.35	s≤0.45 [体型系应符合4.1.3条规定]	满足	
⊞屋顶构造	K=0.41; D=3.	K≤0.45; D≥3.00[屋顶传热系数应符合表5.0.1-	满足	
⊞外墙构造		外墙传热系数应符合表5.0.1-1规定的限值	不满足	不可
⊞分户墙	K=1.00	K≤2.00[分户墙的传热系数不应超过表5.0.1-1的	满足	
⊞分隔采暖空调与	K=1.00	K≤2.00[采暖与非采暖隔墙传热系数应符合表5.0	满足	
⊞楼板构造		楼板传热系数应符合表5.0.1-1规定的限值	满足	
挑空楼板构造	无	挑空楼板传热系数应符合表5.0.1-1规定的限值	无	
⊞不采暖空调房间	K=1.00	K≤1.20[不采暖空调房间的上部楼板的传热系数应	满足	
不采暖空调地下室	无	不采暖空调地下室顶板的传热系数应符合表5.0.1-	无	
通往封闭空间的户	无	K≤3.0	不需要	
外门	无	K≤2.0	无	
⊞阳台门	K=1.97	K≤2.00[阳台门下部门芯板的传热系数不应超过表	满足	
⊟户型窗墙比		●不同朝向外窗的平均窗墙比应符合表5.0.2的规定	不满足	不可
南向		南向窗墙比≤0.35	不满足	不可
北向		北向窗墙比≤0.30	满足	
东向		东向窗墙比≤0.30	满足	
西向		西向窗墙比≤0.30	满足	
⊞可见光透射比		玻璃可见光透射比应大于0.5	满足	
⊟外窗			不满足	不可
⊞外遮阳		东、西向外窗必须采取建筑外遮阳措施，建筑外遮	满足	
⊟总体热工性		各朝向外窗传热系数和遮阳系数满足表5.0.3的要	不满足	不可
东向		各朝向外窗传热系数和遮阳系数满足表5.0.3的要	满足	
西向		各朝向外窗传热系数和遮阳系数满足表5.0.3的要	满足	
南向		各朝向外窗传热系数和遮阳系数满足表5.0.3的要	不满足	不可
北向		各朝向外窗传热系数和遮阳系数满足表5.0.3的要	满足	
⊟外窗遮阳系		各朝向外窗传热系数和遮阳系数满足表5.0.3的要	不满足	不可
东向		各朝向外窗传热系数和遮阳系数满足表5.0.3的要	满足	
西向		各朝向外窗传热系数和遮阳系数满足表5.0.3的要	满足	
南向		各朝向外窗传热系数和遮阳系数满足表5.0.3的要	不满足	不可
北向		各朝向外窗传热系数和遮阳系数满足表5.0.3的要	满足	
⊟凸窗透明部分			不满足	不可
有透明侧窗凸		有透明侧窗的凸窗传热系数应将外窗的传热系数规	不需要	
⊟无透明侧窗		各朝向外窗传热系数满足表5.0.3的要求	不满足	不可
南向		各朝向外窗传热系数满足表5.0.3的要求	不满足	不可
⊞凸窗板			满足	
⊞隔热检查		内表面温度不超过限值	满足	
结论			不满足	不可

图 4.70 节能检查对话框

通过节能检查对话框知晓，本建筑未满足节能规范要求的部分有以下几个：

（1）外墙构造未能满足湖北省《低能耗居住建筑节能设计标准》（DB42/T 559—2013）中表 5.0.1-1 规定，既 $K \leqslant 1.08$，$D \geqslant 2.50$（见图 4.71）。

（2）南向户型窗墙比不满足规范要求，即南向窗墙比小于或等于 0.35（见图 4.72）。点击右侧按钮，可查看户型窗墙比计算详细情况对话框（见图 4.73），双击对话框中不满足的户型，可在平面中定位至不满足规范要求的户

外墙构造		外墙传热系数应符合表5.0.1-1规定的限值	不满足	不可
第1个	面积:22.95(m2)			
第2个	面积:16.50(m2)			
第3个	面积:16.50(m2)			
第4个	面积:16.50(m2)			
第5个	面积:13.05(m2)			
第6个	面积:13.05(m2)			
第7个	面积:13.05(m2)			
第8个	面积:12.30(m2)			
第9个	面积:12.30(m2)			
第10个	面积:12.30(m2)			
东向外墙	KE=1.10; DE=2.35	KE≤1.08且DE≥2.50[外墙传热系数应符合表5.0.	不满足	不可
西向外墙	KW=1.08; DW=2.19	KW≤1.08且DW≥2.50[外墙传热系数应符合表5.0.	不满足	不可
南向外墙	KS=1.09; DS=2.25	KS≤1.08且DS≥2.50[外墙传热系数应符合表5.0.	不满足	不可
北向外墙	KN=1.08; DN=2.23	KN≤1.08且DN≥2.50[外墙传热系数应符合表5.0.	不满足	不可

图 4.71 外墙构造计算情况

型（见图 4.74），以便对照修改。对照户型窗墙比计算详细情况对话框可知，1-A、1-C、2-C 户型南向窗墙比超标，需予以修改。

户型窗墙比		@不同朝向外窗的平均窗墙比应符合表5.0.2的规定	不满足	不可
南向		南向窗墙比≤0.35	不满足	不可
北向		北向窗墙比≤0.30	满足	
东向		东向窗墙比≤0.30	满足	
西向		西向窗墙比≤0.30	满足	

图 4.72 户型窗墙比计算情况

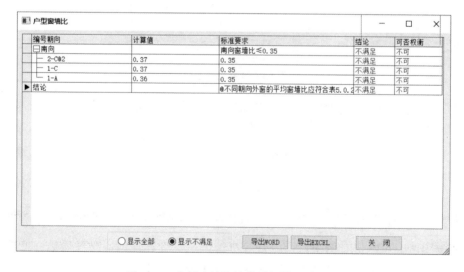

图 4.73 户型窗墙比计算详细情况对话框

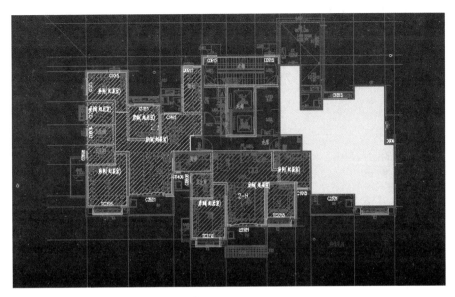

图 4.74　户型窗墙比计算详细情况

（3）外窗部分南向窗户总体热工性能不满足规范要求，南向部门外窗遮阳不满足规定要求，同上相似，点击右侧按钮弹出外窗计算详细情况对话框（见图 4.75），双击不满足的选项，可在平面中定位至不满足的户型。

			不满足	不可
外窗				
├ 外遮阳		东、西向外窗必须采取建筑外遮阳措施，建筑外遮	满足	
├ 总体热工		各朝向外窗传热系数和遮阳系数满足表5.0.3的要	不满足	不可
│ ├ 东向		各朝向外窗传热系数和遮阳系数满足表5.0.3的要	不满足	不可
│ ├ 西向		各朝向外窗传热系数和遮阳系数满足表5.0.3的要	不满足	不可
│ ├ 南向		各朝向外窗传热系数和遮阳系数满足表5.0.3的要	不满足	不可
│ └ 北向		各朝向外窗传热系数和遮阳系数满足表5.0.3的要	不满足	不可
└ 外窗遮阳系		各朝向外窗传热系数和遮阳系数满足表5.0.3的要	不满足	不可
├ 东向		各朝向外窗传热系数和遮阳系数满足表5.0.3的要	满足	
├ 西向		各朝向外窗传热系数和遮阳系数满足表5.0.3的要	满足	
├ 南向		各朝向外窗传热系数和遮阳系数满足表5.0.3的要	不满足	不可
└ 北向		各朝向外窗传热系数和遮阳系数满足表5.0.3的要	不满足	不可

图 4.75　外窗计算详细情况

（4）凸窗透明部分传热系数不满足规范要求（见图 4.76）。

			不满足	不可
凸窗透明部分				
├ 有透明侧窗凸		有透明侧窗的凸窗传热系数应将外窗的传热系数规	不需要	
├ 无透明侧窗		各朝向外窗传热系数满足表5.0.3的要求	不满足	不可
└ 南向		各朝向外窗传热系数满足表5.0.3的要求	不满足	不可

图 4.76　凸窗透明部分计算详细情况

3. 调整修改

根据节能检查对话框中，对不满足规范的选项进行一一调整。

（1）使用"工程构造"（GCGZ）命令打开项目工程构造设置对话框，分别将外墙构造一、外墙构造二的保温层厚度修改为 25mm，使两种外墙的传热系数、热惰性指标同时满足规范要求，如图 4.77 和图 4.78 所示。

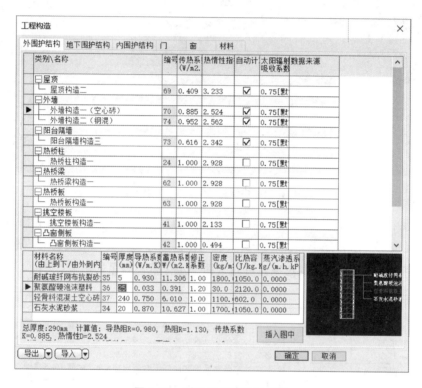

图 4.77 对工程构造进行修改

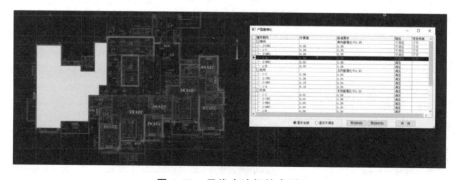

图 4.78 寻找未达标的户型

（2）对照 1-A、1-C、2-C 户型南向平均窗墙面积比，分别对三个户型的南向窗进行调整。将三个户型主卧的窗户 TC2515 修改为 TC2215，并使用"节能检查"（JNJC）命令对项目进行验算。

（3）根据湖北省《低能耗居住建筑节能设计标准》（DB42/T 559—2013）的规定，该建筑需使用传热系数小于或等于 2.3，综合遮阳系数小于或等于 0.35（见图 4.79），使用"工程构造"（GCGZ）命令对项目外窗进行替换（见图 4.80）。

气候区属	体形系数 （建筑层数）	平均窗墙面积比 A_{mf}/A_w	传热系数 K [W/（m²·K）]	综合遮阳系数 SCw 南/北、东、西
A区	S≤0.40 （≥4层）	A_{mf}/A_w≤0.20	≤3.2	——/——/≤0.50
		0.20<A_{mf}/A_w≤0.25	≤2.7	≤0.45/0.55/≤0.40
		0.25<A_{mf}/A_w≤0.30	≤2.5	≤0.40/0.50/≤0.35
		0.30<A_{mf}/A_w≤0.35	≤2.3	≤0.35/不成立/不成立
	0.40<S≤0.45 （≥4层）	A_{mf}/A_w≤0.20	≤3.0	——/——/≤0.50
		0.20<A_{mf}/A_w≤0.25	≤2.5	≤0.45/0.55/≤0.40
		0.25<A_{mf}/A_w≤0.30	≤2.2	≤0.40/0.50/≤0.35
		0.30<A_{mf}/A_w≤0.35	≤2.0	≤0.35/不成立/不成立
	S≤0.55 （≤3层）	A_{mf}/A_w≤0.25	≤1.9	≤0.40/0.50/≤0.25
		A_{mf}/A_w≤0.35		
	坡屋面上的外窗	窗地面积比≤0.08	≤2.5	≤0.40

图 4.79　外窗的传热系数与综合遮阳系数（夏季）限值

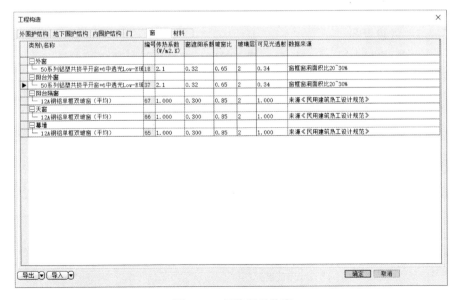

图 4.80　更换项目外窗

（4）使用"节能检查"（JNJC）命令对项目进行验算（见图 4.81），符合要求后根据当地规范，使用"节能报告"（JNBG）、"报审表"（BSB）、"导出审图"（DCST）命令分别导出节能报告、报审表、审图文件。

图 4.81　节能检查进行验算

4.7.3　沈阳案例

4.7.3.1　计算流程

在本节的案例中，为了体现不同气候区建筑节能设计要求的差异，首先采用与武汉案例相同的节能设计模型进行节能计算。因此，在实际操作中可以跳过文件准备、建筑建模阶段（见图 4.82）。

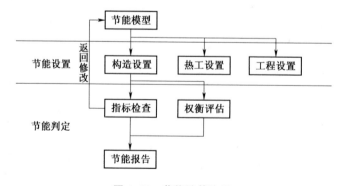

图 4.82　节能计算流程

4.7.3.2　热工设置

使用"工程设置"（GCSZ）命令对建筑项目进行设置（见图 4.83）。

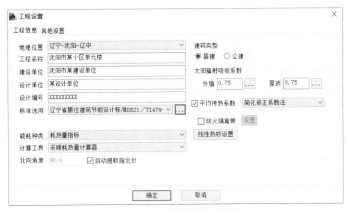

图 4.83　工程设置对话框

（1）添加本案例所在的地理位置：辽宁省沈阳市。

（2）选择建筑类型：居住建筑。

（3）标准选用：根据该项目情况，选择辽宁省《居住建筑节能设计标准》（DB21/T 1476—2011），如图 4.84 所示。

图 4.84　选择节能设计规范

（4）完善对话框中的其他内容。

4. 7. 3. 3 节能判定

1. 数据提取

使用"数据提取"（SJTQ）命令对建筑的基本数据进行提取（见图4.85）。

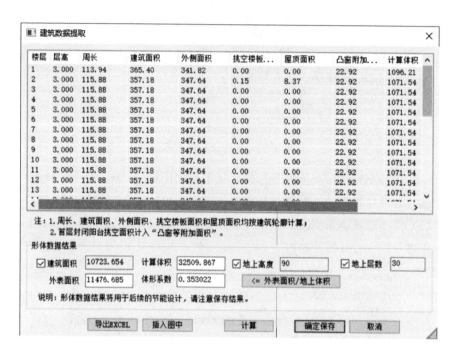

图 4.85 数据提取

2. 能耗计算

使用"能耗计算"（NHJS）命令对项目进行能耗计算，选择计算设计建筑＋参考建筑。根据需求选择是否将能耗计算结果输出至 Excel。

3. 节能检查

使用"节能检查"（JNJC）命令对项目进行节能检查，弹出节能检查对话框（见图4.86）。在节能检查对话框规定指标的表格中，若不满足规定指标要求，最后一栏显示为可进行性能权衡，则可切换至性能指标的表格，查看性能指标的结论。若性能指标满足要求，则项目通过节能设计要求；若性能指标不满足要求，则需返回对建筑进行修改，如图4.87所示。

节能检查 - 辽宁省居住建筑节能设计标准DB21 / T1476-2011.std

检查项	计算值	标准要求	结论	可否性能权衡
体形系数	0.35	s≤0.25 [体形系数应符合表3.1.5的规定]	不满足	可
开间窗墙比		窗墙面积比不应超过表3.1.6的规定的数值	不满足	可
─ 南向		南向窗墙比≤0.45	满足	
─ 北向		北向窗墙比≤0.25	不满足	可
─ 东向		东向窗墙比≤0.30	满足	
─ 西向		西向窗墙比≤0.30	满足	
屋顶构造	K=0.41	K≤0.40[屋顶热工应当符合表3.2.2-1、3.2.2-2]	不满足	可
外墙构造	K=1.01	K≤0.60[外墙热工应当符合表3.2.2-1、3.2.2-2]	不满足	可
挑空楼板构造	无	挑空楼板传热系数应符合表3.2.2-1、3.2.2-2的要	无	
非采暖地下室顶板	无	楼板传热系数应符合表3.2.2-1、3.2.2-2的要求	不需要	
采暖与非采暖	K=1.00	K≤1.50[采暖与非采暖隔墙传热系数应符合表3.2.2	不满足	可
不采暖楼梯间户门	无	采暖与非采暖门传热系数应符合表3.2.2-1、3.	不需要	
开敞阳台门		采暖与非采暖门传热系数应符合表3.2.2-1、3.	不满足	可
─ 保温门（多功	K=1.97	K≤1.20	不满足	可
外窗			不满足	可
└ 总体热工		K值应满足表4.2.2-1~4.2.2-5的要求	不满足	可
─ 南向		K值应满足表4.2.2-1~4.2.2-5的要求	不满足	可
─ 北向		K值应满足表4.2.2-1~4.2.2-5的要求	满足	
─ 东向		K值应满足表4.2.2-1~4.2.2-5的要求	不满足	可
─ 西向		K值应满足表4.2.2-1~4.2.2-5的要求	满足	
凸窗透明部分				
└ 总体热工		凸窗传热系数限值比普通窗降低15%	不满足	可
─ 南向		凸窗传热系数限值比普通窗降低15%	不满足	可
凸窗板				
└ 凸窗顶板		凸窗顶板热工传热系数应小于或等于外墙的传热	不满足	可
└ 凸窗顶板	K=1.00	K≤0.60	不满足	可
└ 凸窗侧板		凸窗侧板传热系数小于或等于外墙的传热系数	不满足	可
└ 凸窗侧板	K=1.00	K≤0.60	不满足	可
└ 凸窗底板		凸窗底板传热系数小于或等于外墙的传热系数	不满足	可
└ 凸窗底板	K=1.00	K≤0.60	不满足	可
周边地面		周边地面的热阻不应超过表3.2.2-1、3.2.2-2的	不满足	可
─ 周边地面构造	R=0.02	R≥0.56	不满足	可
地下墙	无	地下墙的热阻不应超过表3.2.2-1、3.2.2-2的限	无	
封闭阳台		封闭阳台应满足《标准》4.2.7的规定	无	
▶ 结论			不满足	可

● 规定指标　○ 性能指标　　输出到Excel　输出到Word　　输出报告　　关闭

图 4.86　节能检查对话框规定指标

图 4.87　节能检查对话框性能指标

4.7.3.4　调整修改

通过对节能检查结果的分析，需要对本建筑做出以下修改才能满足辽宁省居住建筑节能设计标准的要求。

（1）调整方案平面，降低建筑的体形系数（见图 4.88）。在此仅做演示，

不考虑方案功能合理性，对建筑平面进行调整，在实际的设计过程中，该步骤
需结合方案设计同时考虑。

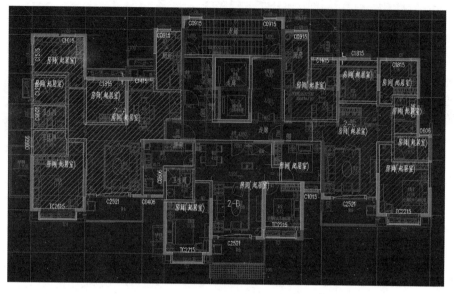

图 4.88 调整平面方案

（2）使用"工程构造"（GCGZ）命令，修改墙体构造及热桥的保温性能。
由于本住宅平面凹凸较多，使建筑体形系数超过参考值较多，该情况下，外墙
构造的热工性能较低将会导致大量的热通过墙体散失，因此，在对建筑热工性
能调整的过程中优先调整建筑外墙构造。

（3）结合节能检查结果与方案平面，修改部分外窗尺寸。外窗是能耗计算
的薄弱环节，适当减少外窗尺寸有利于建筑的保温性能。

（4）使用"节能检查"（JNJC）命令对项目进行验算，符合要求后根据当
地规范，使用"节能报告"（JNBG）、"报审表"（BSB）、"导出审图"（DCST）
命令分别导出节能报告、报审表、审图文件。

如图 4.89 所示，调整后的设计方案通过节能计算及节能检查，仍存在部
分条款不满足辽宁省《居住建筑节能设计标准》（DB21/T 1476—2011）的要
求，但对话框中提示按照标准要求，这些条款可以进行权衡判断。

图 4.90 显示通过权衡判断计算，项目的耗热量指标低于参照建筑的耗热
量指标，权衡计算满足辽宁省《居住建筑节能设计标准》（DB21/T 1476—
2011）的要求。

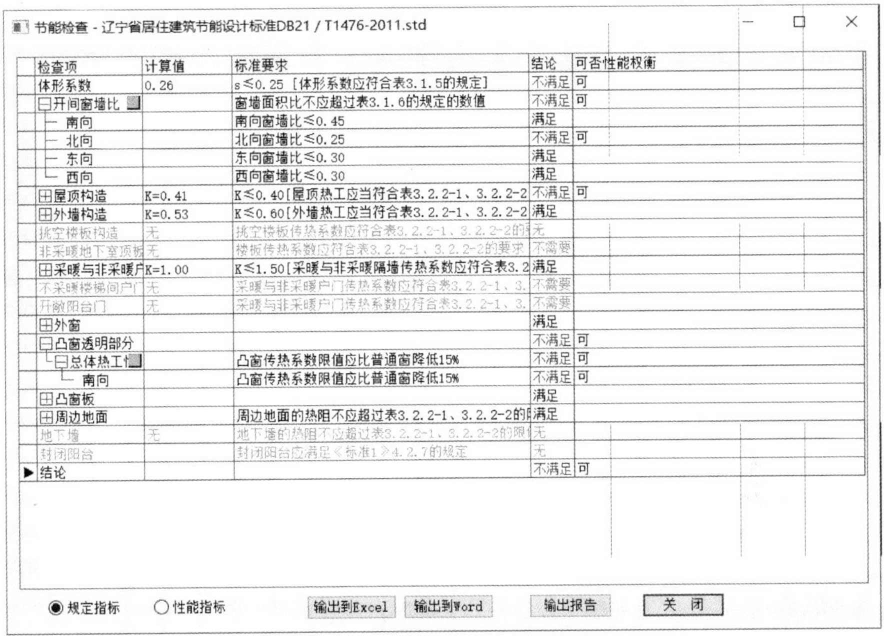

图 4.89　节能检查对话框规定指标

图 4.90　节能检查对话框性能指标

5 建筑节能设计案例分析

5.1 严寒和寒冷地区案例分析

5.1.1 北京北汽越野车棚改定向安置房住宅楼

1. 建筑概况

建筑概况如表 5.1 和图 5.1～图 5.3 所示。

表 5.1 北京北汽越野车棚改定向安置房住宅楼概况一览表

工程名称	北京北汽越野车棚改定向安置房住宅楼
工程地点	北京
地理位置	北纬 39.78°，东经 116.47°
建筑面积	地上 12243m²，地下 1559m²
建筑层数	地上 19 层，地下 2 层
建筑高度	地上 54.4m，地下 8.0m
建筑（节能计算）体积	34375.34m³
建筑（节能计算）外表面积	9143.47m²
体形系数	0.27
北向角度	90°
结构类型	剪力墙结构
采暖期天数	125d
采暖期室外平均温度	−1.60℃
太阳总辐射平均强度	水平 102W/m²、南 120W/m²、北 33W/m²、东 59W/m²、西 59W/m²

图 5.1 北京北汽越野车棚改定向安置房鸟瞰图

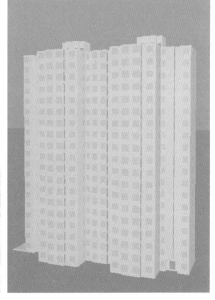

图 5.2 北京北汽越野车棚改定向安置房效果图及节能计算模型观察图

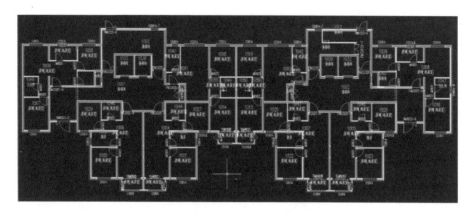

图 5.3　北京北汽越野车棚改定向安置房平面示意

2. 围护结构做法简要说明

（1）屋顶构造：细石混凝土 30mm＋憎水膨珠保温浆料 20mm＋轻集料混凝土 50mm＋挤塑聚苯板（带表皮）90mm＋钢筋混凝土 120mm＋混合砂浆（石灰水泥砂浆）20mm（由外到内）。

（2）外墙构造：抗裂水泥砂浆 5mm＋岩棉板（毡）100mm＋钢筋混凝土 200mm＋水泥砂浆 20mm（由外到内）。

（3）挑空楼板构造：水泥砂浆 20mm＋钢筋混凝土 120mm＋超细无机纤维板 120mm＋水泥砂浆 20mm（由外到内）。

（4）非采暖地下室顶板构造：水泥砂浆 20mm＋钢筋混凝土 120mm＋超细无机纤维板 70mm。

（5）楼梯间隔墙构造：水泥砂浆 20mm＋钢筋混凝土 200mm＋憎水膨珠保温浆料 30mm。

（6）户门：双层金属保温隔热门，传热系数 2.000W/（m²·K）。

（7）外窗构造：60 系列平开铝合金断热窗 5mm＋12mmA＋5mmLow-E，传热系数 2.000W/（m²·K），自身遮阳系数 0.496。

3. 窗墙比

窗墙比如表 5.2 所示。

表 5.2　　北京北汽越野车棚改定向安置房住宅楼窗墙比一览表

朝向	窗面积/m²	墙面积/m²	窗墙比	限值	结论
南向	725.12	2632.54	0.28	0.50	满足

朝向	窗面积/m²	墙面积/m²	窗墙比	限值	结论
北向	577.36	2632.48	0.22	0.30	满足
东向	153.84	1578.05	0.10	0.35	满足
西向	152.72	1578.05	0.10	0.35	满足
标准依据	《北京市居住建筑节能设计标准》（DB 11/891—2012）第3.1.5条				
标准要求	各朝向窗墙比不应超过表3.1.5的限值，且进行权衡判断时不得大于其最大值				
结论	满足				

4. 规定性指标检查结论

规定性指标检查结论如表5.3所示。

表5.3　　　　北京北汽越野车棚改定向安置房住宅楼窗墙比一览表

序号	检查项		标准值	计算值	结论	可否性能权衡
1	体形系数		≤0.26	0.27	不满足	可
2	屋面的热工值		≤0.40	0.34	满足	
3	全楼加权外墙平均传热系数		≤0.45	0.46	不满足	可
4	挑空楼板		≤0.45	0.44	满足	
5	非采暖地下室顶板		≤0.50	0.47	满足	
6	分隔采暖与非采暖空间的隔墙		≤1.50	1.25	满足	
7	户门		≤2.00	2.00	满足	
8	单元外门		≤3.00	3.00	满足	
9	开敞阳台门		≤2.00	2.00	满足	
10	外窗传热系数	南向	≤2.00	2.00	满足	
		北向	≤1.80	2.00	不满足	可
		东向	≤2.00	2.00	满足	
		西向	≤2.00	2.00	满足	
11	外窗的气密性		≥7级	7级	满足	
结论	本建筑按《北京市居住建筑节能设计标准》（DB 11/891—2012）之规定进行强制性条文和必须满足条款的规定性指标检查，结果未能达标，按标准规定继续进行热工性能权衡判断					

5. 综合权衡判断计算结果

计算结果如表5.4所示。

表5.4 北京北汽越野车棚改定向安置房住宅楼综合权衡判断表

建筑类型	设计建筑	参照建筑
耗热量指标/（W/m²）	8.48	8.50
耗煤量指标/（kg/m²）	4.66	4.67
标准依据	《北京市居住建筑节能设计标准》（DB 11/891—2012）3.3.2	
标准要求	设计建筑的能耗不大于参照建筑的能耗	
结　论	满足	

本工程设计建筑的耗热量指标和耗煤量指标均不大于参照建筑的耗热量指标和耗煤量指标，权衡判断满足《北京市居住建筑节能设计标准》（DB 11/891—2012）的要求。

5.1.2　北汽集团滨州汽车零部件生产基地配套住宅楼

1. 建筑概况

建筑概况如表5.5和图5.4～图5.6所示。

表5.5 北汽集团滨州汽车零部件生产基地配套住宅楼概况一览表

工程名称	北汽集团滨州汽车零部件生产基地配套住宅楼
工程地点	山东滨州
地理位置	北纬37.38°，东经118.00°
建筑面积	地上4298m²，地下760m²
建筑层数	地上7层，地下1层
建筑高度	地上21.7m，地下4.0m
建筑（节能计算）体积	12931.13m³
建筑（节能计算）外表面积	4157.63m²
体形系数	0.32
北向角度	90°
结构类型	框架结构
采暖期天数	112d

续表

采暖期室外平均温度	0.60℃
太阳总辐射平均强度	水平 102W/m²、南 107W/m²、 北 34W/m²、东 56W/m²、西 56W/m²

图 5.4　北汽集团滨州汽车零部件生产基地配套住宅楼夜景效果图

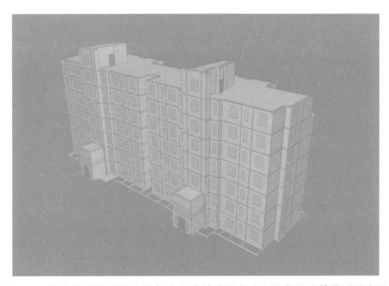

图 5.5　北汽集团滨州汽车零部件生产基地配套住宅楼节能计算模型观察图

167

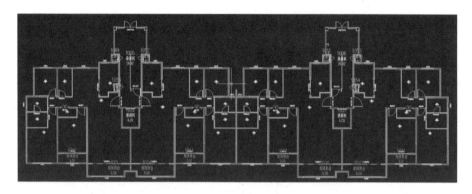

图 5.6　北汽集团滨州汽车零部件生产基地配套住宅楼平面示意

2. 围护结构做法简要说明

（1）屋顶构造一：地砖 10mm＋水泥砂浆 25mm＋碎石、卵石混凝土 40mm＋挤塑型聚苯板（XPS 板）75mm＋水泥砂浆 20mm＋加气混凝土碎块 30mm＋钢筋混凝土 100mm＋混合砂浆（石灰水泥砂浆）20mm（由外到内）。

（2）屋顶构造二：水泥砂浆 20mm＋碎石、卵石混凝土 30mm＋挤塑型聚苯板（XPS 板）90mm＋加气混凝土碎块 30mm＋钢筋混凝土 120mm＋混合砂浆（石灰水泥砂浆）20mm（由外到内）。

（3）外墙构造一：水泥砂浆 10mm＋挤塑型聚苯板（XPS 板）100mm＋钢筋混凝土 180mm＋混合砂浆 20mm（由外到内）。

（4）外墙构造二：水泥砂浆 5mm＋挤塑型聚苯板（XPS 板）100mm＋加气混凝土 180mm＋混合砂浆 20mm（由外到内）。

（5）采暖与非采暖房间楼板：地砖 10mm＋水泥砂浆 20mm＋碎石、卵石混凝土 50mm＋挤塑型聚苯板（XPS 板）55mm＋水泥砂浆 20mm＋钢筋混凝土 120mm＋石灰砂浆 20mm（由外到内）。

（6）楼梯间隔墙构造：保温层砂浆（玻化微珠）30mm＋钢筋混凝土 200mm＋石灰砂浆 20mm（由外到内）。

（7）分户墙构造：石灰砂浆 5mm＋保温层砂浆（玻化微珠）15mm＋钢筋混凝土 200mm＋保温层砂浆（玻化微珠）15mm＋石灰砂浆 5mm（由外到内）。

（8）户门：双层金属保温隔热门，传热系数 2.000W/（m² · K）。

（9）外窗构造：平开铝合金断热双层中空窗 5mm＋12mmA＋5mm＋

12mmA＋5mm，传热系数 2.000W/(m² · K)，自身遮阳系数 0.78。

3. 窗墙比

窗墙比如表5.6所示。

表 5.6　北汽集团滨州汽车零部件生产基地配套住宅楼窗墙比一览表

朝向	窗面积/m²	墙面积/m²	窗墙比	限值	结论
南向	380.16	1122.52	0.34	0.50	满足
北向	234.50	1122.52	0.21	0.30	满足
东向	15.16	626.46	0.02	0.35	满足
西向	15.16	626.46	0.02	0.35	满足
标准依据	《山东省居住建筑节能设计标准》（DB 37/5026—2014）第4.1.5条				
标准要求	各朝向窗墙面积比不应超过表4.1.5规定的基本限值，且进行权衡判断时不得超过最大限值				
结　论	满足				

4. 规定性指标检查结论

规定性指标检查结论如表5.7所示。

表 5.7　北汽集团滨州汽车零部件生产基地配套住宅楼窗墙比一览表

序号	检查项	标准值	计算值	结论	可否性能权衡
1	体形系数	≤0.33	0.32	满足	
2	屋面的热工值	≤0.35	0.35	满足	
3	全楼加权外墙平均传热系数	≤0.40	0.38	满足	
4	采暖与非采暖房间的楼板	≤0.50	0.50	满足	
5	分隔采暖与非采暖空间的隔墙	≤1.50	1.42	满足	
6	周边地面热阻/[(m² · K)/W]	≥0.56	1.72	满足	
7	户门	≤2.00	2.00	满足	
8	单元外门	≤3.00	3.00	满足	
9	开敞阳台门	≤2.00	1.97	满足	

序号	检查项		标准值	计算值	结论	可否性能权衡
10	外窗传热系数	南向	≤2.00	2.00	满足	
		北向	≤2.30	2.00	满足	
		东向	≤2.50	2.00	满足	
		西向	≤2.50	2.00	满足	
11	外窗的气密性		≥7级	7级	满足	
	结论			本工程所有规定性设计指标满足《山东省居住建筑节能设计标准》（DB 37/5026—2014）的要求		

5.1.3 吉林长春新区规划展览馆

1. 建筑概况

建筑概况如表5.8和图5.7～图5.9所示，节能计算简图如图5.10所示。

表5.8 吉林长春新区规划展览馆概况一览表

工程名称	吉林长春新区规划展览馆
工程地点	吉林长春
地理位置	北纬44.00°，东经125.21°
建筑面积	地上46099m²，地下8772m²
建筑层数	地上5层，地下1层
建筑高度	地上29.0m，地下6.0m
建筑（节能计算）体积	315396.31m³
建筑（节能计算）外表面积	50613.68m²
体形系数	0.16
北向角度	90°
结构类型	异型钢结构桁架体系
外墙太阳辐射吸收系数	0.75
屋顶太阳辐射吸收系数	0.75

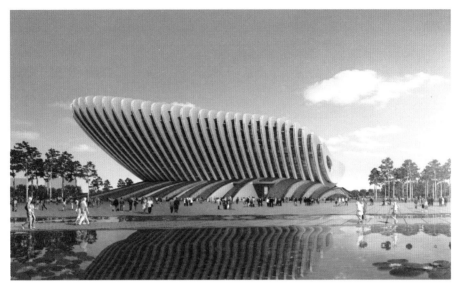

图 5.7   吉林长春新区规划展览馆效果图一

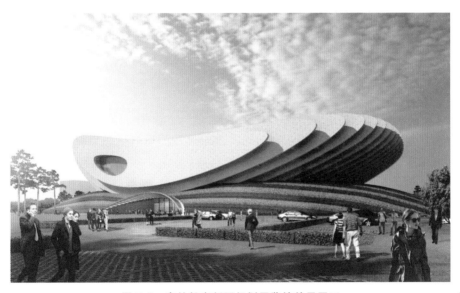

图 5.8   吉林长春新区规划展览馆效果图二

2. 围护结构做法简要说明

（1）屋顶构造一：建筑钢材 10mm ＋ F － 16S 120mm ＋ 建筑钢材 10mm
（由外到内）。

171

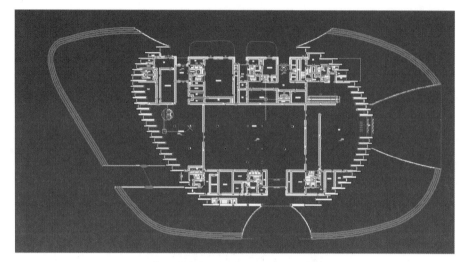

图 5.9 吉林长春新区规划展览馆一层平面示意图

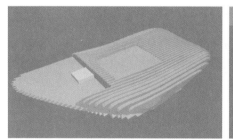

图 5.10 吉林长春新区规划展览馆节能计算简图

（2）屋顶构造二：水泥砂浆 20mm＋水泥膨胀珍珠岩（容重 $\rho=800\mathrm{kg/m^3}$）40mm＋B1 级 EPS 保温板 150mm＋水泥砂浆 20mm＋钢筋混凝土 120mm＋石灰水泥砂浆 20mm（由外到内）。

（3）屋顶构造三：B1 级 XPS 保温板 80mm＋水泥砂浆 20mm＋钢筋混凝土 120mm＋夯实黏土（容重 $\rho=2000\mathrm{kg/m^3}$）800mm（由外到内）。

（4）外墙构造一：建筑钢材 10mm＋F－16S 120mm＋建筑钢材 10mm（由外到内）。

（5）外墙构造二：A 级岩棉板 130mm＋水泥砂浆 20mm＋炉渣陶粒混凝土空心砌块 200mm（由外到内）。

（6）外墙构造三：水泥砂浆 20mm＋水泥膨胀珍珠岩（容重 $\rho=800\mathrm{kg/m^3}$）40mm＋B1 级 EPS 保温板 150mm＋水泥砂浆 20mm＋钢筋混凝土 120mm＋

石灰水泥砂浆 20mm（由外到内）。

（7）挑空楼板构造：A 级岩棉板 120mm＋水泥砂浆 20mm＋钢筋混凝土 120mm（由外到内）。

（8）采暖与非采暖楼板：B1 级 XPS 保温板 40mm＋水泥砂浆 20mm＋钢筋混凝土 120mm（由外到内）。

（9）外窗构造一：断桥铝 5mm＋12mmA＋5mmLow-E 玻璃，断桥宽 24.0mm，胶条封边。传热系数 2.200W/(m²·K)，自身遮阳系数 0.500。

（10）外窗构造（玻璃幕）：断桥铝 5mm＋12mmA＋5mmLow-E 玻璃，断桥宽 24.0mm，胶条封边。传热系数 2.200W/(m²·K)，自身遮阳系数 0.500。

（11）外窗构造（天窗部位）：断桥铝 5mm＋12mmA＋5mmLow-E 玻璃，断桥宽 24.0mm，胶条封边。传热系数 2.200W/(m²·K)，自身遮阳系数 0.500。

（12）周边地面构造：水泥砂浆 20mm＋钢筋混凝土 60mm＋B1 级 EPS 保温板 80mm＋碎石、卵石混凝土（容重 $\rho=2300\text{kg/m}^3$）80mm＋夯实黏土（容重 $\rho=2000\text{kg/m}^3$）1670mm。

（13）采暖地下室外墙构造：B1 级 EPS 保温板 80mm＋钢筋混凝土 300mm＋水泥砂浆 20mm（由外到内）。

3. 窗墙比

窗墙比如表 5.9 所示。

表 5.9　　　　吉林长春新区规划展览馆窗墙比一览表

朝向	窗面积/m²	墙面积/m²	窗墙比	限值	结论
南向	261.92	12790.83	0.02	0.60	适宜
北向	262.00	10464.42	0.03	0.60	适宜
东向	712.26	1765.58	0.40	0.60	适宜
西向	59.20	844.55	0.07	0.60	适宜
标准依据	《吉林省公共建筑节能设计标准（节能 65%）》（DB 22/JT 149—2016）第 3.2.2 条				
标准要求	甲类公共建筑各单一立面窗墙面积比（包括透光幕墙）均不宜大于 0.60				
结　论	适宜				

4. 规定性指标检查结论

规定性指标检查结论如表 5.10 所示。

表 5.10　　　吉林长春新区规划展览馆规定性指标汇总表

序号	检查项	标准值	计算值	结论	可否性能权衡
1	体形系数	≤0.40	0.16	满足	
2	窗墙比	≤0.60	0.40	满足	
3	可见光透射比	≥0.40	0.80	满足	
4	天窗类型	≤2.20	2.20	满足	
5	屋顶构造	≤0.35	0.34	满足	
6	外墙构造	≤0.43	0.42	满足	
7	挑空楼板构造	≤0.50	0.43	满足	
8	非供暖房间与供暖房间楼板	≤1.00	0.70	满足	
9	非供暖房间与供暖房间隔墙	≤1.50	1.21	满足	
10	外窗热工	≤2.30	2.20	满足	
11	周边地面构造	≥1.10	2.92	满足	
12	采暖地下室外墙构造	≥1.10	1.90	满足	
13	是否有凸窗	除南向外不应设置凸窗	无凸窗	满足	
14	有效通风换气面积	≥10%	4%	不适宜	可
15	非中空窗面积比	≤15%	0	满足	
16	外窗气密性	≥6级	6级	满足	
17	外门气密性	≥4级	4级	满足	
18	幕墙气密性	≥3级	3级	满足	
结　论		本工程所有规定性设计指标满足《公共建筑节能设计标准》(GB 50189—2015)的要求			

5.1.4　河北石家庄荣盛华府二期荣盛中心

1. 建筑概况

石家庄荣盛中心项目是 2016 年荣盛房地产发展股份有限公司以 35.5 亿元在石家庄竞拍的棉四地块，属于石家庄市地王项目。它是由一个现代化商业购物中心、一条具有鲜明特色的室外商业步行街、一座 5 星级高档酒店和 5A 级写字楼组成的综合体，高低错落，层次丰富。其中酒店办公楼高 130m，是项目周边地区的绝对地标建筑，酒店空中大堂设在百米空中，大气磅礴，可俯瞰整个城市面貌。它还具备集中购物中心，以一流的规划设计，塑造城市新的大型商业中心。建筑概况如表 5.11 和图 5.11～图 5.13 所示，节能计算简图如图 5.14 所示。

表 5.11　　　　　河北石家庄荣盛华府二期荣盛中心概况一览表

工程名称	河北石家庄荣盛华府二期荣盛中心
工程地点	河北石家庄
地理位置	北纬 38.00°，东经 114.41°
建筑面积	地上 163733m²，地下 58707m²
建筑层数	地上 35 层，地下 3 层
建筑高度	地上 133.90m，地下 15.60m
建筑（节能计算）体积	623496.40m³
建筑（节能计算）外表面积	98077.20m²
体形系数	0.16
北向角度	90°
结构类型	框架剪力墙
外墙太阳辐射吸收系数	0.75
屋顶太阳辐射吸收系数	0.75

图 5.11　河北石家庄荣盛华府二期荣盛中心鸟瞰图

图 5.12　河北石家庄荣盛华府二期荣盛中心效果图一

图 5.13　河北石家庄荣盛华府二期荣盛中心效果图二

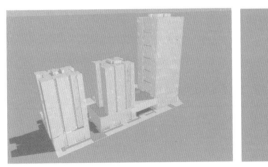

图 5.14　河北石家庄荣盛华府二期荣盛中心节能计算简图

2. 围护结构做法简要说明

（1）屋顶构造：细石混凝土（双向配筋）40mm＋聚合物砂浆（网格布）20mm＋挤塑聚苯乙烯泡沫板（XPS）（容重 $\rho＝30kg/m^3$）70mm＋水泥膨胀珍珠岩（容重 $\rho＝800kg/m^3$）20mm＋钢筋混凝土 120mm（由外到内）。

（2）外墙构造：石灰砂浆 20mm＋半硬质矿（岩）棉板（容重 $\rho＝100\sim$

180kg/m³）100mm＋加气混凝土砌块 200mm＋水泥砂浆 20mm（由外到内）。

（3）挑空楼板构造：水泥砂浆 20mm＋钢筋混凝土 120mm＋水泥砂浆 20mm＋挤塑聚苯板（容重 ρ＝25～32kg/m³）70mm＋水泥砂浆 20mm（由外到内）。

（4）非供暖房间与供暖房间楼板：水泥砂浆 20mm＋C15 豆石混凝土 50mm＋挤塑聚苯板（容重 ρ＝25～32kg/m³）30mm＋钢筋混凝土 120mm。

（5）非供暖房间与供暖房间隔墙一：石灰水泥砂浆（混合砂浆）20mm＋钢筋混凝土 200mm＋聚苯颗粒保温浆料（容重 ρ＝230kg/m³）30mm＋抗裂砂浆（网格布）5mm。

（6）非供暖房间与供暖房间隔墙二：石灰水泥砂浆（混合砂浆）20mm＋钢筋混凝土 200mm＋聚苯颗粒保温浆料（容重 ρ＝230kg/m³）30mm＋抗裂砂浆（网格布）5mm。

（7）外窗构造一：12mm 空气 Low-E 中空玻璃（在线）隔热铝合金窗（上限），传热系数 1.500W/(m²·K)，自身遮阳系数 0.200。

（8）外窗构造二：12mm 空气 Low-E 中空玻璃隔热铝合金窗（下限），传热系数 1.500W/(m²·K)，自身遮阳系数 0.200。

（9）周边地面构造：水泥砂浆 30mm＋细石混凝土（双向配筋）50mm＋聚苯板（EPS 板）30mm＋钢筋混凝土 100mm。

（10）采暖地下室外墙构造：钢筋混凝土 250mm＋石灰砂浆 20mm。

3. 窗墙比

窗墙比如表 5.12 所示。

表 5.12 　　　　河北石家庄荣盛华府二期荣盛中心窗墙比一览表

朝向	窗面积/m²	墙面积/m²	窗墙比	限值	结论
南向	11993.19	23167.46	0.52	0.70	适宜
北向	12005.22	23397.89	0.51	0.70	适宜
东向	8655.34	18947.13	0.46	0.70	适宜
西向	8910.13	18975.31	0.47	0.70	适宜
标准依据	《河北省公共建筑节能设计标准》（DB 13（J）81—2016）第 3.2.2 条				
标准要求	寒冷地区甲类公共建筑各单一立面窗墙面积比（包括透光幕墙）均不宜大于 0.70				
结　论	适宜				

4. 规定性指标检查结论

规定性指标检查结论如表 5.13 所示。

表 5.13　　河北石家庄荣盛华府二期荣盛中心规定性指标汇总表

序号	检查项	标准值	计算值	结论	可否性能权衡
1	体形系数	≤0.40	0.16	满足	
2	窗墙比	≤0.70	0.52	适宜	
3	可见光透射比	≥0.40	0.72	满足	
4	天窗类型	—	—	无天窗	
5	屋顶构造	≤0.45	0.41	满足	
6	外墙构造	≤0.50	0.38	满足	
7	挑空楼板构造	≤0.50	0.45	满足	
8	非供暖房间与供暖房间楼板	≤1.00	0.80	满足	
9	非供暖房间与供暖房间隔墙	≤1.50	1.21	满足	
10	外窗热工	≤1.50	1.50	满足	
11	周边地面构造	≥0.60	0.73	满足	
12	采暖地下室外墙构造	≥0.60	0.17	不满足	可
13	是否有凸窗	除南向外不应设置凸窗	无凸窗	满足	
14	有效通风换气面积	≥10%	无	不适宜	可
15	非中空窗面积比	≤15%	0	满足	
16	外窗气密性	≥7级	7级	满足	
17	外门气密性	≥4级	4级	满足	
18	幕墙气密性	≥3级	3级	满足	
结　论		本工程规定性设计指标满足《河北省公共建筑节能设计标准》[DB 13（J）81—2016]的要求			

5.1.5　包头青山客运站名晟广场

1. 建筑概况

包头青山客运站名晟广场项目是包头市国家公路运输客运枢纽站场之一。项目位于包头市青山区，南邻 110 国道，东临银海大道，距离京藏高速入口约 2km，地理位置优越，交通便利。本客运站为一级汽车客运站标准，设计生产能力为年平均日发送旅客 10000 人次，日发送班车 558 班次。

本项目使用功能包括客运站、商业体、超市、SOHO 办公、酒店式公寓等，总建筑面积为 145794.76m²，其中地上建筑面积为 96940.82m²，地下建筑面积 48853.94m²。建筑地上二十一层，地下二层，建筑高度为 88.75m。
建筑概况如图 5.15～图 5.18 和表 5.14 所示。

图 5.15 包头青山客运站鸟瞰图

图 5.16 包头青山客运站夜景鸟瞰图

图 5.17　包头青山客运站透视图

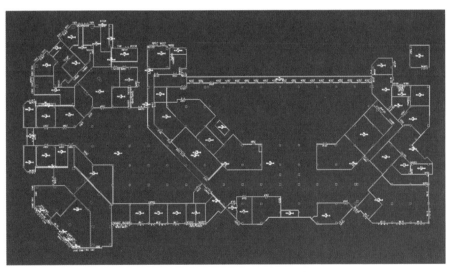

图 5.18　包头青山客运站平面示意图

表 5.14　　　　　　　　　包头青山客运站名晟广场概况一览表

工程名称	包头青山客运站名晟广场项目
工程地点	内蒙古包头
地理位置	北纬 41.00°，东经 110.00°
建筑面积	地上 96940.82m²，地下 48853.94m²
建筑层数	地上 21 层，地下 2 层

建筑高度	地上 79.20m，地下 8.40m
建筑（节能计算）体积	422320.68m³
建筑（节能计算）外表面积	48644.40m²
体形系数	0.12
北向角度	105°
结构类型	框架
外墙太阳辐射吸收系数	0.75
屋顶太阳辐射吸收系数	0.72

2. 围护结构做法简要说明

（1）屋顶构造一：细石混凝土 40mm＋石灰砂浆 10mm＋防水层（忽略保温性能）0mm＋细石混凝土 30mm＋挤塑聚苯板（带表皮）100mm＋水泥砂浆找平层 20mm＋憎水型珍珠岩（板）30mm＋水泥砂浆找平层 20mm＋钢筋混凝土 120mm＋混合砂浆（石灰水泥砂浆）15mm（由外到内）。

（2）屋顶构造二：压型铝合金板 10mm＋挤塑聚苯板 100mm＋压型钢板 10mm（由外到内）。

（3）外墙构造一：抗裂砂浆 10mm＋岩棉板（毡）100mm＋陶粒混凝土砌体 200mm＋水泥砂浆 20mm（由外到内）。

（4）外墙构造二：抗裂砂浆 5mm＋岩棉板（毡）100mm＋水泥砂浆找平层 5mm＋钢筋混凝土 200mm＋混合砂浆（石灰水泥砂浆）20mm（由外到内）。

（5）外墙构造三：抗裂砂浆 5mm＋岩棉板（毡）100mm＋水泥砂浆找平层 5mm＋钢筋混凝土 200mm＋混合砂浆（石灰水泥砂浆）20mm（由外到内）。

（6）外墙构造四：石材幕墙饰面 25mm＋岩棉板（毡）100mm＋陶粒混凝土砌体 200mm＋水泥砂浆 20mm（由外到内）。

（7）挑空楼板构造：水泥砂浆 20mm＋钢筋混凝土 100mm＋岩棉板（毡）120mm＋抗裂砂浆 5mm（由外到内）。

（8）外窗构造一：断桥铝框－6mm 高透光 Low-E＋12mm 氩气＋6mm 透

明玻璃，传热系数 2.000W/（m² · K），自身遮阳系数 0.496。

（9）外窗构造二：断桥铝框（框洞比 0.2）－6mm 高透光 Low-E＋12mm
氩气＋6mm 透明玻璃，传热系数 2.000W/（m² · K），自身遮阳系数 0.496。

（10）外窗构造三：8mm Low-E＋12mm 空气＋钢化夹胶玻璃（6mm＋
1.52mm＋8mm），传热系数 2.300W/（m² · K），自身遮阳系数 0.400。

（11）周边地面构造：水泥砂浆 20mm＋细石混凝土 40mm＋挤塑聚苯板
70mm＋防水层（忽略保温性能）20mm＋水泥砂浆 20mm＋细石混凝
土 50mm。

（12）采暖地下室外墙构造：抗裂砂浆 5mm＋岩棉板 100mm＋钢筋混凝
土 300mm＋混合砂浆（石灰水泥砂浆）20mm。

3. 窗墙比

窗墙比如表 5.15 所示。

表 5.15　　　　　包头青山客运站名晟广场窗墙比一览表

朝向	窗面积/m²	墙面积/m²	窗墙比	限值	结论
南向	2602.44	5587.51	0.47	0.60	适宜
北向	4172.90	8834.68	0.47	0.60	适宜
东向	4357.39	10270.11	0.42	0.60	适宜
西向	3309.12	7572.91	0.44	0.60	适宜
标准依据	《公共建筑节能设计标准》（GB 50189—2015）第 3.2.2 条				
标准要求	严寒地区甲类公共建筑各单一立面窗墙面积比（包括透光幕墙）均不宜大于 0.60				
结　论	适宜				

4. 规定性指标检查结论

规定性指标检查结论如表 5.16 所示。

表 5.16　　　　　包头青山客运站名晟广场规定性指标汇总表

序号	检查项	标准值	计算值	结论	可否性能权衡
1	体形系数	≤0.40	0.12	满足	
2	窗墙比	≤0.60	0.47	适宜	

序号	检查项	标准值	计算值	结论	可否性能权衡
3	可见光透射比	≥0.40	0.80	满足	
4	天窗类型	≤2.30	2.30	满足	
5	屋顶构造	≤0.35	0.34	满足	
6	外墙构造	≤0.43	0.42	满足	
7	挑空楼板构造	≤0.43	0.41	满足	
8	非供暖房间与供暖房间楼板	—	—		
9	非供暖房间与供暖房间隔墙	—	—		
10	外窗热工	≤2.00	2.00	满足	
11	周边地面构造	≥1.10	2.04	满足	
12	采暖地下室外墙构造	≥1.1	2.70	满足	
13	有效通风换气面积	≥10%	无	不适宜	可
14	非中空窗面积比	≤15%	0	满足	
15	外窗气密性	≥6级	6级	满足	
16	外门气密性	≥4级	4级	满足	
17	幕墙气密性	≥3级	3级	满足	
结 论		本工程规定性设计指标满足《河北省公共建筑节能设计标准》[DB13（J）81—2016]的要求			

5.2 夏热冬冷地区案例分析

5.2.1 万科·新站222地块2号住宅楼

1. 建筑概况

万科·新站222地块项目位于安徽省合肥市新站区中部，张衡路与王圩路交口的西南侧，非常便利地辐射京东方集团已建成和即将建设的三个现代化厂区，并依附新站区主要交通网络构成骨架——文忠路及东方大道。地块东、北、西侧均为规划居住用地，未来随着本项目的建成，该区域主要为改善性住房集聚地，对地区形成一定的交通和停车压力。地块周边规划教育、商业等配套资源，靠近少荃湖，具有良好的景观性和生态性。

本项目总用地面积 86260.88m²，总建筑面积 218397.89m²，其中地上建筑面积 168674.75m²，地下建筑面积 49723.14m²，建设内容包括 8 栋 26F～28F 住宅楼（主要位于地块北侧）、7 栋 18F 住宅楼、10 栋 11F 住宅楼（主要位于地块南侧）以及地块东南侧配套建设的 15 班幼儿园和社区用房（主要功能包括社区卫生服务站、社区用房、室内文体活动室）。地块容积率 2.00，绿地率 40%，满足规划指标要求。场地中央设置集中景观绿地，改善人居环境。项目概况如表 5.17 和图 5.19～图 5.22 所示。

表 5-17　　　　　万科·新站 222 地块 2 号住宅楼项目概况

工程名称	万科·新站 222 地块 2 号住宅楼
工程地点	安徽合肥
地理位置	北纬 31.87°，东经 117.23°
建筑面积	地上 168674m²，地下 49723m²
建筑层数	地上 29 层，地下 1 层
建筑高度	地上 84.10m，地下 3.90m
建筑（节能计算）体积	6383.80m³
建筑（节能计算）外表面积	19861.65m²
体形系数	0.36
北向角度	108.1°
结构类型	剪力墙结构
外墙太阳辐射吸收系数	0.75
屋顶太阳辐射吸收系数	0.72

图 5.19 万科·新站 222 地块总平面图

图 5.20 万科·新站 222 地块鸟瞰图

图 5.21　万科·新站 222 地块 2 号楼透视图

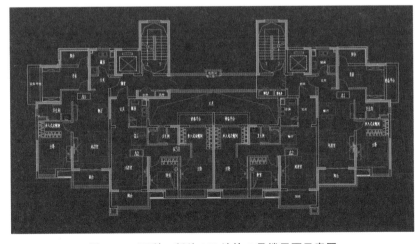

图 5.22　万科·新站 222 地块 2 号楼平面示意图

2. 围护结构做法简要说明

（1）屋顶构造：细石混凝土（40.0mm）＋水泥砂浆（10.0mm）＋挤塑聚苯板（80.0mm）＋水泥砂浆（20.0mm）＋陶粒混凝土（30.0mm）＋钢筋混凝土（120.0mm）＋石灰水泥砂浆（20.0mm）（由外到内）。

（2）外墙构造一：抗裂砂浆（5.0mm）＋匀质改性防火保温板（50.0mm）＋水泥砂浆（20.0mm）＋蒸压加气混凝土（B06）（200.0mm）＋石灰水泥砂浆（20.0mm）（由外到内）。

（3）挑空楼板构造：水泥砂浆（20.0mm）＋钢筋混凝土（200.0mm）＋挤塑聚苯板（30.0mm）＋抗裂砂浆（5.0mm）（由外到内）。

（4）外窗构造：塑钢（Low-E 中空玻璃 6mm 中透光 Low-E＋19mmA＋6mm），传热系数 $2.60W/(m^2 \cdot K)$，玻璃遮阳系数 0.64，气密性为 6 级，可见光透射比 0.62。

（5）分户墙类型：石灰水泥砂浆（20.0mm）＋蒸压加气混凝土（B06）（200.0mm）＋石灰水泥砂浆（20.0mm）。

（6）分户楼板类型一：细石混凝土（30.0mm）＋挤塑聚苯板（30.0mm）＋水泥砂浆（20.0mm）＋钢筋混凝土（120.0mm）＋石灰水泥砂浆（10.0mm）。

（7）分户楼板类型二：水泥砂浆（20.0mm）＋钢筋混凝土（120.0mm）＋石灰水泥砂浆（10.0mm）。

（8）楼梯间隔墙、封闭外走廊隔墙：石灰水泥砂浆（20.0mm）＋蒸压加气混凝土（B06）（200.0mm）＋石灰水泥砂浆（20.0mm）。

（9）通往封闭空间户门类型：节能外门，传热系数 $2.40W/(m^2 \cdot K)$。

（10）通往非封闭空间或户外户门类型：节能外门，传热系数 $2.40W/(m^2 \cdot K)$。

3. 窗墙比

窗墙比如表 5.18 所示。

表 5.18　　万科·新站 222 地块 2 号住宅楼项目窗墙比一览表

朝向	窗面积/m²	墙面积/m²	窗墙比	限值	结论
南向	716.07	2087.13	0.34	≤0.45	适宜
北向	371.79	2087.13	0.18	≤0.30	适宜

朝向	窗面积/m²	墙面积/m²	窗墙比	限值	结论
东向	2.52	1056.18	—	≤0.20	适宜
西向	—	1056.18	—	—	—
标准依据	《合肥市居住建筑节能设计标准》（DB 34/T 5059—2016）第4.2.2-1条				
结　论	适宜				

4. 规定性指标检查结论

规定性指标检查结论如表 5.19 和图 5.23 所示。

表 5.19　万科·新站 222 地块 2 号住宅楼项目规定性指标汇总表

序号	检查项		标准值	计算值	结论	可否性能权衡
1	体形系数		≤0.35	0.36	不满足	可
2	屋面的热工值		≤0.60	0.39	满足	
3	全楼加权外墙平均传热系数		≤1.10	0.83	满足	
4	底面接触室外空气的架空或外挑楼板		≤1.20	0.89	满足	
5	分户墙		≤1.50	1.26	满足	
6	楼梯间隔墙、封闭外走廊隔墙		≤1.80	1.29	满足	
7	分户楼板		≤1.80	1.03	满足	
8	通往封闭空间户门		≤2.40	2.40	满足	
9	通往非封闭空间户门		≤2.00	2.40	不满足	可
10	外窗传热系数		≤2.60	2.60	满足	
11	外窗综合遮阳系数		≥0.60	0.51	不满足	可
12	窗可开启面积占地面面积的比值	卧室等	≥6.60%	5.77%	不满足	可
		厨房	≥10.00%	15.14%	满足	
13	外窗的气密性		1～6层： ≥4级 7层及以上： ≥6级	1～6层： 6级 7层及以上： 6级	满足	

序号	检查项	标准值	计算值	结论	可否性能权衡
	结论	与《合肥市居住建筑节能设计标准》（DB 34/T 5059—2016）相比较，该建筑物的体形系数不满足第4.2.1-1条的标准要求；通往非封闭空间户门不满足第4.2.6-1条的标准要求；立面外窗综合遮阳系数不满足第4.2.6-1条的要求；窗可开启面积占地面面积的比值不满足第4.3.1-5条的要求，指标未完全满足《合肥市居住建筑节能设计标准》的要求			

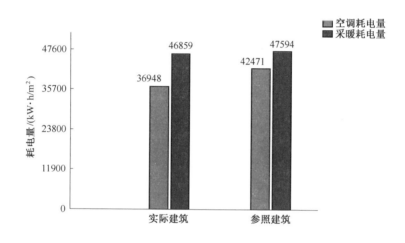

图 5.23 万科·新站 222 地块 2 号楼权衡能耗分析

该设计建筑的全年能耗小于参照建筑的全年能耗，因此该项目已达到《合肥市居住建筑节能设计标准》（DB 34/T 5059—2016）的节能要求。

5.2.2 湖南省湘潭市民之家

1. 建筑概况

湘潭市民之家位于湘潭市芙蓉中路北侧，东方红广场东部，东隔湖湘东路与湘潭市政府相邻，北隔湖湘南路与湖湘公园、梦泽山庄相望，西侧与位于东方红广场西部的湘潭市广电大楼呈东西对称格局，遥相呼应。本项目为单栋多层公共建筑，其使用功能主要由政务中心（大数据中心）、公共资源交易中心、湘潭大剧院三部分组成。建筑概况如表 5.20 和图 5.24～图 5.27 所示。

表 5.20 湖南省湘潭市民之家概况一览表

工程名称	湘潭市民之家
工程地点	湖南湘潭
地理位置	北纬 27.90°，东经 112.90°
建筑面积	地上 42727m²，地下 21013m²
建筑层数	地上 4 层，地下 1 层
建筑高度	地上 20.90m，地下 5.20m
建筑（节能计算）体积	242107.25m³
建筑（节能计算）外表面积	30042.63m²
体形系数	0.12
北向角度	353°
结构类型	框架结构
外墙太阳辐射吸收系数	0.75
屋顶太阳辐射吸收系数	0.75

图 5.24 湖南省湘潭市民之家鸟瞰图

图 5.25 湖南省湘潭市民之家透视图一

191

图 5.26　湖南省湘潭市民之家透视图二

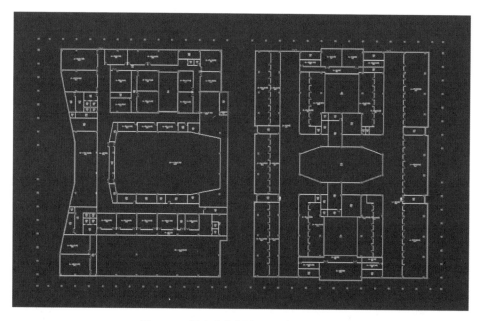

图 5.27　湖南省湘潭市民之家平面示意

2. 围护结构做法简要说明

（1）屋顶构造：加草黏土 400mm＋无纺聚酯纤维布一层 1mm＋钢筋混凝土 20mm＋无纺聚酯纤维布一层 1mm＋合成高分子防水涂膜 1mm＋SBS 改性沥青防水卷材 3mm＋SBS 改性沥青防水卷材 2mm＋水泥砂浆 20mm＋难燃型挤塑聚苯板 50mm＋水泥砂浆 20mm＋1∶7 陶粒混凝土找 2％坡 20mm＋钢筋

192

混凝土 120mm＋石灰水泥砂浆 20mm（由外到内）。

（2）外墙构造一：水泥砂浆 20mm＋陶粒增强泡沫混凝土砌块墙 200mm＋胶粘剂 5mm＋发泡水泥无机保温板 60mm＋耐碱玻纤网格布，抗裂砂浆 5mm＋水泥砂浆 20mm（由外到内）。

（3）外墙构造二：水泥砂浆 20mm＋钢筋混凝土 300mm＋胶粘剂 5mm＋发泡水泥无机保温板 60mm＋耐碱玻纤网格布，抗裂砂浆 5mm（由外到内）。

（4）外墙构造三：花岗岩、玄武岩 25mm＋聚氨酯防水涂料 1mm＋水泥砂浆 20mm＋陶粒增强泡沫混凝土砌块墙 200mm＋胶粘剂 5mm＋发泡水泥无机保温板 60mm＋耐碱玻纤网格布，抗裂砂浆 5mm＋水泥砂浆 20mm（由外到内）。

（5）外墙构造四（热桥板构造），水泥砂浆 20mm＋钢筋混凝土 200mm＋水泥砂浆 20mm（由外到内）。

（6）外墙构造五（热桥柱构造），水泥砂浆 20mm＋钢筋混凝土 400mm＋胶粘剂 5mm＋发泡水泥无机保温板 60mm＋耐碱玻纤网格布，抗裂砂浆 5mm（由外到内）。

（7）挑空楼板构造：水泥砂浆 20mm＋钢筋混凝土 120mm＋胶粘剂 5mm＋发泡水泥无机保温板 70mm＋耐碱玻纤网格布，抗裂砂浆 5mm＋水泥砂浆 20mm（由外到内）。

（8）外窗构造一：单框低辐射中空玻璃窗（断热铝合金窗框）6mm＋12mmA＋6mm，传热系数 2.300W/(m² · K)，自身遮阳系数 0.430。

（9）外窗构造二：单框低辐射中空玻璃窗（铝合金框玻璃幕）6mm＋12mmA＋6mm，传热系数 2.300W/(m² · K)，自身遮阳系数 0.380。

3. 窗墙比

窗墙比如表 5.21 所示。

表 5.21　　　　　湖南省湘潭市民之家窗墙比一览表

朝向	窗面积/m²	墙面积/m²	窗墙比	限值	结论
南向	2898.91	4813.93	0.60	0.70	适宜
北向	2987.79	4795.12	0.62	0.70	适宜
东向	2370.19	3773.72	0.63	0.70	适宜
西向	1969.58	3773.72	0.52	0.70	适宜

朝向	窗面积/m²	墙面积/m²	窗墙比	限值	结论
标准依据	《公共建筑节能设计标准》（GB 50189—2015）第 3.2.2 条				
标准要求	夏热冬冷地区甲类公共建筑各单一立面窗墙面积比（包括透光幕墙）均不宜大于 0.70				
结 论	适宜				

4. 规定性指标检查结论

规定性指标检查结论如表 5.22 所示。

表 5.22 　　　　　湖南省湘潭市民之家规定性指标汇总表

序号	检查项		标准值	计算值	结论	可否性能权衡
1	体形系数		≤0.40	0.12	满足	
2	窗墙比		≤0.60	0.42～0.47	适宜	
3	可见光透射比		≥0.40	0.48	满足	
4	天窗	天窗屋顶比	≤20%	2%	满足	
		传热系数	≤2.30	2.30	满足	
		综合太阳得热系数	≤0.30	0.33	不满足	可
5	屋顶构造		≤0.50	0.45	满足	
6	外墙构造		≤0.80	0.81	不满足	可
7	挑空楼板构造		≤0.70	0.92	不满足	可
8	外窗热工		≤2.20	2.30	不满足	可
9	有效通风换气面积		≥10%	无	不适宜	可
10	非中空窗面积比		≤15%	0	满足	
11	外窗气密性		≥6级	6级	满足	
12	幕墙气密性		≥3级	3级	满足	
结 论	本工程规定性指标设计不满足要求，需依据《公共建筑节能设计标准》（GB 50189—2015）的要求进行节能设计的权衡判断					

5. 综合权衡判断计算结果

综合权衡判断计算结果如表 5.23 所示。

表 5.23　　　　　　　　湖南省湘潭市民之家综合权衡判断表

项　目	设计建筑	参照建筑
全年供暖和空调总耗电量/(kWh/m²)	23.40	23.41
供冷耗电量/(kW·h/m²)	11.87	11.89
供热耗电量/(kW·h/m²)	11.53	11.52
耗冷量/(kW·h/m²)	29.67	29.72
耗热量/(kW·h/m²)	25.39	25.37
标准依据	《公共建筑节能设计标准》(GB 50189—2015) 第3.4.2条	
标准要求	设计建筑的能耗不大于参照建筑的能耗	
结　论	满足	

本工程设计建筑的采暖和空气调节能耗不大于参照建筑的采暖和空气调节能耗。权衡判断满足《公共建筑节能设计标准》(GB 50189—2015) 的要求。

5.2.3　湖北省红安县永河小学教学楼

1. 建筑概况

湖北省红安县永河小学是红安县义务教育薄弱学校改造规划项目，建设地点位于永佳河镇镇区内河东湾西，总用地面积 44631m²，总体规划新建教学楼两栋、综合楼两栋、学生食堂一栋、学生宿舍二栋及教师周转房等，开设 24 个班，容纳学生约 1200 人，配备各种功能室，打造一所一流的乡镇中心小学。建筑概况如表 5.24 以及图 5.28 和图 5.29 所示。

表 5.24　　　　　　湖北省红安县永河小学教学楼概况一览表

工程名称	湖北省红安县永河小学教学楼
工程地点	湖北红安
地理位置	北纬：30.44°；东经：114.86°
建筑面积	地上 1521m²；地下 0m²
建筑层数	地上 4 层；地下 0 层
建筑高度	地上 17.1m；地下 0m
建筑（节能计算）体积	6662.51m³
建筑（节能计算）外表面积	3038.24m²
体形系数	0.46
北向角度	90°
结构类型	框架结构
外墙太阳辐射吸收系数	0.75
屋顶太阳辐射吸收系数	0.75

图 5.28　湖北省红安县永河小学鸟瞰图

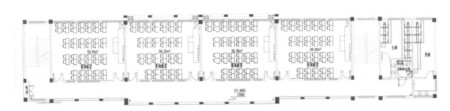

图 5.29　湖北省红安县永河小学教学楼平面图

2. 围护结构作法简要说明

（1）屋面类型：防滑地砖 8mm＋水泥砂浆 25mm＋碎石、卵石混凝土（容重 $\rho=2300kg/m^3$）40mm＋1：2.5 水泥砂浆找平层 20mm＋挤塑聚苯板（容重 $\rho=25\sim32kg/m^3$）60mm＋钢筋混凝土 120mm（自上而下）。

（2）外墙类型：水泥砂浆 20mm＋专用砌筑砂浆砌加气混凝土砌块墙 B07级 200mm＋挤塑聚苯板（容重 $\rho=25\sim32kg/m^3$）20mm＋水泥砂浆 20mm（由外至内）。

（3）底面接触室外空气的架空或外挑楼板：水泥砂浆 20mm＋钢筋混凝土 120mm＋水泥砂浆 20mm＋挤塑聚苯板（容重 $\rho=25\sim32kg/m^3$）45mm＋水

196

泥砂浆 20mm（由外至内）。

（4）外窗类型：低辐射中空玻璃，传热系数 2.400W/（m² · K），自身遮阳系数 0.450。

3. 窗墙比

窗墙比如表 5.25 所示。

表 5.25 湖北省红安县永河小学教学楼窗墙比一览表

朝向	窗面积/m²	墙面积/m²	窗墙比	限值	结论
南向	205.20	759.24	0.27	≤0.70	适宜
北向	327.22	759.24	0.43	≤0.70	适宜
东向	0.00	400.14	0.00	≤0.70	适宜
西向	0.00	400.14	0.00	≤0.70	适宜
标准依据	《公共建筑节能设计标准》（GB 50189—2015）第3.2.2条，夏热冬冷地区甲类公共建筑各单一立面窗墙面积比（包括透光幕墙）均不宜大于0.70				
结　论	适宜				

4. 规定性指标检查结论

规定性指标检查结论如表 5.26 所示。

表 5.26 湖北省红安县永河小学教学楼项目规定性指标汇总表

序号	检查项	标准值	计算值	结论	可否性能权衡
1	体形系数	—	0.46	满足	
2	屋面的热工值	≤0.50	0.43	满足	
3	全楼加权外墙平均传热系数	≤0.80	0.75	满足	
4	底面接触室外空气的架空或外挑楼板	≤0.70	0.65	满足	
5	外窗传热系数	≤2.40	2.40	满足	
6	外窗的气密性	≥4级	6级	满足	
结　论	满足《公共建筑节能设计标准》（GB 50189—2015）的要求				

5. 综合权衡判断计算结果

综合权衡判断计算结果如表 5.27 所示。

表 5.27　　　　湖北省红安县永河小学教学楼项目综合权衡判断表

项　目	设计建筑	参照建筑
全年供暖和空调总耗电量/[(kW・h)/m²]	31.88	32.91
供冷耗电量/[(kW・h)/m²]	13.38	13.79
供热耗电量/[(kW・h)/m²]	18.50	19.12
耗冷量/[(kW・h)/m²]	33.44	34.48
耗热量/[(kW・h)/m²]	40.75	42.11
标准依据	《公共建筑节能设计标准》（GB 50189—2015）第 3.4.2 条	
标准要求	设计建筑的能耗不大于参照建筑的能耗	
结　论	满足	

本工程设计建筑的采暖和空气调节能耗不大于参照建筑的采暖和空气调节能耗。权衡判断满足《公共建筑节能设计标准》（GB 50189—2015）的要求。

5.3　夏热冬暖地区案例分析

5.3.1　海南西海岸新区南片区 B3201 地块项目

1. 建筑概况

西海岸新区南片区 B3201 地块项目为高端住宅项目。建设用地位于海口市西海岸南片区，北靠长滨东六街，东临长滨路，西临长滨七路，距离市政府仅 1km，距环岛东线高铁海口火车站约 4.8km，驾车约半小时即可到达市中心。

项目总用地面积 43150.07m²，总建筑面积 106896.59m²，其中计容面积 86300.11m²，住宅面积 84551.92m²，综合楼面积 1366.69m²，配套用房面积 381.5m²，容积率为 2.0。

项目总投资 72439.25 万元，结构类型为框剪结构。

建筑概况如表 5.28 以及图 5.30 和图 5.31 所示。

表 5.28   海南西海岸新区南片区 **B3201** 地块项目概况一览表

工程名称	西海岸新区南片区 B3201 地块 7~10 号楼
工程地点	海南海口
地理位置	北纬 20.00°，东经 110.35°
建筑面积	地上 12542.97m²，地下 0m²
建筑层数	地上 18 层，地下 0 层
建筑高度	地上 55.40m，地下 0m
建筑（节能计算）体积	32539.00m³
建筑（节能计算）外表面积	12928.25m²
北向角度	90°
结构类型	剪力墙结构
外墙太阳辐射吸收系数	0.75
屋顶太阳辐射吸收系数	0.75

图 5.30   海南西海岸新区南片区 **B3201** 地块鸟瞰图

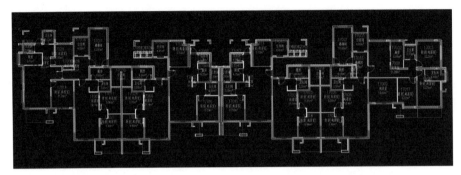

图5.31　海南西海岸新区南片区B3201地块住宅平面示意图

2. 围护结构做法简要说明

（1）屋顶构造（上人平屋面）：地砖8mm＋水泥砂浆25mm＋C30细石混凝土（容重ρ＝2300kg/m³）40mm＋石油沥青油毡＋难燃型挤塑聚苯板30mm＋自粘防水卷材＋水泥砂浆20mm＋水泥膨胀珍珠岩（容重ρ＝200kg/m³）20mm＋钢筋混凝土120mm＋石灰水泥、砂浆20mm（由外到内）。

（2）外墙构造一：水泥砂浆20mm＋灰砂砖砌块墙200mm＋水泥砂浆25mm（由外到内）。

（3）外墙构造二：水泥砂浆20mm＋灰砂砖砌块墙200mm＋无机保温砂浆25mm（由外到内）。

（4）外墙构造二（热桥板构造），水泥砂浆20mm＋钢筋混凝土200mm＋水泥砂浆20mm（由外到内）。

（5）外墙构造三（热桥板、柱构造），水泥砂浆20mm＋钢筋混凝土200mm＋无机保温砂浆25mm（由外到内）。

（6）外窗构造一：普通铝合金窗＋无色透明中空玻璃，传热系数4.000W/(m²·K)，自身遮阳系数0.750。

3. 窗墙比

窗墙比如表5.29所示。

表5.29　　海南西海岸新区南片区B3201地块项目窗墙比一览表

朝向	窗面积/m²	墙面积/m²	窗墙比	限值	结论
南向	435.96	3524.95	0.12	0.40	满足
北向	418.68	3524.90	0.12	0.40	满足
东向	33.66	2332.04	0.01	0.30	满足

续表

朝向	窗面积/m²	墙面积/m²	窗墙比	限值	结论
西向	133.20	2332.04	0.06	0.30	满足
标准依据	《夏热冬暖地区居住建筑节能设计标准》（JGJ 75—2012）第4.0.4 条				
标准要求	各朝向窗墙比和平均窗墙比不超过限值				
结　论	满足				

4. 规定性指标检查结论

规定性指标检查结论如表 5.30 所示。

表 5.30　　海南西海岸新区南片区 B3201 地块规定性指标汇总表

序号	检查项		标准值	计算值	结论	可否性能权衡
1	窗墙比		≤0.30	0.09	满足	
2	窗地比		≥1/7	0.1692	满足	
3	可见光透射比		≥0.40	0.71	满足	
4	天窗	天窗屋顶比	—	—	—	—
		传热系数	—	—	—	—
		综合太阳得热系数	—	—	—	—
5	屋顶构造		≤0.90	0.73	满足	
6	外墙构造		≤2.50	2.60	不满足	可
7	挑空楼板构造		—	—	—	—
8	外窗热工	传热系数	≤4.00	4.00	不满足	可
		外遮阳系数	≤0.80	0.67	满足	
9	有效通风换气面积		≥10%	7%	不满足	可
10	隔热检查		≤36.3	34.5	满足	
11	外窗气密性		≥6 级	6 级	满足	
12	幕墙气密性		≥3 级	3 级	满足	
结　论	本建筑按《夏热冬暖地区居住建筑节能设计标准》（DB J75—2012）之规定进行强制性条文和必须满足条款的规定性指标检查，结果未能达标，按标准规定继续进行热工性能权衡判断					

5. 综合权衡判断计算结果

综合权衡判断计算结果如表 5.31 所示。

表 5.31　　　　海南西海岸新区南片区 B3201 地块综合权衡判断表

项　目	设计建筑	参照建筑
总能耗/(kW·h/m²)	42.30	43.91
相对于基础建筑的节能率	51.83%	
相对于参照建筑的节能率	3.66%	
标准依据	《夏热冬暖地区居住建筑节能设计标准》（JGJ 75—2012）第5.0.1条	
标准要求	设计建筑的能耗不得超过参照建筑的能耗	
结　论	满足	

本工程设计建筑的能耗不大于参照建筑的能耗。本次节能设计符合《夏热冬暖地区居住建筑节能设计标准》（JGJ 75—2012）的要求。

5.3.2　广东横岗中心小学

1. 建筑概况

横岗中心小学占地面积为 28158m²，现办学规模为 36 个班，学位数 1620 个，学校现有建筑面积 13463.03m²，现拟扩建为 54 个班，扩建建筑面积为 9326m²，其中教学综合楼 7500m²、连廊 426m²、地下室面积（不计容积率面积）1400m²。扩建后的总建筑面积将达到 22789.03m²，新增学位 810 个，总学位 2430 个，容积率为 0.76，建筑覆盖率 30%，绿地覆盖率 35%，停车位 20/30 个（地上/地下）。

建筑概况如表 5.32 和图 5.32～图 5.34 所示。

表 5.32　　　　　　　横岗中心小学教学楼项目概况一览表

工程名称	横岗中心小学教学楼
工程地点	广东深圳
地理位置	北纬 22.61°，东经 114.06°
建筑面积	地上 7500m²，地下 0m²
建筑层数	地上 6 层，地下 0 层
建筑高度	地上 22.80m，地下 0m
建筑（节能计算）体积	20492.35m³
建筑（节能计算）外表面积	7582.17m²
北向角度	76°
结构类型	框架结构
外墙太阳辐射吸收系数	0.65
屋顶太阳辐射吸收系数	0.70

图 5.32　广东横岗中心小学鸟瞰图

图 5.33　广东横岗中心小学透视图一

图 5.34 广东横岗中心小学透视图二

2. 围护结构做法简要说明

（1）屋顶构造（上人平屋面）：地砖 10mm＋水泥砂浆 20mm＋C30 细石混凝土（容重 $\rho＝2300kg/m^3$）50mm＋挤塑聚苯乙烯泡沫板 32mm＋水泥砂浆 20mm＋钢筋混凝土 120mm＋石灰水泥砂浆 20mm（由外到内）。

（2）外墙构造一：面砖 6mm＋水泥砂浆 25mm＋加气混凝土砌块（B07 级）墙 200mm＋水泥砂浆 20mm（由外到内）。

（3）外墙构造二（热桥板构造），面砖 6mm＋水泥砂浆 25mm＋钢筋混凝土 200mm＋水泥砂浆 20mm（由外到内）。

（4）底部架空楼板：地砖 10mm＋水泥砂浆 40mm＋钢筋混凝土 120mm＋水泥砂浆 20mm（由上到下）。

（5）外窗构造一：普通铝合金窗＋无色透明中空玻璃，传热系数 4.000W/(m²·K)，自身遮阳系数 0.93。

（6）外窗构造二：铝合金＋6mm 中透光 Low-E＋12mm 空气＋6mm 透明，传热系数 3.500W/(m²·K)，自身遮阳系数 0.500。

3. 窗墙比

窗墙比如表 5.33 所示。

表 5.33　　　　　　　横岗中心小学教学楼窗墙比一览表

朝向	窗面积/m²	墙面积/m²	窗墙比	限值	结论
南向	529.950	2123.681	0.250	0.70	满足
北向	569.520	2122.950	0.268	0.70	满足
东向	26.640	1042.320	0.026	0.70	满足
西向	165.840	1043.220	0.159	0.70	满足
标准依据	《夏热冬暖地区居住建筑节能设计标准》（JG J75—2012）第 4.0.4 条				
标准要求	各朝向窗墙比和平均窗墙比不超过限值				
结　论	满足				

4. 规定性指标检查结论

规定性指标检查结论如表 5.34 所示。

表 5.34　　　　　　　横岗中心小学教学楼规定性指标汇总表

序号	检查项		标准值	计算值	结论	可否性能权衡
1	窗墙比		≤0.70	0.204	满足	
2	窗地比		≥1/7	0.1692	满足	
3	可见光透射比		≥0.40	0.62	满足	
4	天窗	天窗屋顶比	—	—	—	
		传热系数	—	—	—	
		综合太阳得热系数	—	—	—	
5	屋顶构造		≤0.90	0.847	满足	
6	外墙构造		≤1.50	1.812	不满足	可
7	挑空楼板构造		≤1.50	3.507	不满足	可
8	外窗热工	传热系数	≤4.70	3.50	满足	
		外遮阳系数	≤0.80	0.45	满足	
9	有效通风换气面积		≥10%	0.467	满足	
10	外窗气密性		≥6 级	6 级	满足	
11	幕墙气密性		≥3 级	3 级	满足	
结　论	本工程规定性指标设计不满足要求，需依据《〈公共建筑节能设计标准〉深圳市实施细则》的要求进行节能设计的权衡判断					

5. 综合权衡判断计算结果

综合权衡判断计算结果如表 5.35 所示。

表 5.35 横岗中心小学教学楼综合权衡判断表

项　目	设计建筑	参照建筑
总能耗/(kW·h/m²)	102.69	105.23
相对于基础建筑的节能率	51.21%	
标准依据	《〈公共建筑节能设计标准〉深圳市实施细则》	
标准要求	设计建筑的能耗不得超过参照建筑的能耗	
结　论	满足	

本建筑按照性能指标进行建筑节能设计，满足《〈公共建筑节能设计标准〉深圳市实施细则》的要求。

5.4 既有建筑节能改造案例分析

5.4.1 武汉建设大厦概况

武汉建设大厦位于武汉市常青路与振兴路交汇处，该项目为既有建筑改造工程，2012 年由原闲置的商业建筑改建为武汉市城乡建设委员会办公楼，于 2012 年 10 月获得三星级"绿色建筑设计标识"，2013 年获得全国绿色建筑创新奖一等奖。

武汉建设大厦占地面积 6360m²，总建筑面积 25318m²，其中地下室面积 3934.90m²，地上五层，地下一层，一二楼之间局部含有夹层。

武汉建设大厦的原有建筑外观如图 5.35 所示。该建筑始建于 20 世纪 90 年代中期，原设计为大型商场，项目建成后闲置了一段时间即改造为军事博物馆，此后三江航天集团购买该楼用于办公，2008 年后再次闲置。2011 年武汉市城乡建设委员会决定租赁该楼，实施综合改造工程，作为武汉市建委机关的办公用房。该建筑改造后的外观如图 5.36 所示。

项目主要改造内容为：平面使用功能转化改造，共享空间功能改造，屋顶构造改造，窗户及外墙改造，地下室及停车系统改造，以及内部装饰、空调通风系统、供电照明系统、消防系统、弱电工程、给排水系统、绿化与景观系统的改造等。

图 5.35　原有建筑　　　　　　　　图 5.36　新建建筑

5.4.2　节能关键技术

武汉建设大厦在充分利用既有建筑的建筑主体、部分原有设备以实现节材与环保理念的同时也对绿色建筑的设计创作提出了更高的要求。与新建建筑有所不同的是，既有建筑的绿色改造在选用绿色技术方面会受到一定的限制，这在另一个层面对选用绿色技术的适宜性提出了较高的要求。因此，我们在制定整个项目的绿色改造技术路线的初期提出不追求建筑的某一方面性能的最佳，而以在充分利用建筑原有条件与建筑性能优化之间寻求平衡作为设计原则。在此基础上，结合建筑的实际情况，尤其是在大部分保留原有设备系统的基础上，经过反复比较和甄选，提出了一套有别于常规绿色建筑的技术措施，实践了以被动优先、主动优化为原则的绿色建筑理念，为低成本、常规技术的绿色建筑创作做出了有益的尝试。

5.4.2.1　建筑设计

武汉建设大厦在绿色改造过程中系统地采用了双层隔热表皮、高效节能窗与中空玻璃内置百叶窗、垂直绿化、可透水地面、自然通风、自然采光等被动式技术，与建筑的改造进行了有机集成。

1. 在围护结构方面

建设大厦改造过程中在保留原有外墙的同时，在外墙的外侧采用木塑板增加一层格栅形成双层构造（以下称为双层隔热表皮，见图 5.37），可通过外侧表皮中格栅的遮阳与空气间层的通风作用提高围护结构的隔热性能，有效降低夏季外墙内侧表皮的表面温度。

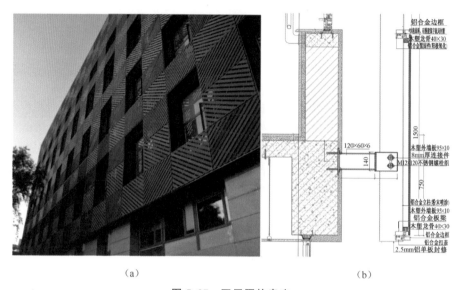

铝合金边框
铝合金板上铝合金龙骨
木塑龙骨40×30
铝合金紧固件(阳极氧化)

120×60×6

1500

木塑外墙板95×10
8mm厚连接件
M12×120不锈钢缩栓组

140

750

铝合金立柱(粉末喷涂)
木塑外墙板95×10
铝合金板梁
木塑龙骨40×30
铝合金边框
铝合金扣盖
2.5mm铝单板封修

（a） （b）

图 5.37　双层隔热表皮

（a）立面；（b）墙体构造图

2. 在促进自然通风方面

通过夏季及过渡季的室外自然通风模拟，武汉建设大厦在夏季及过渡季的主导风向下迎风面与背风面的压力差均在 1.5Pa 以上，有利于促进室内自然通风。同时，大厦将图 5.38 中所示原建筑封闭式中庭的玻璃穹顶下部改为开敞式设计，进一步促进了大厦的室内自然通风。玻璃穹顶开敞前后对比如图 5.39 所示，可看出玻璃穹顶的开敞对于自然通风的促进效果十分明显，使中庭部分的平均风速从开敞前的 0.1m/s 左右提高到 0.3m/s 以上。实际使用过程中也可在穹顶的开口部明显感受到通风效果。

图 5.38　玻璃穹顶改造

3. 在促进自然采光方面

由于原建筑设计为商场建筑，因此具有进深大、室内自然采光不足的缺

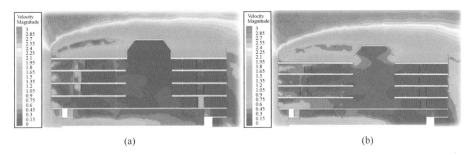

(a)   (b)

图 5.39 玻璃穹顶改造前后室内风环境对比

（a）改建前；（b）改建后

陷。在改造过程中通过保留原有中庭，并沿中庭周边办公空间采用玻璃隔断的方式，使中庭周边办公空间的自然采光效果大为改善；将位于一层的多功能厅的顶部设计为玻璃顶，使多功能厅可直接利用上部中庭的自然光进行采光，同时也具有良好的视觉效果（见图 5.40），实现了建筑艺术与技术的完美结合。

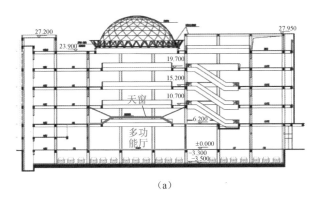

（a）

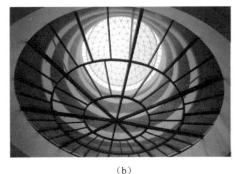

（b）

图 5.40 多功能厅的天窗（上部浅色部分为玻璃穹顶）

（a）中庭剖面图；（b）多功能厅天窗

在武汉建设大厦由原来的商场建筑改造为办公建筑的功能转化设计过程中，针对原建筑大进深的平面形式不利于办公建筑的自然采光与自然通风的问题，通过采用上述保留中庭空间以及将穹顶下部开放的设计策略，将原属于建筑室内并需要消耗大量空调与采暖能耗的中庭空间变更为建筑的室外空间（中庭周边的墙体按照外墙要求设置保温构造），减少室内面积约 $2340m^2$，从而减少了需要采暖与空调的室内容积约 $41418m^3$，并将采暖空调能耗大大降低。通过采用 PKPM 软件计算，本项目改造后建筑节能率为 53.48%。同时，本项目将中庭作为室外空间，不仅有利于自然通风，而且取消了空调采暖能耗供给，经计算，除去中庭后，建筑基准年能耗减少了 12.47%。因此，本项目综合节能率达到 65.95%。

5.4.2.2 空调系统设计

1. 空调冷热源

经计算，夏季日最大冷负荷约为 2450kW，冬季热负荷约为 1050kW，该工程原有设备容量完全可满足现有负荷要求，因此本改造工程仍使用原有冷热源设备，并针对使用功能和负荷的变化情况对原冷热源进行适当改造，主要内容为：

（1）冷冻水系统改一次泵变流量系统，冷冻水泵变频运行。

（2）冷却水根据回水温度调节冷却塔运行台数，达到节能目的。

（3）电热水锅炉改为全量蓄热。

（4）冷冻水系统按分区设置计量装置。

（5）对使用时间特殊的区域增加了变频多联机空调系统。

除了集中空调系统外，由于一层夹层层高受限和五层的高级办公室使用时间的特殊要求，设计考虑在以上两个区域采用变频多联机空调系统。

原空调采暖系统按分量储热模式设计，配备两台 540kW 的电热水机组，储热装置设计采用 $\phi4400\times3000mm$ 的储热罐 3 个，容积 $45m^3/$个。经计算，蓄热罐总蓄热量为 5499.4kW·h，蓄热时间 5.25h，日总负荷约为 5266kW·h，因此改造后系统为全量蓄热模式。该系统的主要优点如下：

（1）有利于电厂的削峰填谷，提高电网的安全性。

（2）充分利用廉价的低谷电，降低运行费用。

（3）系统运行的自动化程度高。

（4）无噪声、无污染、无明火，消防要求低。

2. 空调风系统

由于整个建筑结构无法改变，且经检测原有末端空气处理机组性能良好，故可以充分利用原有空调系统，只是在原有系统的基础上进行改造。图 5.41 所示为空调风系统改造前中后对比图。主要改造内容为风道改造、末端改造及空调机房改造。

图 5.41　空调风系统改造前中后对比图

本工程一层大堂及公共办公区采用全空气系统，上送下回气流组织形式，过渡季节可以全新风运行。二层至五层办公采用变风量空调系统（VAV），末端采用单风管型变风量末端。系统运行时，由变风量空调箱送出的一次风经末端装置内的风阀调节后送入空调区域。为解决室内空气污染问题，在变风量空调机组主送风管内安装 NC 纳米光子空气净化装置。本工程变风量系统采用定静压控制模式。该系统与其他空调系统相比具有以下优势：

（1）部分负荷时风机可实现变频调速，运行节能。

（2）有效控制噪声，气流组织良好，人体舒适度增强。

（3）送风系统及室内空气品质各参数精确控制和显示，提高智能化程度。

（4）区域温度可独立控制。

此外，现代办公建筑的特点是使用时间上的差异很大，有些办公单元可能在非工作时间使用。如果采用中央空调在特殊时间使用，必然是大马拉小车，部分负荷性能较差。为弥补中央空调的上述缺陷，在设计上对食堂、重要会议室、高级办公区设置变冷剂多联空调系统（VRV），如图 5.42 所示。

本工程由于原有的玻璃纤维复合风管使用年限较长，已经出现断裂、剥落等现象，故拆除原有风管，全部风管改为采用镀锌钢板制作。

在空调机房改造中，为适应新的节能设计标准，将空调机组加装了风机变频控制器，主要有两个作用：一是实现空调系统的变风量运行，二是使原有设备与改造后的设计工况相匹配。

图 5.42　新增 VRV 空调系统

3. 空调水系统

原空调水系统为两管制定流量，分为两个立管系统，均为异程布置。本次改造虽然保留了所有空调水系统，但冷冻水系统由定流量改为变流量，在空气处理机组的回水管上加装了比例积分调节阀，根据回水温度调节流量。

4. 自控系统

本工程进行了以下自控方面的设置：

（1）空调风系统。

1）室内温度的控制：每个 VAV BOX 末端在相应的位置设置温度感应及控制器，可以根据室内的具体设定及负荷情况调节 VAV BOX 的阀片开度，调节一次送风量，以达到室内最佳的舒适度。

2）变风量空调送风采用定静压控制方式。根据送风静压调节送风机转速：设置风管静压值为 250Pa，在送风管上设置静压传感器，与设定值比较，根据送风静压的变化调节送风机频率，保证送风管静压稳定在设定值，控制精度为 ±10Pa。

3）新风量的控制：设置回风 CO_2 的浓度传感器，根据其浓度值调节新风阀开度，保证房间新风要求。

（2）空调水系统。

1）根据送风温度调节冷/热水阀门：根据送风温度的变化自动调节冷冻回水管上的温控比例积分电动二通阀的开度，当送风温度大于设定值时调节电动二通阀使其开度变大，当送风温度小于设定值时调节电动二通阀使其开度变小，从而确保送风温度的恒定。

2）空调冷冻水泵增加了变频装置，水泵调节幅度为 $76.4\%\sim100\%$ ，干管控制压差为 $15.6\mathrm{mH_2O}$ 。根据供回水管之间的压差情况调节水泵转速，进而调节系统水流量，适应负荷变化的需要。

3）冷却塔开启台数根据冷水机组开启台数来确定，并根据冷却水温度启停风机台数，达到节能目的。

5. **自然通风系统**

本改造工程将原有的室内中庭通过在顶部开启外窗形成自然通风的通道。温度比较低的空气可以从下面的门窗进入，吸收室内热量后温度升高，然后从顶部排出。这样可以在过渡季节实现室内的全面通风，大大改善了室内的空气品质，也有利于自然采光，在过渡季节可以节约不少空调能耗。

6. **空调用电计量系统**

根据《湖北省国家机关办公建筑和大型公共建筑用能计量设计暂行规定》，需要对大型公共建筑空调系统配置相应的用电计量系统。目前，分类能耗数据采集指标中电量应分为 4 项分项能耗数据采集指标，包括照明插座用电、空调用电、动力用电和特殊用电，其他分类能耗不需分项。空调系统的用电计量往往作为一栋大楼整体用电计量系统的一部分。

计量系统的意义在于：

（1）用户可以清楚地知道不同区域或不同设备的用电量，并通过一些能耗数据的分析挖掘出设备自身节能的潜力。

（2）可以发现节能管理的漏洞。

（3）督促空调用户养成节能运行的习惯，培养用户的节能意识，也为后期物业管理打下了良好的基础。

本工程在空调冷热总管上安装了独立的电表及能量表，各层空调水支管上也安装了能量表，可以对空调的能耗进行计量和管理。

5.4.2.3 太阳能光热建筑一体化设计

武汉建设大厦项目采用的太阳能光热建筑一体化技术可以满足生活热水及厨房热水需求。其中太阳能光热设备组件——平板式太阳能光热板作为建筑顶层乒乓球室的屋面（见图 5.43、图 5.44）围护构件，直接成为屋顶围护结构的组成部分，在其下部仅增加一层格栅吊顶，形成乒乓球室的屋面。太阳能光热组件与建筑的有机结合一方面提高了可再生能源的使用量，另一方面也减少了材料消耗。其产生的生活热水可满足大厦全年生活热水消耗量的 86.7% 。

图 5.43　太阳能热水与屋面一体化

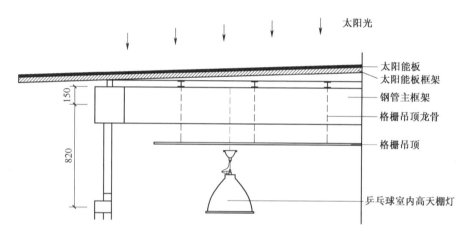

图 5.44　太阳能光热屋面构造

5.4.3　设计室内参数及模拟能耗

武汉建设大厦依据相关的国家及武汉地方设计标准，采暖与空调系统设计室内参数如表 5.36 所示。

表 5.36　　　　　　　　　　空调室内设计参数

房间名称	夏　季		冬　季		最小新风量	噪声标准
	设计温度/℃	相对湿度（%）	设计温度/℃	相对湿度（%）	/[m³/(h·人)]	/[dB(A)]
门厅	27	65	18	40	20	—
多功能厅	25	65	20	40	20	

房间名称	夏　季		冬　季		最小新风量	噪声标准
	设计温度/℃	相对湿度（%）	设计温度/℃	相对湿度（%）	/[m³/(h·人)]	/[dB(A)]
开敞办公区	25	65	20	40	40	45
办公室	25	65	20	40	30	45
接待	26	65	20	40	30	45
餐厅	26	65	18	40	40	50
包房	25	65	20	40	40	50
资料室	27	65	18	40	30	45
会议室	25	65	20	40	40	45

5.4.4　实际运行室内环境及能耗

5.4.4.1　围护结构隔热性能

2012 年 7 月 17～19 日针对武汉建设大厦的双层隔热表皮的热工性能进行了实测。在武汉建设大厦的实测中设置了三个测点，即楼顶测点以及三层、五层测点。楼顶测点用于测量背景气象数据，测量项目包括风速、风向、太阳辐射强度、气温、相对湿度。三楼及五楼测点设置在西南墙体中间部分（三楼实测点如图 5.45 所示，五楼实测点与其对应设置），测量项目为格栅外表面温度及热流量、墙体内外表面温度及热流量、室内温度、空气间层温度及风速。此外，三层及五层测点测定室内的内墙表面温度的房间均为未使用空调的自然通风房间。

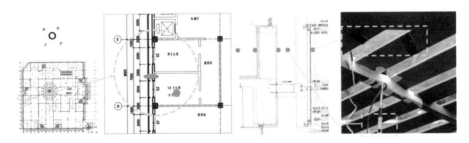

图 5.45　三楼测点及各仪器安装位置

从图 5.46 中可以看出内侧墙体外表皮的表面温度较外表皮的表面温度低 4～6℃，内侧墙体内表面的表面温度在昼间基本维持在 30℃，较好地抑制了

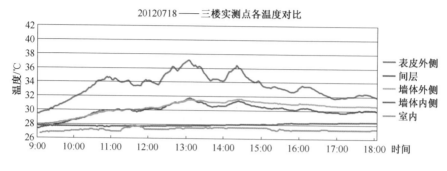

图 5.46　表面温度实测结果

注：间层及室内分别为空气间层与室内的气温，室内为一个未使用空调的自然通风房间

室内气温的上升（室内房间未使用空调），使室内气温基本维持在 29℃。双层隔热表皮形成深窗的形式，提高了外窗的遮阳效果，从而降低了夏季空调能耗。

5.4.4.2　实际运行能耗

武汉建设大厦消耗的能源主要是用于采暖空调、照明、办公设备以及特殊功能设备的电力。大厦在改造过程中增设能耗监控平台，并提供大厦逐日的分项能耗数据。大厦中包含的一个职工食堂，因安全原因不使用燃气，而以电力作为能源，在能耗数据中列入特殊功能设备。此处以 2013 年全年的数据对武汉建设大厦的能耗状况进行分析。

图 5.47、图 5.48 分别表示武汉建设大厦全年及逐月建筑能耗状况。武汉建设大厦在 2013 年全年的总能耗为 154.91 万千瓦时，平均单位建筑面积能耗 61.19(kW·h)/(m^2·a)。大厦的能耗水平明显低于武汉市政府办公建筑的平均能耗水平，属于低能耗办公建筑。大厦各部分能耗中比例分析如下：

（1）暖通空调能耗为 43.44(kW·h)/(m^2·a)，占大厦全年总能耗的 71%。其中，冬季的采暖能耗为 26.45(kW·h)/(m^2·a)，较夏季的空调能耗 [16.99(kW·h)/(m^2·a)] 高出 15%，其原因在于大厦在改造过程中将建筑原有保养良好的电锅炉及蓄热罐进行保留，在夜间进行加热蓄能，一方面节约建设成本，另一方面利用峰谷电价，实现了建筑原有条件保留与建筑性能优化的平衡。

（2）特殊功能设备能耗为 9.79(kW·h)/(m^2·a)，占大厦全年总能耗的 16%。特殊功能设备能耗占比偏高的原因在于其除了包含信息中心的弱电系统及其 VRV 空调设备用电外，还包含了职工食堂的食物加工用电。

（3）照明插座能耗为 $7.21(kW \cdot h)/(m^2 \cdot a)$，占大厦全年总能耗的 12%。照明能耗比较低的原因在于建筑改造的平面设计过程中保留了中庭空间，并根据采光模拟分析的结果将对采光要求较高的办公室设置在外墙及中庭附近，而将对采光要求不高的会议室及档案室等辅助用房设置在采光条件不好的区域，充分利用了自然采光，降低了照明能耗。

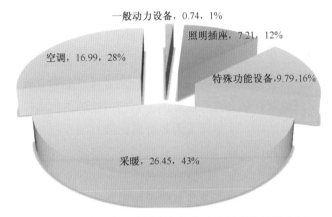

图 5.47　武汉建设大厦全年单位建筑面积电耗拆分图

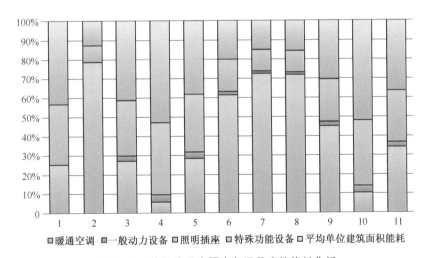

图 5.48　武汉建设大厦全年逐月建筑能耗分析

5.4.5　案例分析与总结

随着我国城市建设的快速发展，出现了"短命建筑"现象，造成资源的大量浪费。武汉建设大厦是在基本闲置的老旧建筑基础上通过建筑功能的转化（由商业建筑转化为政府办公建筑）实现绿色改造的案例，通过建筑设计与机电设备的优化设计，基本实现了原有建筑与机电设备的保留改造和改建后建筑性能提升之间的良好平衡，这一成果丰富了既有建筑绿色改造的内涵，保证了闲置建筑在全寿命周期内的可持续使用。

总体来看，武汉建设大厦的单位建筑面积能耗为 $61.19kW \cdot h/(m^2 \cdot a)$，明显低于武汉市 2 万平方米以上政府机构办公楼的平均能耗。对上述模拟及调研的结果进行分析，可为夏热冬冷地区建筑的绿色改造提供如下启示：

（1）在实现既有建筑功能转化的同时，根据新的建筑功能需求，通过优化建筑平面布局与室内空间组织，促进建筑的自然通风，能够有效地降低建筑夏季及过渡季的空调能耗；结合建筑原有围护结构进行隔热构造设计，可有效控制建筑外墙的内表面温度，在提高室内热舒适的同时减少空调能耗。此外，对于大进深建筑，通过利用中庭空间进行自然采光，能够有效减少照明能耗。

（2）武汉建设大厦在大量保留原有空调设备的基础上对原有设备进行升级改造与再利用，并通过合理设计在原系统上使用高效节能技术，使原有系统适用于建筑改造后的需要。基于原机电系统的改造与升级设计使保存状态良好的原有设备的寿命得到了延续，同时提高了能源的利用效率，实现了保留与性能提升相互平衡的绿色改造设计原则。

附录 A 主要城市的热工区属、气象参数、耗热量指标

A.0.1 严寒和寒冷地区主要城市的建筑节能计算用气象参数和建筑物耗热量指标应按附表 A.0.1-1 和附表 A.0.1-2 的规定确定。

附表 A.0.1-1 严寒和寒冷地区主要城市的建筑节能计算用气象参数

城市	热工区属	气象站					计算采暖期						
		北纬度	东经度	海拔/m	$HDD18$/(℃·d)	$CDD26$/(℃·d)	天数/d	室外平均温度/℃	太阳总辐射平均强度/(W/m²)				
									水平	南向	北向	东向	西向
直辖市													
北京	2B	39.93	116.28	55	2699	94	114	0.1	102	120	33	59	59
天津	2B	39.1	117.17	5	2743	92	118	−0.2	99	106	34	56	57
河北省													
石家庄	2B	38.03	114.42	81	2388	147	97	0.9	95	102	33	54	54
承德	2A	40.98	117.95	386	3783	20	150	−3.4	107	112	35	60	60
张家口	2A	40.78	114.88	726	3637	24	145	−2.7	106	118	36	62	60
怀来	2A	40.4	115.5	538	3388	32	143	−1.8	105	117	36	61	59
青龙	2A	40.4	118.95	228	3532	23	146	−2.5	107	112	35	61	59
唐山	2A	39.67	118.15	29	2853	72	120	−0.6	100	108	34	58	56
保定	2B	38.85	115.57	19	2564	129	108	0.4	94	102	32	58	52
沧州	2B	38.33	116.83	11	2653	92	115	0.3	102	107	35	58	58
邢台	2B	37.07	114.5	78	2268	155	93	1.4	96	102	33	54	53
山西省													
太原	2A	37.78	112.55	779	3160	11	127	−1.1	108	118	36	62	60
大同	1C	40.1	113.33	1069	4120	8	158	−4	119	124	39	67	66
河曲	1C	39.38	111.15	861	3913	18	150	−4	120	126	38	64	67

续表

城市	热工区属	气象站			HDD18 /(℃·d)	CDD26 /(℃·d)	计算采暖期						
		北纬度	东经度	海拔/m			天数/d	室外平均温度/℃	太阳总辐射平均强度/(W/m²)				
									水平	南向	北向	东向	西向
山西省													
原平	2A	38.75	112.7	838	3399	14	141	−1.7	108	118	36	61	61
阳城	2A	35.48	112.4	659	2698	21	112	0.7	104	109	34	57	57
运城	2B	35.05	111.05	365	2267	185	84	1.3	91	97	30	50	49
内蒙古自治区													
呼和浩特	1C	40.82	111.68	1065	4186	11	158	−4.4	116	122	37	65	64
图里河	1A	50.45	121.7	733	8023	0	225	−14.38	105	101	33	58	57
海拉尔	1A	49.22	119.75	611	6713	3	206	−12	77	82	27	47	46
新巴尔虎右旗	1A	48.67	116.82	556	6157	13	195	−10.6	83	90	29	51	49
阿尔山	1A	47.17	119.93	997	7364	0	218	−12.1	119	103	37	68	67
东乌珠穆沁旗	1B	45.52	116.97	840	5940	11	189	−10.1	104	106	34	59	58
那仁宝拉格	1A	44.62	114.15	1183	6153	4	200	−9.9	108	112	35	62	60
扎鲁特旗	1C	44.57	120.9	266	4398	32	164	−5.6	105	112	36	63	60
锡林浩特	1B	43.95	116.12	1004	5545	12	186	−8.6	107	109	35	61	60
二连浩特	1B	43.65	112	966	5131	36	176	−8	113	112	39	64	63
通辽	1C	43.6	122.27	180	4376	22	164	−5.7	105	111	35	62	60
满都拉	1C	42.53	110.13	1223	4746	20	175	−5.8	133	139	43	73	76
朱日和	1C	42.4	112.9	1152	4810	16	174	−6.1	122	125	39	71	68
赤峰	1C	42.27	118.97	572	4196	20	161	−4.5	116	123	38	66	64
多伦	1B	42.18	116.47	1247	5466	0	186	−7.4	121	123	39	69	67
额济纳旗	1C	41.95	101.07	941	3884	130	150	−4.3	128	140	42	75	71
乌拉特后旗	1C	41.57	108.52	1290	4675	10	173	−5.6	139	146	44	77	78
集宁	1C	41.03	113.07	1416	4873	0	177	−5.4	128	129	41	73	70
临河	2A	40.77	107.4	1041	3777	30	151	−3.1	122	130	40	69	68
东胜	1C	39.83	109.98	1459	4226	3	160	−3.8	128	133	41	70	73
吉兰太	2A	39.78	105.75	1032	3746	68	150	−3.4	132	140	43	71	76

续表

城市	热工区属	气象站			HDD18/(℃·d)	CDD26/(℃·d)	计算采暖期						
		北纬度	东经度	海拔/m			天数/d	室外平均温度/℃	太阳总辐射平均强度/(W/m²)				
									水平	南向	北向	东向	西向
辽宁省													
沈阳	1C	41.77	123.43	43	3929	25	150	−4.5	94	97	32	54	53
清原	1C	42.1	124.95	235	4598	8	165	−6.3	86	86	29	49	48
朝阳	2A	41.55	120.45	176	3559	53	143	−3.1	96	103	35	56	55
本溪	1C	41.32	123.78	185	4046	16	157	−4.4	90	91	30	52	50
锦州	2A	41.13	121.12	70	3458	26	141	−2.5	91	100	32	55	52
丹东	2A	40.05	124.33	14	3566	6	145	−2.2	91	100	32	51	55
大连	2A	38.9	121.63	97	2924	16	125	0.1	104	108	35	57	60
吉林省													
长春	1C	43.9	125.22	238	4642	12	165	−6.7	90	93	30	53	51
敦化	1B	43.37	128.2	525	5221	1	183	−7	94	93	31	55	53
四平	1C	43.18	124.33	167	4308	15	162	−5.5	94	97	32	55	53
延吉	1C	42.88	129.47	257	4687	5	166	−6.1	91	92	31	53	51
长白	1B	41.35	128.17	775	5542	0	186	−7.8	96	92	31	54	53
集安	1C	41.1	126.15	179	4142	9	159	−4.5	85	85	28	48	47
黑龙江省													
哈尔滨	1B	45.75	126.77	143	5032	14	167	−8.5	83	86	28	49	48
漠河	1A	52.13	122.52	433	7994	0	225	−14.7	100	91	33	57	58
黑河	1A	50.25	127.45	166	6310	4	193	−11.6	80	83	27	47	47
嫩江	1A	49.17	125.23	243	6352	5	193	−11.9	83	84	28	49	48
伊春	1A	47.72	128.9	232	6100	1	188	−10.8	77	78	27	46	45
齐齐哈尔	1B	47.38	123.92	148	5259	23	177	−8.7	90	94	31	54	53
富锦	1B	47.23	131.98	65	5594	6	184	−9.5	84	85	29	49	50
泰来	1B	46.4	123.42	150	5005	26	168	−8.3	89	94	31	54	52
通河	1B	45.97	128.73	110	5675	3	185	−9.7	84	85	29	50	48
虎林	1B	45.77	132.97	103	5351	2	177	−8.8	88	88	30	51	51
尚志	1B	45.22	127.97	191	5467	3	184	−8.8	90	90	30	53	52

续表

城市	热工区属	气象站			HDD18 /(℃·d)	CDD26 /(℃·d)	计算采暖期						
		北纬度	东经度	海拔/m			天数/d	室外平均温度/℃	太阳总辐射平均强度/(W/m²)				
									水平	南向	北向	东向	西向
黑龙江省													
牡丹江	1B	44.57	129.6	242	5066	7	168	−8.2	93	97	32	56	54
绥芬河	1B	44.38	131.15	568	5422	1	184	−7.6	94	94	32	56	54
江苏省													
赣榆	2A	34.83	119.13	10	2226	83	87	2.1	93	100	32	52	51
徐州	2B	34.28	117.15	42	2090	137	84	2.5	88	94	30	50	49
射阳	2B	33.77	120.25	7	2083	92	83	3	95	102	32	52	52
山东省													
济南	2B	36.6	117.05	169	2211	160	92	1.8	97	104	33	56	53
长岛	2A	37.93	120.72	40	2570	20	106	1.4	105	110	35	59	60
龙口	2A	37.62	120.32	5	2551	60	108	1.1	104	108	35	57	59
惠民	2B	37.5	117.53	12	2622	96	111	0.4	101	108	34	56	55
德州	2B	37.43	116.32	22	2527	97	115	1	113	119	37	65	62
潍坊	2A	36.77	119.18	22	2735	63	117	0.3	106	111	35	58	57
青岛	2A	36.07	120.33	77	2401	22	99	2.1	118	114	37	65	63
兖州	2B	35.57	116.85	53	2390	97	103	1.5	101	107	33	56	55
日照	2A	35.43	119.53	37	2361	39	98	2.1	125	119	41	70	66
菏泽	2A	35.25	115.43	51	2396	89	111	2	104	107	34	58	57
临沂	2A	35.05	118.35	86	2375	70	100	1.7	102	104	33	56	56
河南省													
安阳	2B	36.05	114.4	64	2309	131	93	1.3	99	105	33	57	54
郑州	2B	34.72	113.65	111	2106	125	88	2.5	99	106	33	56	56
卢氏	2A	34.05	111.03	570	2516	30	103	1.5	99	104	32	53	53
四川省													
若尔盖	1B	33.58	102.97	3441	5972	0	227	−2.9	161	142	47	83	82
松潘	1C	32.65	103.57	2852	4218	0	156	−0.1	136	132	41	71	70
色达	1A	32.28	100.33	3896	6274	0	228	−3.8	166	154	53	97	94

续表

城市	热工区属	气象站			HDD18/(℃·d)	CDD26/(℃·d)	计算采暖期						
		北纬度	东经度	海拔/m			天数/d	室外平均温度/℃	太阳总辐射平均强度/(W/m²)				
									水平	南向	北向	东向	西向
四川省													
德格	1C	31.8	98.57	3185	4088	0	156	0.8	125	119	37	64	63
甘孜	1C	31.62	100	3394	4414	0	173	−0.2	162	163	52	93	93
康定	1C	30.05	101.97	2617	3873	0	141	0.6	119	117	37	61	62
理塘	1B	30	100.27	3950	5173	0	188	−1.2	167	154	50	86	90
西藏自治区													
拉萨	2A	29.67	91.13	3650	3425	0	126	1.6	148	147	46	80	79
狮泉河	1A	32.5	80.08	4280	6048	0	224	−5	209	191	62	118	114
改则	1A	32.3	84.05	4420	6577	0	232	−5.7	255	148	74	136	130
那曲	1A	31.48	92.07	4508	6722	0	242	−4.8	147	127	43	80	75
班戈	1A	31.37	90.02	4701	6699	0	245	−4.2	183	152	53	97	94
昌都	2A	31.15	97.17	3307	3764	0	140	0.6	120	115	37	64	64
林芝	2A	29.57	94.47	3001	3191	0	100	2.2	170	169	51	94	90
日喀则	1C	29.25	88.88	3837	4047	0	157	0.3	168	153	51	91	87
陕西省													
西安	2B	34.3	108.93	398	2178	153	82	2.1	87	91	29	48	47
榆林	2A	38.23	109.7	1157	3672	19	143	−2.9	108	118	36	61	59
延安	2A	36.6	109.5	959	3127	15	127	−0.9	103	111	34	55	57
宝鸡	2A	34.35	107.13	610	2301	86	91	2.1	93	97	31	51	50
甘肃省													
兰州	2A	36.05	103.88	1518	3094	10	126	−0.6	116	125	38	64	64
敦煌	2A	40.15	94.68	1140	3518	25	139	−2.8	121	140	40	67	70
酒泉	1C	39.77	98.48	1478	3971	3	152	−3.4	135	146	43	77	74
张掖	1C	38.93	100.43	1483	4001	6	155	−3.6	136	146	43	75	75
民勤	2A	38.63	103.08	1367	3715	12	150	−2.6	135	143	43	73	75
乌鞘岭	1A	37.2	102.87	3044	6329	0	245	−4	157	139	47	84	81
合作	1B	35	102.9	2910	5432	0	192	−3.4	144	139	44	75	77

续表

城市	热工区属	气象站					计算采暖期						
		北纬度	东经度	海拔/m	HDD18/(℃·d)	CDD26/(℃·d)	天数/d	室外平均温度/℃	太阳总辐射平均强度/(W/m²)				
									水平	南向	北向	东向	西向
甘肃省													
岷县	1C	34.72	104.88	2315	4409	0	170	−1.5	134	132	41	73	70
天水	2A	34.58	105.75	1143	2729	10	110	1	98	99	33	54	53
青海省													
西宁	1C	36.62	101.77	2296	4478	0	161	−3	138	140	43	77	75
冷湖	1B	38.83	93.38	2771	5395	0	193	−5.6	145	154	45	80	81
大柴旦	1B	37.85	95.37	3174	5616	0	196	−5.8	148	155	46	82	83
刚察	1A	37.33	100.13	3302	6471	0	226	−5.2	161	149	48	87	84
格尔木	1C	36.42	94.9	2809	4436	0	170	−3.1	157	162	49	88	87
玛多	1A	34.92	98.22	4273	7683	0	277	−6.4	180	162	53	96	94
河南	1A	34.73	101.6	3501	6591	0	246	−4.5	168	155	50	89	88
托托河	1A	34.22	92.43	4535	7878	0	276	−7.2	178	156	52	98	93
曲麻莱	1A	34.13	95.78	4176	7148	0	256	−5.8	175	156	52	94	92
达日	1A	33.75	99.65	3968	6721	0	251	−4.5	170	148	49	88	89
玉树	1B	33.02	97.02	3682	5154	0	191	−2.2	162	149	48	84	86
宁夏回族自治区													
银川	2A	38.47	106.2	1112	3472	11	140	−2.1	117	124	40	64	67
盐池	2A	37.8	107.38	1356	3700	10	149	−2.3	130	134	42	70	73
中宁	2A	37.48	105.68	1193	3349	22	137	−1.6	119	127	41	67	66
新疆维吾尔自治区													
乌鲁木齐	1C	43.8	87.65	935	4329	36	149	−6.5	101	113	34	59	58
哈巴河	1C	48.05	86.35	534	4867	10	172	−6.9	105	116	35	60	62
阿勒泰	1B	47.73	88.08	737	5081	11	174	−7.9	109	123	36	63	64
富蕴	1B	46.98	89.52	827	5458	22	174	−10.1	118	135	39	67	70
塔城	1C	46.73	83	535	4143	20	148	−5.1	90	111	32	52	54
克拉玛依	1C	45.6	84.85	450	4234	196	144	−7.9	95	116	33	56	57
北塔山	1B	45.37	90.53	1651	5434	2	192	−6.2	113	123	37	65	64

续表

城市	热工区属	气象站				HDD18 /(℃·d)	CDD26 /(℃·d)	计算采暖期		太阳总辐射平均强度 /(W/m²)				
		北纬度	东经度	海拔/m				天数/d	室外平均温度/℃	水平	南向	北向	东向	西向
新疆维吾尔自治区														
奇台	1C	44.02	89.57	794		4989	10	161	−9.2	120	136	39	68	68
伊宁	2A	43.95	81.33	664		3501	9	137	−2.8	97	117	34	55	57
吐鲁番	2B	42.93	89.2	37		2758	579	234	−2.5	102	121	35	58	60
哈密	2B	42.82	93.52	739		3682	104	143	−4.1	120	136	40	68	69
库尔勒	2B	41.75	86.13	933		3115	123	121	−2.5	127	138	41	71	73
阿合奇	1C	40.93	78.45	1986		4118	0	109	−3.6	131	144	42	72	73
巴楚	2A	39.8	78.57	1117		2892	77	115	−2.1	133	155	43	72	75
喀什	2A	39.47	75.98	1291		2767	46	121	−1.3	130	150	42	72	72
若羌	2B	39.03	88.17	889		3149	152	122	−2.9	141	150	45	77	80
莎车	2A	38.43	77.27	1232		2858	27	113	−1.5	134	152	43	73	76
皮山	2A	37.62	78.28	1376		2761	70	110	−1.3	134	150	43	73	74
和田	2A	37.13	79.93	1375		2595	71	107	−0.6	128	142	42	70	72

附表 A.0.1-2　严寒和寒冷地区主要城市的建筑物耗热量指标

城市	热工区属	建筑物耗热量指标/(W/m²)			
		≤3 层	(4～8) 层	(9～13) 层	≥14 层
直辖市					
北京	2B	16.1	15.0	13.4	12.1
天津	2B	17.1	16.0	14.3	12.7
河北省					
石家庄	2B	15.7	14.6	13.1	11.6
承德	2A	21.6	18.9	17.4	15.5
张家口	2A	20.2	17.7	16.2	14.5
怀来	2A	18.9	16.5	15.1	13.5
青龙	2A	20.1	17.6	16.2	14.4
唐山	2A	17.6	15.3	14.0	12.4

续表

城市	热工区属	建筑物耗热量指标/(W/m²)			
		≤3层	(4～8)层	(9～13)层	≥14层
河北省					
保定	2B	16.5	15.4	13.8	12.2
沧州	2B	16.2	15.1	13.5	12.0
邢台	2B	14.9	13.9	12.3	11.0
山西省					
太原	2A	17.7	15.4	14.1	12.5
大同	1C	17.6	15.2	14.0	12.2
河曲	1C	17.6	15.2	14.0	12.3
原平	2A	18.6	16.2	14.9	13.3
阳城	2A	15.5	13.5	12.2	10.9
运城	2B	15.5	14.4	12.9	11.4
内蒙古自治区					
呼和浩特	1C	18.4	15.9	14.7	12.9
图里河	1A	24.3	22.5	20.3	20.1
海拉尔	1A	22.9	20.9	18.9	18.8
新巴尔虎右旗	1A	20.9	19.3	17.3	17.2
阿尔山	1A	21.5	20.1	18.0	17.7
东乌珠穆沁旗	1B	23.6	20.8	19.0	17.6
那仁宝拉格	1A	19.7	17.8	15.8	15.7
扎鲁特旗	1C	20.6	17.7	16.4	14.4
锡林浩特	1B	21.6	19.1	17.4	16.1
二连浩特	1B	17.1	15.9	14.0	13.8
通辽	1C	20.8	17.8	16.5	14.5
满都拉	1C	19.2	16.6	15.3	13.4
朱日和	1C	20.5	17.6	16.3	14.3
赤峰	1C	18.5	15.9	14.7	12.9
多伦	1B	19.2	17.1	15.5	14.3
额济纳旗	1C	17.2	14.9	13.7	12.6
乌拉特后旗	1C	18.5	16.1	14.8	13.0

续表

城市	热工区属	建筑物耗热量指标/（W/m²）			
		≤3 层	（4～8）层	（9～13）层	≥14 层
内蒙古自治区					
集宁	1C	19.3	16.6	15.4	13.4
临河	2A	20.0	17.5	16.0	14.3
东胜	1C	16.8	14.5	13.4	11.7
吉兰太	2A	19.8	17.3	15.8	14.2
辽宁省					
沈阳	1C	20.1	17.2	15.9	13.9
清原	1C	23.1	19.7	18.4	16.1
朝阳	2A	21.7	18.9	17.4	15.5
本溪	1C	20.2	17.3	16.0	14.0
锦州	2A	21.0	18.3	16.9	15.0
丹东	2A	20.6	18.0	16.6	14.7
大连	2A	16.5	14.3	13.0	11.5
吉林省					
长春	1C	23.3	19.9	18.6	16.3
敦化	1B	20.6	18.0	16.5	15.2
四平	1C	21.3	18.2	17.0	14.9
延吉	1C	22.5	19.2	17.9	15.7
长白	1B	21.5	18.9	17.2	15.9
集安	1C	20.8	17.7	16.5	14.4
黑龙江省					
哈尔滨	1B	22.9	20.0	18.3	16.9
漠河	1A	25.2	23.1	20.9	20.6
黑河	1A	22.4	20.5	18.5	18.4
嫩江	1A	22.5	20.7	18.6	18.5
伊春	1A	21.7	19.9	17.9	17.7
齐齐哈尔	1B	22.6	19.8	18.1	16.7
富锦	1B	24.1	21.1	19.3	17.8
泰来	1B	22.1	19.4	17.7	16.4

城市	热工区属	建筑物耗热量指标/(W/m²)			
		≤3 层	(4~8) 层	(9~13) 层	≥14 层
黑龙江省					
通河	1B	24.4	21.3	19.5	18.0
虎林	1B	23.0	20.1	18.5	17.0
尚志	1B	23.0	20.1	18.4	17.0
牡丹江	1B	21.9	19.2	17.5	16.2
绥芬河	1B	21.2	18.6	17.0	15.6
江苏省					
赣榆	2A	14.0	12.1	11.0	9.7
徐州	2B	13.8	12.8	11.4	10.1
射阳	2B	12.6	11.6	10.3	9.2
山东省					
济南	2B	14.2	13.2	11.7	10.5
长岛	2A	14.4	12.4	11.2	9.9
龙口	2A	15.0	12.9	11.7	10.4
惠民	2B	16.1	15.0	13.4	12.0
德州	2B	14.4	13.4	11.9	10.7
潍坊	2A	16.1	13.9	12.7	11.3
青岛	2A	13.0	11.1	10.0	18.8
兖州	2B	14.6	13.6	12.0	10.8
日照	2A	12.7	10.8	9.7	8.5
菏泽	2A	13.7	11.8	10.7	9.5
临沂	2A	14.2	12.3	11.1	9.8
河南省					
郑州	2B	13.0	12.1	10.7	9.6
安阳	2B	15.0	13.9	12.4	11.0
卢氏	2A	14.7	12.7	11.5	10.2
四川省					
若尔盖	1B	12.4	11.2	9.9	9.1
松潘	1C	11.9	10.3	9.3	8.0

附录A 主要城市的热工区属、气象参数、耗热量指标

城市	热工区属	建筑物耗热量指标/(W/m²)			
		≤3 层	（4~8）层	（9~13）层	≥14 层
四川省					
色达	1A	12.1	10.3	8.5	8.1
德格	1C	11.6	10.0	9.0	7.8
甘孜	1C	10.1	8.9	7.9	6.6
康定	1C	11.9	10.3	9.3	8.0
理塘	1B	9.6	8.9	7.7	7.0
西藏自治区					
拉萨	2A	11.7	10.0	8.9	7.9
狮泉河	1A	11.8	10.1	8.2	7.8
改则	1A	13.3	11.4	9.6	8.5
那曲	1A	13.7	12.3	10.5	10.3
班戈	1A	12.5	10.7	8.9	8.6
昌都	2A	15.2	13.1	11.9	10.5
林芝	2A	9.4	8.0	6.9	6.2
日喀则	1C	9.9	8.7	7.7	6.4
陕西省					
西安	2B	14.7	13.6	12.2	10.7
榆林	2A	20.5	17.9	16.5	14.7
延安	2A	17.9	15.6	14.3	12.7
宝鸡	2A	14.1	12.2	11.1	9.8
甘肃省					
兰州	2A	16.5	14.4	13.1	11.7
敦煌	2A	19.1	16.7	15.3	13.8
酒泉	1C	15.7	13.6	12.5	10.9
张掖	1C	15.8	13.8	12.6	11.0
民勤	2A	18.4	16.1	14.7	13.2
乌鞘岭	1A	12.6	11.1	9.3	9.1
合作	1B	13.3	12.0	10.7	9.9
岷县	1C	13.8	12.0	10.9	9.4

续表

城市	热工区属	建筑物耗热量指标/(W/m²)			
		≤3 层	(4~8) 层	(9~13) 层	≥14 层
甘肃省					
天水	2A	15.7	13.5	12.3	10.9
青海省					
西宁	1C	15.3	13.3	12.1	10.5
冷湖	1B	15.2	13.8	12.3	11.4
大柴旦	1B	15.3	13.9	12.4	11.5
刚察	1A	14.1	11.9	10.1	9.9
格尔木	1C	14.0	12.3	11.2	9.7
玛多	1A	13.9	12.5	10.6	10.3
河南	1A	13.1	11.0	9.2	9.0
托托河	1A	15.4	13.4	11.4	11.1
曲麻菜	1A	13.8	12.1	10.2	9.9
达日	1A	13.2	11.2	9.4	9.1
玉树	1B	11.2	10.2	8.9	8.2
宁夏回族自治区					
银川	2A	18.8	16.4	15.0	13.4
盐池	2A	18.6	16.2	14.8	13.2
中宁	2A	17.8	15.5	14.2	12.6
新疆维吾尔自治区					
乌鲁木齐	1C	21.8	18.7	17.4	15.4
哈巴河	1C	22.2	19.1	17.8	15.6
阿勒泰	1B	19.9	17.7	16.1	14.9
富蕴	1B	21.9	19.5	17.8	16.6
塔城	1C	20.2	17.4	16.1	14.3
克拉玛依	1C	23.6	20.3	18.9	16.8
北塔山	1B	17.8	15.8	14.3	13.3
奇台	1C	24.1	20.9	19.4	17.2
伊宁	2A	20.5	18.0	16.5	14.8
吐鲁番	2B	19.9	18.6	16.8	15.0

续表

城市	热工区属	建筑物耗热量指标/（W/m²)			
		≤3 层	（4～8）层	（9～13）层	≥14 层
新疆维吾尔自治区					
哈密	2B	21.3	20.0	18.0	16.2
库尔勒	2B	18.6	17.5	15.6	14.1
阿合奇	1C	16.0	13.9	12.8	11.2
巴楚	2A	17.0	14.9	13.5	12.3
喀什	2A	16.2	14.1	12.8	11.6
若羌	2B	18.6	17.4	15.5	14.1
莎车	2A	16.3	14.2	12.9	15.7
皮山	2A	16.1	14.1	12.7	11.5
和田	2A	15.5	13.5	12.2	11.0

附录B 平均传热系数和热桥线 传热系数计算

B.0.1 建筑单元墙体和单元屋顶的平均传热系数及热桥线传热系数应按《严寒和寒冷地区居住建筑节能设计标准》(JGJ 26—2010) 附录B的要求计算。

B.0.2 对于一般建筑，外墙外保温墙体的平均传热系数可按下式计算：

$$K_m = \varphi K \tag{B.0.2}$$

式中 K_m ——外墙平均传热系数，$W/(m^2 \cdot K)$；

φ ——外墙主断面传热系数的修正系数，应按墙体保温构造和传热系数综合考虑取值，其数值可按附表B.0.2选取；

K ——外墙主断面传热系数，$W/(m^2 \cdot K)$。

附表 B.0.2　　外墙主断面传热系数的修正系数 φ

外墙平均传热系数	外 保 温	
$K_m / [W/(m^2 \cdot K)]$	普通窗	凸窗
0.70	1.1	1.2
0.65	1.1	1.2
0.60	1.1	1.3
0.55	1.2	1.3
0.50	1.2	1.3
0.45	1.2	1.3
0.40	1.2	1.3
0.35	1.3	1.4
0.30	1.3	1.4
0.25	1.4	1.5

附录C 地面传热系数计算

C.0.1 地面传热系数应由二维非稳态传热计算程序计算确定。

C.0.2 地面传热系数应分成周边地面和非周边地面两种传热系数，周边地面为距外墙内表面2m以内的地面，周边以外的地面应为非周边地面。

C.0.3 典型地面(见附图C.0.3)的传热系数可按附表C.0.3-1～附表C.0.3-4确定。

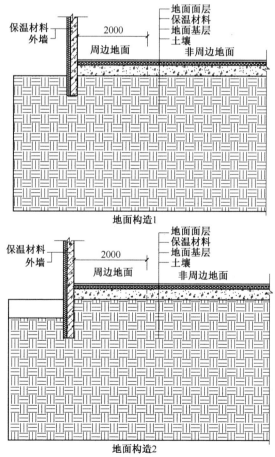

附图 C.0.3 典型地面构造示意图

附表 C. 0. 3-1 　　　　　　　　 地面构造 1 中周边地面当量传热系数

保温层热阻/ [(m² · K)/W]	$K_d/[W/(m^2 \cdot K)]$				
	西安采暖期室外平均温度 2.1℃	北京采暖期室外平均温度 0.1℃	长春采暖期室外平均温度 −6.7℃	哈尔滨采暖期室外平均温度 −8.5℃	海拉尔采暖期室外平均温度 −12.0℃
3.00	0.05	0.06	0.08	0.08	0.08
2.75	0.05	0.07	0.09	0.08	0.09
2.50	0.06	0.07	0.10	0.09	0.11
2.25	0.08	0.07	0.11	0.10	0.11
2.00	0.09	0.08	0.12	0.11	0.12
1.75	0.10	0.09	0.14	0.13	0.14
1.50	0.11	0.11	0.15	0.14	0.15
1.25	0.12	0.12	0.16	0.15	0.17
1.00	0.14	0.14	0.19	0.17	0.20
0.75	0.17	0.17	0.22	0.20	0.22
0.50	0.20	0.20	0.26	0.24	0.26
0.25	0.27	0.26	0.32	0.29	0.31
0.00	0.34	0.38	0.38	0.40	0.41

附表 C. 0. 3-2 　　　　　　　　 地面构造 2 中周边地面当量传热系数

保温层热阻/ [(m² · K)/W]	$K_d/[W/(m^2 \cdot K)]$				
	西安采暖期室外平均温度 2.1℃	北京采暖期室外平均温度 0.1℃	长春采暖期室外平均温度 −6.7℃	哈尔滨采暖期室外平均温度 −8.5℃	海拉尔采暖期室外平均温度 −12.0℃
3.00	0.05	0.06	0.08	0.08	0.08
2.75	0.05	0.07	0.09	0.08	0.09
2.50	0.06	0.07	0.10	0.09	0.11
2.25	0.08	0.07	0.11	0.10	0.11
2.00	0.08	0.08	0.11	0.11	0.12
1.75	0.09	0.08	0.12	0.11	0.12
1.50	0.10	0.09	0.14	0.13	0.14
1.25	0.11	0.11	0.15	0.14	0.15
1.00	0.12	0.12	0.16	0.15	0.17
0.75	0.14	0.14	0.19	0.17	0.20
0.50	0.17	0.17	0.22	0.20	0.22
0.25	0.24	0.23	0.29	0.25	0.27
0.00	0.31	0.34	0.34	0.36	0.37

附表 C.0.3-3 **地面构造 1 中非周边地面当量传热系数**

保温层热阻/ [(m²·K)/W]	$K_d/[\mathrm{W/(m^2 \cdot K)}]$				
	西安采暖期室外平均温度 2.1℃	北京采暖期室外平均温度 0.1℃	长春采暖期室外平均温度 −6.7℃	哈尔滨采暖期室外平均温度 −8.5℃	海拉尔采暖期室外平均温度 −12.0℃
3.00	0.02	0.03	0.08	0.06	0.07
2.75	0.02	0.03	0.08	0.06	0.07
2.50	0.03	0.03	0.09	0.06	0.08
2.25	0.03	0.04	0.09	0.07	0.07
2.00	0.03	0.04	0.10	0.07	0.08
1.75	0.03	0.04	0.10	0.07	0.08
1.50	0.03	0.04	0.11	0.07	0.09
1.25	0.04	0.05	0.11	0.08	0.09
1.00	0.04	0.05	0.12	0.08	0.10
0.75	0.04	0.06	0.13	0.09	0.10
0.50	0.05	0.06	0.14	0.09	0.11
0.25	0.06	0.07	0.15	0.10	0.11
0.00	0.08	0.10	0.17	0.19	0.21

附表 C.0.3-4 **地面构造 2 中非周边地面当量传热系数**

保温层热阻/ [(m²·K)/W]	$K_d/[\mathrm{W/(m^2 \cdot K)}]$				
	西安采暖期室外平均温度 2.1℃	北京采暖期室外平均温度 0.1℃	长春采暖期室外平均温度 −6.7℃	哈尔滨采暖期室外平均温度 −8.5℃	海拉尔采暖期室外平均温度 −12.0℃
3.00	0.02	0.03	0.08	0.06	0.07
2.75	0.02	0.03	0.08	0.06	0.07
2.50	0.03	0.03	0.09	0.06	0.08
2.25	0.03	0.04	0.09	0.07	0.07
2.00	0.03	0.04	0.10	0.07	0.08
1.75	0.03	0.04	0.10	0.07	0.08
1.50	0.03	0.04	0.11	0.07	0.09
1.25	0.04	0.05	0.11	0.08	0.09
1.00	0.04	0.05	0.12	0.08	0.10
0.75	0.04	0.06	0.13	0.09	0.10
0.50	0.05	0.06	0.14	0.09	0.11
0.25	0.06	0.07	0.15	0.10	0.11
0.00	0.08	0.10	0.17	0.19	0.21

附录 D 外遮阳系数的简化计算

D.0.1 外遮阳系数应按下列公式计算:

$$SD = ax^2 + bx + 1 \qquad (D.0.1-1)$$

$$x = A/B \qquad (D.0.1-2)$$

式中 SD ——外遮阳的遮阳系数;

x ——外遮阳特征值,当 $x > 1$ 时取 $x = 1$;

a、b ——拟合系数,宜按附表 D.0.1 选取;

A、B ——外遮阳的构造定性尺寸,宜按附图 D.0.1-1~附图 D.0.1-5 确定。

D.0.2 各种组合形式的外遮阳系数,可由参加组合的各种形式遮阳的外遮阳系数的乘积来确定,单一形式的外遮阳系数应按式 (D.0.1-1)、式 (D.0.1-2) 计算。

D.0.3 当外遮阳的遮阳板采用有透光能力的材料制作时,应按下式进行修正:

$$SD = 1 - (1 - SD^*)(1 - \eta^*) \qquad (D.0.3)$$

式中 SD^* ——外遮阳的遮阳板采用非透明材料制作时的外遮阳系数,应按式 (D.0.1-1)、式 (D.0.1-2) 计算;

η^* ——遮阳板的透射比,宜按附表 D.0.2 选取。

附表 D.0.1　　　　　　　　外遮阳系数计算用的拟合系数 a、b

热工区划	外遮阳基本类型	拟合系数	东	南	西	北
严寒 地区	水平式 (图 D.0.1-1)	a	0.31	0.28	0.33	0.25
		b	−0.62	−0.71	−0.65	−0.48
	垂直式 (图 D.0.1-2)	a	0.42	0.31	0.47	0.42
		b	−0.83	−0.65	−0.90	−0.83

附录 D 外遮阳系数的简化计算

续表

热工区划	外遮阳基本类型		拟合系数	东	南	西	北
寒冷地区	水平式 (图 D.0.1-1)		a	0.34	0.65	0.35	0.26
			b	-0.78	-1.00	-0.81	-0.54
	垂直式 (图 D.0.1-2)		a	0.25	0.40	0.25	0.50
			b	-0.55	-0.76	0.54	-0.93
	挡板式 (图 D.0.1-3)		a	0.00	0.35	0.00	0.13
			b	-0.96	-1.00	-0.96	-0.93
	固定横百叶挡板式 (图 D.0.1-4)		a	0.45	0.54	0.48	0.34
			b	-1.20	-1.20	-1.20	-0.88
	固定竖百叶挡板式 (图 D.0.1-5)		a	0.00	0.19	0.22	0.57
			b	-0.70	-0.91	-0.72	-1.18
	活动横百叶 挡板式 (图 D.0.1-4)	冬	a	0.21	0.04	0.19	0.20
			b	-0.65	-0.39	-0.61	-0.62
		夏	a	0.50	1.00	0.54	0.50
			b	-1.20	-1.70	-1.30	-1.20
	活动竖百叶 挡板式 (图 D.0.1-2)	冬	a	0.40	0.09	0.38	0.20
			b	-0.99	-0.54	-0.95	-0.62
		夏	a	0.06	0.38	0.13	0.85
			b	-0.70	-1.10	-0.69	-1.49

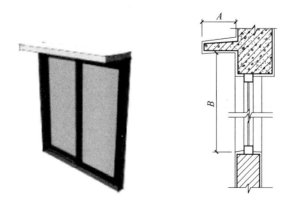

附图 D.0.1-1 水平式外遮阳的特征值示意图

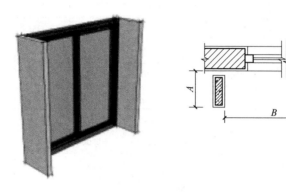

附图 D.0.1-2　垂直式外遮阳的特征值示意图

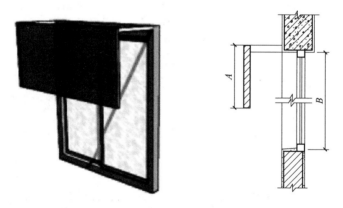

附图 D.0.1-3　挡板式外遮阳的特征值示意图

附图 D.0.1-4　横百叶挡板式外遮阳的特征值示意图

 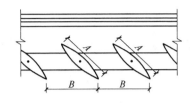

附图 D.0.1-5 竖百叶挡板式外遮阳的特征值示意图

附表 D.0.2 遮阳板的透射比

遮阳板使用的材料	规　　格	η^*
织物面料、玻璃钢类板	—	0.40
玻璃、有机玻璃类板	深色：$0 < S_e \leqslant 0.6$	0.60
	浅色：$0.6 < S_e \leqslant 0.8$	0.80
金属穿孔板	穿孔率：$0 < \varphi \leqslant 0.2$	0.10
	穿孔率：$0.2 < \varphi \leqslant 0.4$	0.30
	穿孔率：$0.4 < \varphi \leqslant 0.6$	0.50
	穿孔率：$0.6 < \varphi \leqslant 0.8$	0.70
铝合金百叶板	—	0.20
木质百叶板	—	0.25
混凝土花格	—	0.50
木质花格	—	0.45

附录 E 围护结构传热系数的修正系数 ε 和封闭阳台温差修正系数 ζ

E.0.1 太阳辐射对外墙、屋面传热系数的影响可采用传热系数的修正系数 ε 计算。

E.0.2 外墙、屋面传热系数的修正系数 ε 可按附表 E.0.1 确定。

E.0.3 封闭阳台对外墙传热的影响可采用阳台温差修正系数 ζ 计算。

E.0.4 不同朝向的阳台温差修正系数 ζ 可按附表 E.0.2 确定。

附表 E.0.1　　　　外墙、屋面传热系数修正系数 ε

城市	热工区属	外墙、屋面传热系数修正值				
		屋面	南墙	北墙	东墙	西墙
直辖市						
北京	2B	0.98	0.83	0.95	0.91	0.91
天津	2B	0.98	0.85	0.95	0.92	0.92
河北省						
石家庄	2B	0.99	0.84	0.95	0.92	0.92
承德	2A	0.98	0.86	0.96	0.93	0.93
张家口	2A	0.98	0.85	0.95	0.92	0.92
怀来	2A	0.98	0.85	0.95	0.92	0.92
青龙	2A	0.97	0.86	0.95	0.92	0.92
唐山	2A	0.98	0.85	0.95	0.92	0.92
保定	2B	0.99	0.85	0.95	0.92	0.92
沧州	2B	0.98	0.84	0.95	0.91	0.91
邢台	2B	0.99	0.84	0.95	0.91	0.92
山西省						
太原	2A	0.97	0.84	0.95	0.91	0.92

续表

城市	热工区属	外墙、屋面传热系数修正值				
		屋面	南墙	北墙	东墙	西墙
山西省						
大同	1C	0.96	0.85	0.95	0.92	0.92
河曲	1C	0.96	0.85	0.95	0.92	0.92
原平	2A	0.97	0.84	0.95	0.92	0.92
阳城	2A	0.97	0.84	0.95	0.91	0.91
运城	2B	1	0.85	0.95	0.92	0.92
内蒙古自治区						
呼和浩特	1C	0.97	0.86	0.96	0.92	0.93
图里河	1A	0.99	0.92	0.97	0.95	0.95
海拉尔	1A	1	0.93	0.98	0.96	0.96
新巴尔虎右旗	1A	1	0.92	0.97	0.95	0.96
阿尔山	1A	0.97	0.91	0.97	0.94	0.94
东乌珠穆沁旗	1B	0.98	0.9	0.97	0.95	0.95
那仁宝拉格	1A	0.98	0.89	0.97	0.94	0.94
扎鲁特旗	1C	0.98	0.88	0.96	0.93	0.93
锡林浩特	1B	0.98	0.89	0.97	0.94	0.94
二连浩特	1A	0.97	0.89	0.96	0.94	0.94
通辽	1C	0.98	0.88	0.96	0.93	0.93
满都拉	1C	0.95	0.85	0.95	0.92	0.92
朱日和	1C	0.96	0.86	0.96	0.92	0.93
赤峰	1C	0.97	0.86	0.96	0.92	0.93
多伦	1B	0.96	0.87	0.96	0.93	0.93
额济纳旗	1C	0.95	0.84	0.95	0.91	0.92
乌拉特后旗	1C	0.94	0.84	0.95	0.92	0.91
集宁	1C	0.95	0.86	0.95	0.92	0.92
临河	2A	0.95	0.84	0.95	0.92	0.92
东胜	1C	0.95	0.84	0.95	0.92	0.91
吉兰太	2A	0.94	0.83	0.95	0.91	0.91

城市	热工区属	外墙、屋面传热系数修正值				
		屋面	南墙	北墙	东墙	西墙
辽宁省						
沈阳	1C	0.99	0.89	0.96	0.94	0.94
清原	1C	1	0.91	0.97	0.95	0.95
朝阳	2A	0.99	0.87	0.96	0.93	0.93
本溪	1C	1	0.89	0.96	0.94	0.94
锦州	2A	1	0.87	0.96	0.93	0.93
丹东	2A	1	0.87	0.96	0.93	0.93
大连	2A	0.98	0.84	0.95	0.92	0.91
吉林省						
长春	1C	1	0.9	0.97	0.94	0.95
敦化	1B	0.99	0.9	0.97	0.94	0.95
四平	1C	0.99	0.89	0.96	0.94	0.94
延吉	1C	1	0.9	0.97	0.94	0.94
长白	1B	0.99	0.91	0.97	0.94	0.95
集安	1C	1	0.9	0.97	0.94	0.95
黑龙江省						
哈尔滨	1B	1	0.92	0.97	0.95	0.95
漠河	1A	0.99	0.93	0.97	0.95	0.95
黑河	1A	1	0.93	0.98	0.96	0.96
嫩江	1A	1	0.93	0.98	0.96	0.96
伊春	1A	1	0.93	0.98	0.96	0.96
齐齐哈尔	1B	1	0.91	0.97	0.95	0.95
富锦	1B	1	0.92	0.97	0.95	0.95
泰来	1B	1	0.91	0.97	0.95	0.95
通河	1B	1	0.92	0.97	0.95	0.95
虎林	1B	1	0.91	0.97	0.95	0.95
尚志	1B	1	0.91	0.97	0.95	0.95
牡丹江	1B	0.99	0.9	0.97	0.94	0.95
绥芬河	1B	0.99	0.9	0.97	0.94	0.95

续表

城市	热工区属	外墙、屋面传热系数修正值				
		屋面	南墙	北墙	东墙	西墙
江苏省						
赣榆	2A	0.99	0.84	0.95	0.91	0.92
徐州	2B	1	0.84	0.95	0.92	0.92
射阳	2B	0.99	0.82	0.94	0.91	0.91
山东省						
济南	2B	0.99	0.83	0.95	0.91	0.91
长岛	2A	0.97	0.83	0.94	0.91	0.91
龙口	2A	0.97	0.83	0.95	0.91	0.91
惠民县	2B	0.98	0.84	0.95	0.92	0.92
德州	2B	0.96	0.82	0.94	0.9	0.9
潍坊	2A	0.97	0.84	0.95	0.91	0.92
青岛	2A	0.95	0.81	0.94	0.89	0.9
兖州	2B	0.98	0.83	0.95	0.91	0.91
日照	2A	0.94	0.81	0.93	0.88	0.89
菏泽	2A	0.97	0.83	0.94	0.91	0.91
临沂	2A	0.98	0.83	0.95	0.91	0.91
河南省						
郑州	2B	0.98	0.82	0.94	0.9	0.91
安阳	2B	0.98	0.84	0.95	0.91	0.92
卢氏	2A	0.98	0.84	0.95	0.92	0.92
四川省						
若尔盖	1B	0.9	0.82	0.94	0.9	0.9
松潘	1C	0.93	0.81	0.94	0.9	0.9
色达	1A	0.9	0.82	0.94	0.88	0.89
德格	1C	0.94	0.82	0.94	0.9	0.9
甘孜	1C	0.89	0.77	0.93	0.87	0.87
康定	1C	0.95	0.82	0.95	0.91	0.91
理塘	1B	0.88	0.79	0.93	0.88	0.88

城市	热工区属	外墙、屋面传热系数修正值				
		屋面	南墙	北墙	东墙	西墙
西藏自治区						
拉萨	2A	0.9	0.77	0.93	0.87	0.88
狮泉河	1A	0.85	0.78	0.93	0.87	0.87
改则	1A	0.8	0.84	0.92	0.85	0.86
那曲	1A	0.93	0.86	0.95	0.91	0.91
班戈	1A	0.88	0.82	0.94	0.89	0.89
昌都	2A	0.95	0.83	0.94	0.9	0.9
林芝	2A	0.85	0.72	0.92	0.85	0.85
日喀则	1C	0.87	0.77	0.92	0.86	0.87
陕西省						
西安	2B	1	0.85	0.95	0.92	0.92
榆林	2A	0.97	0.85	0.96	0.92	0.93
延安	2A	0.98	0.85	0.95	0.92	0.92
宝鸡	2A	0.99	0.84	0.95	0.92	0.92
甘肃省						
兰州	2A	0.96	0.83	0.95	0.91	0.91
敦煌	2A	0.96	0.82	0.95	0.92	0.91
酒泉	1C	0.94	0.82	0.95	0.91	0.91
张掖	1C	0.94	0.82	0.95	0.91	0.91
民勤	2A	0.94	0.82	0.95	0.91	0.9
乌鞘岭	1A	0.91	0.84	0.94	0.9	0.9
合作	1C	0.93	0.83	0.95	0.91	0.91
岷县	1C	0.93	0.82	0.94	0.9	0.91
天水	2A	0.98	0.85	0.95	0.92	0.92
青海省						
西宁	1C	0.93	0.83	0.95	0.9	0.91
冷湖	1B	0.93	0.83	0.95	0.91	0.91
大柴旦	1B	0.93	0.83	0.95	0.91	0.91
刚察	1A	0.91	0.83	0.95	0.9	0.91
格尔木	1C	0.91	0.8	0.94	0.89	0.89

续表

城市	热工区属	外墙、屋面传热系数修正值				
		屋面	南墙	北墙	东墙	西墙
青海省						
玛多	1A	0.89	0.83	0.94	0.9	0.9
河南	1A	0.9	0.82	0.94	0.9	0.9
托托河	1A	0.9	0.84	0.95	0.9	0.9
曲麻菜	1A	0.9	0.83	0.94	0.9	0.9
达日	1A	0.9	0.83	0.94	0.9	0.9
玉树	1B	0.9	0.81	0.94	0.89	0.89
宁夏回族自治区						
银川	2A	0.96	0.84	0.95	0.92	0.91
盐池	2A	0.94	0.83	0.95	0.91	0.91
中宁	2A	0.96	0.83	0.95	0.91	0.91
新疆维吾尔自治区						
乌鲁木齐	1C	0.98	0.88	0.96	0.94	0.94
哈巴河	1C	0.98	0.88	0.96	0.94	0.93
阿勒泰	1B	0.98	0.88	0.96	0.94	0.94
富蕴	1B	0.97	0.87	0.96	0.94	0.94
塔城	1C	1	0.88	0.96	0.94	0.94
克拉玛依	1C	0.99	0.88	0.97	0.94	0.94
北塔山	1B	0.97	0.87	0.96	0.93	0.93
奇台	1C	0.97	0.87	0.96	0.93	0.93
伊宁	2A	0.99	0.85	0.96	0.93	0.93
吐鲁番	2B	0.98	0.85	0.96	0.93	0.92
哈密	2B	0.96	0.84	0.95	0.92	0.92
库尔勒	2B	0.95	0.82	0.95	0.91	0.91
阿合奇	1C	0.94	0.83	0.95	0.91	0.91
巴楚	2A	0.95	0.8	0.94	0.91	0.9
喀什	2A	0.94	0.8	0.94	0.9	0.9
若羌	2B	0.93	0.81	0.94	0.9	0.9
莎车	2A	0.93	0.8	0.94	0.9	0.9
皮山	2A	0.93	0.8	0.94	0.9	0.9
和田	2A	0.94	0.8	0.94	0.9	0.9

附表 E.0.2 不同朝向的阳台温差修正系数 ζ

城 市	热工区属	阳台类型	南向	北向	东向	西向
直辖市						
北京	2B	凸阳台	0.44	0.62	0.56	0.56
		凹阳台	0.32	0.47	0.43	0.43
河北省						
石家庄	2B	凸阳台	0.46	0.61	0.57	0.57
		凹阳台	0.34	0.47	0.43	0.43
承德	2A	凸阳台	0.49	0.62	0.58	0.58
		凹阳台	0.37	0.48	0.44	0.44
张家口	2A	凸阳台	0.47	0.62	0.57	0.58
		凹阳台	0.35	0.47	0.44	0.44
怀来	2A	凸阳台	0.46	0.62	0.57	0.57
		凹阳台	0.35	0.47	0.43	0.44
青龙	2A	凸阳台	0.48	0.62	0.57	0.58
		凹阳台	0.36	0.47	0.44	0.44
山西省						
大原	2A	凸阳台	0.45	0.61	0.56	0.57
		凹阳台	0.34	0.47	0.43	0.43
大同	1C	凸阳台	0.47	0.62	0.57	0.57
		凹阳台	0.35	0.47	0.43	0.44

城 市	热工区属	阳台类型	南向	北向	东向	西向
直辖市						
天津	2B	凸阳台	0.47	0.61	0.57	0.57
		凹阳台	0.35	0.47	0.43	0.43
河北省						
唐山	2A	凸阳台	0.47	0.62	0.57	0.57
		凹阳台	0.35	0.47	0.44	0.44
保定	2B	凸阳台	0.47	0.62	0.57	0.57
		凹阳台	0.35	0.47	0.44	0.44
沧州	2B	凸阳台	0.46	0.61	0.56	0.56
		凹阳台	0.34	0.47	0.43	0.43
邢台	2B	凸阳台	0.45	0.61	0.56	0.56
		凹阳台	0.34	0.47	0.42	0.43
—	—		—	—	—	—
山西省						
原平	2A	凸阳台	0.46	0.62	0.57	0.57
		凹阳台	0.34	0.47	0.43	0.43
阳城	2A	凸阳台	0.45	0.61	0.56	0.56
		凹阳台	0.33	0.47	0.43	0.43

续表

城市	热工区属	阳台类型	阳台温差修正系数			
			南向	北向	东向	西向
山西省						
河曲	1C	凸阳台	0.47	0.62	0.58	0.57
		凹阳台	0.35	0.47	0.44	0.43
运城	2B	凸阳台	0.47	0.62	0.57	0.57
		凹阳台	0.35	0.47	0.44	0.44
内蒙古自治区						
呼和浩特	1C	凸阳台	0.48	0.62	0.58	0.58
		凹阳台	0.36	0.48	0.44	0.44
满都拉	1C	凸阳台	0.47	0.62	0.57	0.56
		凹阳台	0.35	0.47	0.43	0.43
图里河	1A	凸阳台	0.57	0.65	0.62	0.62
		凹阳台	0.43	0.50	0.47	0.47
朱日和	1C	凸阳台	0.49	0.62	0.57	0.58
		凹阳台	0.37	0.48	0.44	0.44
海拉尔	1A	凸阳台	0.58	0.65	0.63	0.63
		凹阳台	0.44	0.50	0.48	0.48
赤峰	1C	凸阳台	0.58	0.65	0.63	0.58
		凹阳台	0.44	0.50	0.48	0.44
新巴尔虎右旗	1A	凸阳台	0.57	0.65	0.62	0.62
		凹阳台	0.43	0.50	0.47	0.47
多伦	1B	凸阳台	0.50	0.63	0.58	0.59
		凹阳台	0.38	0.48	0.44	0.45
阿尔山	1A	凸阳台	0.56	0.64	0.60	0.60
		凹阳台	0.42	0.49	0.46	0.46
额济纳旗	1C	凸阳台	0.45	0.61	0.56	0.57
		凹阳台	0.34	0.47	0.42	0.43
东乌珠穆沁旗	1B	凸阳台	0.54	0.64	0.61	0.61
		凹阳台	0.41	0.49	0.46	0.46
乌拉特后旗	1C	凸阳台	0.45	0.61	0.56	0.56
		凹阳台	0.34	0.47	0.42	0.43
那仁宝拉格	1A	凸阳台	0.53	0.64	0.60	0.60
		凹阳台	0.40	0.49	0.46	0.46
集宁	1C	凸阳台	0.48	0.62	0.57	0.57
		凹阳台	0.36	0.47	0.43	0.44

建 筑 节 能

城市	热工区属	阳台类型	阳台温差修正系数 南向	北向	东向	西向
内蒙古自治区						
扎鲁特旗	1C	凸阳台	0.51	0.63	0.58	0.59
		凹阳台	0.38	0.48	0.45	0.45
锡林浩特	1B	凸阳台	0.53	0.64	0.60	0.60
		凹阳台	0.40	0.49	0.46	0.46
二连浩特	1A	凸阳台	0.52	0.63	0.59	0.59
		凹阳台	0.40	0.48	0.45	0.45
哲里木盟	1C	凸阳台	0.51	0.63	0.59	0.59
		凹阳台	0.38	0.48	0.45	0.45
辽宁省						
沈阳	1C	凸阳台	0.52	0.63	0.59	0.60
		凹阳台	0.39	0.48	0.45	0.46
清原	1C	凸阳台	0.55	0.64	0.61	0.61
		凹阳台	0.42	0.49	0.47	0.47
朝阳	2A	凸阳台	0.50	0.62	0.59	0.59
		凹阳台	0.38	0.48	0.45	0.45
本溪	1C	凸阳台	0.53	0.63	0.60	0.60
		凹阳台	0.40	0.49	0.46	0.46

续表

城市	热工区属	阳台类型	阳台温差修正系数 南向	北向	东向	西向
内蒙古自治区						
临河	2A	凸阳台	0.45	0.61	0.56	0.56
		凹阳台	0.34	0.47	0.43	0.43
东胜	1C	凸阳台	0.46	0.61	0.56	0.56
		凹阳台	0.34	0.47	0.43	0.42
吉兰太	2A	凸阳台	0.44	0.61	0.56	0.55
		凹阳台	0.33	0.47	0.43	0.42
	—	—	—	—	—	—
辽宁省						
锦州	2A	凸阳台	0.50	0.63	0.58	0.59
		凹阳台	0.38	0.48	0.45	0.45
丹东	2A	凸阳台	0.50	0.63	0.59	0.58
		凹阳台	0.38	0.48	0.45	0.44
大连	2A	凸阳台	0.46	0.61	0.56	0.56
		凹阳台	0.34	0.47	0.43	0.42
	—	—	—	—	—	—

附录 E 围护结构传热系数的修正系数 ε 和封闭阳台温差修正系数 ζ

续表

城市	热工区属	阳台类型	阳台温差修正系数			
			南向	北向	东向	西向
吉林省						
长春	1C	凸阳台	0.54	0.64	0.60	0.61
		凹阳台	0.41	0.49	0.46	0.46
敦化	1B	凸阳台	0.55	0.64	0.60	0.61
		凹阳台	0.41	0.49	0.46	0.46
四平	1C	凸阳台	0.53	0.63	0.60	0.60
		凹阳台	0.40	0.49	0.46	0.46
黑龙江省						
哈尔滨	1B	凸阳台	0.56	0.64	0.62	0.62
		凹阳台	0.43	0.49	0.47	0.47
漠河	1A	凸阳台	0.58	0.65	0.62	0.62
		凹阳台	0.44	0.50	0.47	0.47
黑河	1A	凸阳台	0.58	0.65	0.62	0.63
		凹阳台	0.44	0.50	0.48	0.48
嫩江	1A	凸阳台	0.58	0.65	0.62	0.62
		凹阳台	0.44	0.50	0.48	0.48
伊春	1A	凸阳台	0.58	0.65	0.62	0.63
		凹阳台	0.44	0.50	0.48	0.48

城市	热工区属	阳台类型	阳台温差修正系数			
			南向	北向	东向	西向
吉林省						
延吉	1C	凸阳台	0.54	0.64	0.60	0.60
		凹阳台	0.41	0.49	0.46	0.46
长白	1B	凸阳台	0.55	0.64	0.61	0.61
		凹阳台	0.42	0.49	0.46	0.46
集安	1C	凸阳台	0.54	0.64	0.60	0.61
		凹阳台	0.41	0.49	0.46	0.46
黑龙江省						
泰来	1B	凸阳台	0.55	0.64	0.61	0.61
		凹阳台	0.42	0.49	0.46	0.47
通河	1B	凸阳台	0.57	0.65	0.62	0.62
		凹阳台	0.43	0.50	0.47	0.47
虎林	1B	凸阳台	0.56	0.64	0.61	0.61
		凹阳台	0.43	0.49	0.47	0.47
尚志	1B	凸阳台	0.56	0.64	0.61	0.61
		凹阳台	0.42	0.49	0.47	0.47
牡丹江	1B	凸阳台	0.55	0.64	0.61	0.61
		凹阳台	0.41	0.49	0.46	0.46

续表

左表：

城市	热工区属	阳台类型	阳台温差修正系数			
			南向	北向	东向	西向
黑龙江省						
齐齐哈尔	1B	凸阳台	0.55	0.64	0.61	0.61
		凹阳台	0.42	0.49	0.46	0.47
富锦	1B	凸阳台	0.57	0.64	0.62	0.62
		凹阳台	0.43	0.49	0.47	0.47
江苏省						
赣榆	2A	凸阳台	0.45	0.61	0.56	0.56
		凹阳台	0.33	0.47	0.43	0.43
徐州	2B	凸阳台	0.46	0.61	0.57	0.57
		凹阳台	0.34	0.47	0.43	0.43
山东省						
济南	2B	凸阳台	0.45	0.61	0.56	0.56
		凹阳台	0.33	0.46	0.42	0.43
长岛	2A	凸阳台	0.44	0.60	0.55	0.55
		凹阳台	0.32	0.46	0.42	0.42
龙口	2A	凸阳台	0.45	0.61	0.56	0.56
		凹阳台	0.33	0.46	0.42	0.42
惠民县	2B	凸阳台	0.46	0.61	0.56	0.57
		凹阳台	0.34	0.47	0.43	0.43

右表：

城市	热工区属	阳台类型	阳台温差修正系数			
			南向	北向	东向	西向
黑龙江省						
绥芬河	1B	凸阳台	0.55	0.64	0.60	0.61
		凹阳台	0.41	0.49	0.46	0.46
	—	—	—	—	—	—
江苏省						
射阳	2B	凸阳台	0.43	0.60	0.55	0.55
		凹阳台	0.32	0.46	0.42	0.42
	—	—	—	—	—	—
山东省						
青岛	2A	凸阳台	0.42	0.60	0.53	0.54
		凹阳台	0.31	0.46	0.40	0.41
兖州	2B	凸阳台	0.44	0.61	0.56	0.56
		凹阳台	0.33	0.47	0.42	0.43
日照	2A	凸阳台	0.41	0.59	0.52	0.53
		凹阳台	0.30	0.45	0.39	0.40
菏泽	2A	凸阳台	0.44	0.61	0.55	0.55
		凹阳台	0.32	0.46	0.42	0.42

附录 E 围护结构传热系数的修正系数 ε 和封闭阳台温差修正系数 ζ

城市（省）	城市	热工区属	阳台类型	阳台温差修正系数 南向	北向	东向	西向
山东省	德州	2B	凸阳台	0.42	0.60	0.54	0.55
			凹阳台	0.31	0.46	0.41	0.41
	潍坊	2A	凸阳台	0.45	0.61	0.56	0.56
			凹阳台	0.34	0.47	0.43	0.43
河南省	郑州	2B	凸阳台	0.43	0.60	0.55	0.55
			凹阳台	0.32	0.46	0.42	0.42
	安阳	2B	凸阳台	0.45	0.61	0.56	0.56
			凹阳台	0.33	0.47	0.42	0.43
四川省	若尔盖	1B	凸阳台	0.43	0.60	0.54	0.54
			凹阳台	0.32	0.46	0.41	0.41
	松潘	1C	凸阳台	0.41	0.60	0.54	0.54
			凹阳台	0.30	0.46	0.41	0.41
	色达	1A	凸阳台	0.42	0.59	0.52	0.52
			凹阳台	0.31	0.45	0.39	0.39
	德格	1C	凸阳台	0.43	0.60	0.55	0.55
			凹阳台	0.32	0.46	0.41	0.42

续表

城市（省）	城市	热工区属	阳台类型	阳台温差修正系数 南向	北向	东向	西向
山东省	临沂	2A	凸阳台	0.44	0.61	0.55	0.56
			凹阳台	0.33	0.46	0.42	0.42
河南省	卢氏	2A	凸阳台	0.45	0.61	0.57	0.56
			凹阳台	0.33	0.47	0.43	0.43
四川省	甘孜	1C	凸阳台	0.35	0.58	0.49	0.49
			凹阳台	0.25	0.44	0.37	0.37
	康定	1C	凸阳台	0.43	0.61	0.55	0.55
			凹阳台	0.32	0.46	0.42	0.42
	理塘	1B	凸阳台	0.39	0.59	0.52	0.51
			凹阳台	0.28	0.45	0.39	0.38

续表

城市	热工区属	阳台类型	南向	北向	东向	西向
西藏自治区						
拉萨	2A	凸阳台	0.35	0.58	0.50	0.51
		回阳台	0.25	0.44	0.38	0.38
狮泉河	1A	凸阳台	0.38	0.58	0.49	0.50
		回阳台	0.27	0.44	0.37	0.38
改则	1A	凸阳台	0.45	0.57	0.47	0.48
		回阳台	0.34	0.43	0.35	0.36
那曲	1A	凸阳台	0.48	0.61	0.55	0.56
		回阳台	0.36	0.47	0.42	0.43
陕西省						
西安	2B	凸阳台	0.47	0.62	0.57	0.57
		回阳台	0.35	0.47	0.43	0.44
榆林	2A	凸阳台	0.47	0.62	0.58	0.58
		回阳台	0.35	0.47	0.44	0.44
甘肃省						
兰州	2A	凸阳台	0.43	0.61	0.56	0.56
		回阳台	0.32	0.46	0.42	0.42
敦煌	2A	凸阳台	0.43	0.61	0.56	0.56
		回阳台	0.32	0.47	0.43	0.42

城市	热工区属	阳台类型	南向	北向	东向	西向
西藏自治区						
班戈	1A	凸阳台	0.43	0.60	0.52	0.53
		回阳台	0.32	0.45	0.39	0.40
昌都	2A	凸阳台	0.44	0.60	0.55	0.55
		回阳台	0.32	0.46	0.41	0.41
林芝	2A	凸阳台	0.29	0.56	0.46	0.47
		回阳台	0.20	0.43	0.35	0.35
日喀则	1C	凸阳台	0.36	0.58	0.49	0.50
		回阳台	0.26	0.44	0.37	0.38
陕西省						
延安	2A	凸阳台	0.47	0.62	0.57	0.57
		回阳台	0.35	0.47	0.44	0.43
宝鸡	2A	凸阳台	0.46	0.61	0.56	0.57
		回阳台	0.34	0.47	0.43	0.43
甘肃省						
乌鞘岭	1A	凸阳台	0.45	0.60	0.54	0.55
		回阳台	0.33	0.46	0.41	0.41
合作	1B	凸阳台	0.44	0.61	0.55	0.55
		回阳台	0.33	0.46	0.42	0.42

注：阳台温差修正系数

附录E 围护结构传热系数的修正系数 ε 和封闭阳台温差修正系数 ζ

甘肃省

城市	热工区属	阳台类型	南向	北向	东向	西向
酒泉	1C	凸阳台	0.43	0.61	0.55	0.56
		凹阳台	0.32	0.47	0.42	0.42
张掖	1C	凸阳台	0.43	0.61	0.55	0.56
		凹阳台	0.32	0.47	0.42	0.42
民勤	2A	凸阳台	0.43	0.61	0.55	0.55
		凹阳台	0.31	0.46	0.42	0.42
岷县	1C	凸阳台	0.43	0.61	0.54	0.55
		凹阳台	0.32	0.46	0.41	0.42
天水	2A	凸阳台	0.47	0.61	0.57	0.57
		凹阳台	0.35	0.47	0.43	0.43

青海省

城市	热工区属	阳台类型	南向	北向	东向	西向
西宁	1C	凸阳台	0.44	0.61	0.55	0.55
		凹阳台	0.32	0.46	0.41	0.42
冷湖	1B	凸阳台	0.44	0.61	0.56	0.56
		凹阳台	0.33	0.47	0.42	0.42
大柴旦	1B	凸阳台	0.44	0.61	0.56	0.55
		凹阳台	0.33	0.47	0.42	0.42
刚察	1A	凸阳台	0.44	0.61	0.54	0.55
		凹阳台	0.33	0.46	0.41	0.42
格尔木	1C	凸阳台	0.40	0.60	0.53	0.53
		凹阳台	0.29	0.46	0.40	0.40
河南	1A	凸阳台	0.43	0.60	0.54	0.54
		凹阳台	0.32	0.46	0.41	0.41
托托河	1A	凸阳台	0.45	0.61	0.54	0.55
		凹阳台	0.34	0.46	0.41	0.41
曲麻莱	1A	凸阳台	0.44	0.60	0.54	0.54
		凹阳台	0.33	0.46	0.41	0.41
达日	1A	凸阳台	0.44	0.60	0.54	0.54
		凹阳台	0.33	0.46	0.41	0.41
玉树	1B	凸阳台	0.41	0.60	0.53	0.53
		凹阳台	0.30	0.45	0.40	0.40

续表

城 市	热工区属	阳台类型	南向	北向	东向	西向
青海省						
玛多	1A	凸阳台	0.44	0.60	0.54	0.54
		凹阳台	0.32	0.46	0.41	0.41
宁夏回族自治区						
银川	2A	凸阳台	0.45	0.61	0.57	0.56
		凹阳台	0.34	0.47	0.43	0.42
盐池	2A	凸阳台	0.44	0.61	0.56	0.55
		凹阳台	0.33	0.46	0.42	0.42
新疆维吾尔自治区						
乌鲁木齐	1C	凸阳台	0.51	0.63	0.59	0.60
		凹阳台	0.39	0.48	0.45	0.45
哈巴河	1C	凸阳台	0.51	0.63	0.59	0.59
		凹阳台	0.38	0.48	0.45	0.45
阿勒泰	1B	凸阳台	0.51	0.63	0.59	0.59
		凹阳台	0.38	0.48	0.45	0.45
富蕴	1B	凸阳台	0.50	0.63	0.60	0.59
		凹阳台	0.38	0.48	0.45	0.45

城 市	热工区属	阳台类型	南向	北向	东向	西向
中宁	2A	凸阳台	0.44	0.61	0.56	0.56
		凹阳台	0.33	0.46	0.42	0.42
哈密	2B	凸阳台	0.45	0.62	0.57	0.57
		凹阳台	0.34	0.47	0.43	0.43
库尔勒	2B	凸阳台	0.43	0.61	0.56	0.55
		凹阳台	0.32	0.47	0.42	0.42
阿合奇	1C	凸阳台	0.44	0.61	0.56	0.56
		凹阳台	0.32	0.47	0.43	0.42
巴楚	2A	凸阳台	0.40	0.60	0.55	0.55
		凹阳台	0.29	0.46	0.42	0.41

附录E 围护结构传热系数的修正系数 ε 和封闭阳台温差修正系数 ζ

续表

新疆维吾尔自治区

城市	热工区属	阳台类型	阳台温差修正系数			
			南向	北向	东向	西向
塔城	1C	凸阳台	0.51	0.63	0.60	0.60
		凹阳台	0.38	0.49	0.46	0.46
克拉玛依	1C	凸阳台	0.52	0.64	0.60	0.60
		凹阳台	0.39	0.49	0.46	0.46
北塔山	1B	凸阳台	0.49	0.63	0.58	0.58
		凹阳台	0.37	0.48	0.44	0.45
奇台	1C	凸阳台	0.50	0.63	0.59	0.59
		凹阳台	0.37	0.48	0.45	0.45
伊宁	2A	凸阳台	0.47	0.62	0.59	0.58
		凹阳台	0.35	0.48	0.45	0.44
吐鲁番	2B	凸阳台	0.46	0.62	0.58	0.58
		凹阳台	0.35	0.47	0.44	0.44

城市	热工区属	阳台类型	阳台温差修正系数			
			南向	北向	东向	西向
喀什	2A	凸阳台	0.40	0.60	0.55	0.54
		凹阳台	0.29	0.46	0.41	0.41
若羌	2B	凸阳台	0.42	0.60	0.55	0.54
		凹阳台	0.31	0.46	0.41	0.41
莎车	2A	凸阳台	0.39	0.60	0.55	0.54
		凹阳台	0.29	0.46	0.41	0.41
皮山	2A	凸阳台	0.40	0.60	0.54	0.54
		凹阳台	0.29	0.46	0.41	0.41
和田	2A	凸阳台	0.40	0.60	0.54	0.54
		凹阳台	0.29	0.46	0.41	0.41

注 表中凸阳台包含正面和左右侧面三个接触室外空气的外立面,而凹阳台则只有正面一个接触室外空气的外立面。

附录 F　关于面积和体积的计算

F.0.1　建筑面积（A_0）应按各层外墙外包线围成的平面面积的总和计算，包括半地室的面积，不包括地下室的面积。

F.0.2　建筑体积（V_0）应按与计算建筑面积所对应的建筑物外表面和底层地面所围成的体积计算。

F.0.3　换气体积（V），当楼梯间及外廊不采暖时应按 $V=0.60V_0$ 计算，当楼梯间及外廊采暖时应按 $V=0.65V_0$ 计算。

F.0.4　屋面或顶棚面积应按支承屋顶的外墙外包线围成的面积计算。

F.0.5　外墙面积应按不同朝向分别计算。某一朝向的外墙面积应由该朝向的外表面积减去外窗面积构成。

F.0.6　外窗（包括阳台门上部透明部分）面积应按不同朝向和有无阳台分别计算，取洞口面积。

F.0.7　外门面积应按不同朝向分别计算，取洞口面积。

F.0.8　阳台门下部不透明部分面积应按不同朝向分别计算，取洞口面积。

F.0.9　地面面积应按外墙内侧围成的面积计算。

F.0.10　地板面积应按外墙内侧围成的面积计算，并应区分为接触室外空气的地板和不采暖地下室上部的地板。

F.0.11　凹凸墙面的朝向归属应符合下列规定：

　　1. 当某朝向有外凸部分时应符合下列规定：

　　1）当凸出部分的长度（垂直于该朝向的尺寸）小于或等于 1.5m 时，该凸出部分的全部外墙面积应计入该朝向的外墙总面积。

　　2）当凸出部分的长度大于 1.5m 时，该凸出部分应按各自实际朝向计入各自朝向的外墙总面积。

　　2. 当某朝向有内凹部分时应符合下列规定：

　　1）当凹入部分的宽度（平行于该朝向的尺寸）小于 5m，且凹入部分的长度小于或等于凹入部分的宽度时，该凹入部分的全部外墙面积应计入该朝向的外墙总面积。

2）当凹入部分的宽度（平行于该朝向的尺寸）小于 5m，且凹入部分的长度大于凹入部分的宽度时，该凹入部分的两个侧面外墙面积应计入北向的外墙总面积，该凹入部分的正面外墙面积应计入该朝向的外墙总面积。

3）当凹入部分的宽度大于或等于 5m 时，该凹入部分应按各实际朝向计入各自朝向的外墙总面积。

F.0.12　内天井墙面的朝向归属应符合下列规定：

1. 当内天井的高度大于等于内天井最宽边长的 2 倍时，内天井的全部外墙面积应计入北向的外墙总面积。

2. 当内天井的高度小于内天井最宽边长的 2 倍时，内天井的外墙应按各实际朝向计入各自朝向的外墙总面积。

附录 G 建筑节能检测

随着我国经济的快速增长，建筑节能工作在我国的发展十分迅速。但同时全国节能建筑发展水平仍然参差不齐，建筑用能浪费仍相当严重，节能潜力尚未充分发挥。相同条件下，我国建筑平均使用能耗远远高于发达国家；同时伴随着村镇建筑用能的逐步提高，我国的建筑节能工作任重而道远。在建筑节能检测领域，目前全国建工建材领域相关的检测机构通过计量认证数量约超过4000家，其中具有建筑节能检测能力的检测机构约占30%～40%，超过1000家。部分具有一定实力的检测机构主动申请通过中国合格评定国家认可委员会的认可（CNAS认可），全国通过CNAS认可的与建筑工程相关的机构116个，与建筑材料相关的机构超过100家，与建筑节能相关的检测机构约80家，与建筑节能有关的检查机构36家。建筑节能检测用到的标准规范主要有《建筑节能工程施工质量验收规范》（GB 50411—2007）、《居住建筑节能检测标准》（JGJ/T 132—2009）、《公共建筑节能检测标准》（JGJ/T 177—2009）、《绝热材料稳态热阻及有关特性的测定　防护热板法》（GB/T 10294—2008）、《绝热材料稳态热阻及有关特性的测定　热流计法》（GB/T 10295—2008）、《建筑外门窗保温性能分级及检测方法》（GB/T 8484—2008）、《绝热　稳态热传递性质的测定　标定和防护热箱法》（GB/T 13475—2008）、《建筑外窗气密、水密、抗风压性能分级及检测方法》（GB/T 7106—2008）、《建筑外窗气密、水密、抗风压性能现场检测方法》（JG/T 211—2007）。

G.1 导热系数检测

导热系数（或热阻）是保温材料的主要热工性能之一，测定建筑材料导热系数方法可分为两大类，即稳态法和非稳态法。这两类方法的各种形式都各有特点和适用条件，不同材料根据自身的特性和使用条件，可选用不同的方法测定。根据稳态导热原理建立起来的方法，在国内外已很成熟。从 20 世纪 80 年代开始，我国已参照国际标准制定了一系列国家标准。

测试原理为：在一定厚度的具有平行表面的均匀板状试件中，建立理想状态下以两个平行的匀温平板为界的无限大平板的一维恒定热流，通过测量中心计量板达到稳态后的热流量 Q，按照热阻的计算公式，得到试件的导热系数。

G.1.1　防护热板法导热系数检测

1. 执行标准

《绝热材料稳态热阻及有关的测定·防护热板法》（GB/T 10294—2008）。

2. 测试范围

（1）单一材料：泡沫塑料（表面平整的隔热材料、板材）、聚氨酯、酚醛、尿醛、矿物棉（玻璃棉、岩棉、矿棉）、水泥墙体。

（2）复合板材：玻璃增强复合板 CRC、水泥聚苯板、夹心混凝土、玻璃钢面板复合板材、纸蜂窝板。

3. 技术参数

（1）温度控制精度：热板：±0.1℃　冷板：±0.1℃。

（2）热板最大设定温度：95℃。

（3）冷却方式：风冷、水冷。

（4）风冷设备冷板最低温度：－10℃。

（5）水冷设备冷板最低温度：－30℃。

（6）仪器的测量精度：3%。

附图 G.1　TPMBE 平板导热系数测定仪（单板功率法）

（7）导热系数测定范围：0.010～1.600W/(m・K)。

（8）电源供电：AC 220V，3kW。

G.1.2　热流计法导热系数检测

1. 执行标准

《绝热材料稳态热阻及有关特性的测定　热流计法》（GB/T 10295—2008）。

2. 技术参数

（1）测量范围：热阻＞0.1(m・K)/W。

（2）λ 值：0.02～0.5。

（3）热面温度：室温－60℃。

（4）冷面温度：室温－5℃。

（5）试样尺寸：300mm×300mm。

（6）电源电压：AC220V，2kW。

（7）环境条件：温度 5～40℃。

（8）相对湿度：＜90%。

（9）测量误差：≤±5%。

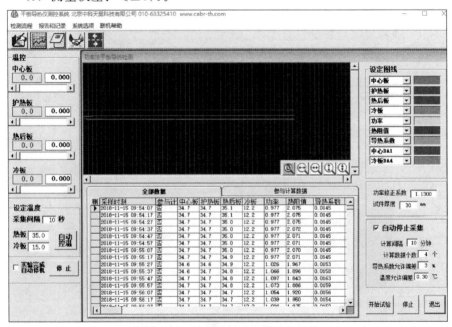

附图 G.2　平板导热系数测定仪软件

G.1.3　热线法快速导热系数检测

热线法快速导热系数检测具有测量准确、测量快速、操作简单、适用广泛等优点，为科研领域中的材料研究、导热性能改进以及工业中的产品质量检验、生产控制提供了极大的便利，适用于各种保温、导热、相变、复合材料等。

1. 执行标准

《非金属固体材料导热系数的测定 热线法》（GB/T 10297—2015）。

2. 技术参数

（1）测量时间：2～20s获得结果。

（2）测量准确度：标准样品最好准确度优于2％，全量程范围小于3％。

（3）样品形态：各种块状、片状、薄膜、粉末、颗粒、胶体、膏体、不规则形状样品均可适用，且无需更换探头；固体样品最小边长2.5cm即可，液体样品30mL，特殊样品可以采用更小的探头。

附图 G.3　RX 热线法快速导热系数测定仪

3. 型号和温度测量范围

型　号	TC 3000	TC 3100	TC 3200	TC 3300
测量原理	瞬态热线法	瞬态热线法	瞬态热线法	瞬态热线法
温度范围	常温	−30～120℃	室温+10℃～200℃	−150～0℃
测量范围/[W/(m·K)]	0.001～20	0.001～20	0.001～20	0.001～20
分辨率/[W/(m·K)]	0.001	0.001	0.001	0.001
准确度	±3%	±3%	±5%	±5%
重复性	±3%	±3%	±3%	±3%
测量时间	2～20s			
样品形状	块状、片状、膏状、粉末、胶体、液体均可			
样品尺寸	最小厚度 0.3 mm，最小边长 2.5cm（圆形、正方形均可，对形状无限制）			
数据传输	USB			
操作系统	Win8/ Win7/ Vista / XP/ 2003			
参考标准	ASTM C1113、ASTM D5930、GB/T 10297、GB/T 11205			

G.2　墙体传热系数检测

　　传热系数是指在稳态传热条件下，围护结构两侧空气温度差为 1K 时，单位时间内通过单位面积传递的热量，单位为 W/(m²·K)。传热系数是衡量房屋建筑围护结构节能水平优劣的一项重要指标，传热系数越大，则建筑围护结构的节能水平越低，能耗损失越大。反之，则建筑围护结构的节能水平越高，能耗损失越小。测定围护结构传热系数，目前国内外通常采用标定和防护热箱法、热流计法、红外热像仪法等。按检测场所不同又分为现场检测和实验室检测。

　　检测原理：用人工制造一个一维传热环境，被测部位的内侧用热箱模拟采暖建筑室内条件，并使热箱内和室内空气温度保持一致，另一侧为室外自然条件，这样被测部位的热流总是从室内向室外传递；当热箱内加热量与被测部位的传递热量达平衡时，通过测量热箱的加热量得到被测部位的传热量，经计算得到被测部位的传热系数。

G.2.1　墙体传热系数试验室检测

1. 执行标准

《绝热　稳态热传递性质的测定标定和防护热箱法》（GB/T 13475—2008）。

2. 技术参数

（1）计量面积：1.2m×1.2m。

（2）计量箱温度范围：环境温度～+50℃±0.1℃。

（3）防护箱温度：环境温度～+50℃±0.2℃。

（4）冷箱温度：环境温度～-20℃±0.2℃。

（5）制冷功率：≤1500W。

（6）加热功率：≤2000W。

（7）尺寸：2400mm×2500mm×2450mm。

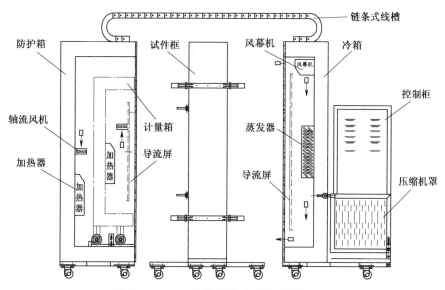

附图 G.4　JW墙体传热系数检测设备原理

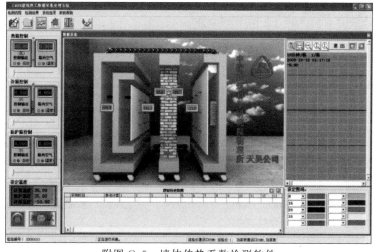

附图 G.5　墙体传热系数检测软件

263

（8）铂电阻温度传感器数量：126 个。

（9）测量误差：≤±5％。

G.2.2　墙体传热系数现场检测

目前大多数专家都比较支持采用热流计法进行现场检测，主要包括温度热流巡回检测仪、热流计片、PT1000 铂电阻、专用线、移动空调或电暖气。采用了最新单片机系统及高稳定度、低漂移、低噪声的仪用放大器，同时用高精度的铂电阻为测温元件，并开发了控制与采集软件，可以借助电脑达到自动采集、自动控制、自动计算、出报告的功能。

其技术参数如下：

（1）测温：－100.00～＋100.00℃，热流：0.3～200.00mV。

（2）采集精度：Pt1000 基本误差小于±0.1℃；热流：±0.1mV。

（3）工作环境：温度为 －20℃～50℃，湿度小于 90％R·H。

（4）输出继电器触点容量：AC 250V，2A（阻性负载）。

（5）规格：长 420mm×宽 320mm×高 170mm。

（6）重量：4kg。

（7）电源：AC 220V，100W；可选配加热器和无线远程传输功能。

附图 G.6　R90b 墙体传热系数现场测仪

G.3　建筑门窗物理性能检测

G.3.1　建筑门窗传热系数检测

门窗传热系数是保证门窗保温性能的指标，表示在稳定传热条件下，外门窗两侧空气温差为 1K，单位时间内通过单位面积的传热量。实验室检测热流系数一般采用标定热箱法。

测试原理：门窗传热系数测量基于一维稳态传热原理，在试件两侧的箱体（热箱和冷箱）内，分别建立所需的温度、风速和辐射条件，达到稳定状态后，测量热箱和冷箱空气温度、试件框相关温度、热箱内外表面温差及输入热箱的功率，可计算出试件的传热系数。

1. 执行标准

《建筑门外窗保温性能分级及检测方法》（GB/T 8484—2008）。

《绝热 稳态传热性质的测定标定和防护热箱法》（GB/T 13475—2008）。

附图 G.7　BHR 建筑门窗传热系数检测设备

2. 技术参数

（1）环境空间应保证设备四周最少应有 0.5m 的距离，应考虑箱体门能完全开启。

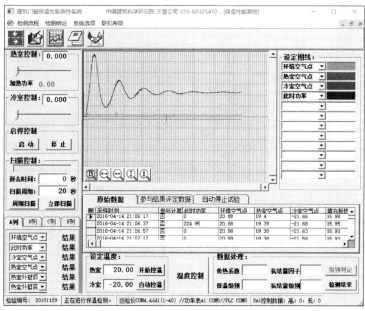

附图 G.8　建筑门窗传热系数检测软件

（2）电源：AC 380V，16kW。

（3）测温精度：≤0.02℃。

（4）控温精度：热室，<0.1℃；冷室，≤0.3℃。

（5）控湿系统：热室相对湿度≤20%。

（6）热室最大加热功率：1200W。

（7）冷室最低温度可达：-25℃。

（8）测试方式：可采用全自动检测方式。

3. 型号规格

型号	可测试件最大尺寸 /mm×mm	设备箱体尺寸（长×宽×高） /mm×mm×mm	房间最小尺寸（长×宽×高） /mm×mm×mm
BHR1515	1500×1500	4110×2330×3030	5110×3330×4230
BHR1818	1800×1800	4110×2630×3330	5110×3630×4530
BHR2424	2400×2400	4110×3230×3930	5110×4230×5130
BHR3030	3000×3000	4110×3830×4530	5110×4830×5730
BHR3642	3600×4200	4110×4430×5730	5110×5430×6930

注　1. 房间尺寸为最小尺寸，没有包括控制室。

　　2. 房间高度如不够可考虑下挖地下室。

G.3.2　建筑门窗气密性能检测

根据现行国家标准 GB/T 7106—2008 和 JG/T 211—2007 的要求，建筑门窗动风压性能现场检测装置，主要用于检测建筑门窗安装在墙体洞口后的空气渗透、雨水渗漏、风压变形性能。与以往实验室检测相比，解决了送检样窗性能与工程门窗产品质量不一致的缺陷，同时可检测门窗安装质量。

采用全新的设计理念，将以往实验室才能实现的门窗动风压性能检测技术在工程现场实现。检测过程全部由工控机处理，现场检测完毕数据自动进入数据库进行处理，可自动出具检测报告和原始记录。

1. 执行标准

《建筑外窗气密、水密、抗风压性能分级及检测方法》（GB/T 7106—2008）。

《建筑外窗气密、水密、抗风压性能现场检测方法》（JG/T 211—2007）。

2. 技术参数

（1）气密：压差±500Pa，流量 200m³/h。

（2）水密：压差±700Pa，淋水量 2L/(m² · min)。

（3）抗风压：最大压差±5000Pa，位移量 0～25mm。

（4）传感器：压差、位移、风速、温度、大气压。

（5）软件：Windows 8/10 平台，开放式 Access 数据库。

（6）试件规格：气密水密 0×0～3000mm×3000mm。

（7）三性：500mm×500mm～1800mm×1800mm。

（8）电源：AC 220V　8kW。

附图 G.9　MCDX 建筑门窗三性现场检测设备

3. 型号规格

型　号	检测项目	构　成
MCDX－V	门窗气密、水密性能	压力控制箱、备件箱、平板电脑、淋水系统
MCDX－V	门窗气密、水密、抗风压性能	压力控制箱、备件箱、平板电脑、淋水系统、位移传感器、静压箱面板

注　1. 以上型号均有手动和智能自动两种控制方式。

　　2. 所有部件单件重量小于 45kg，全套设备可用一辆面包车运输。

　　3. 整个检测过程由一台工控机自动控制，自动采集处理数据，自动出具检测报告。

　　4. 可存储以往所有检测数据、原始记录和报告。报告为 Word 格式，用户可自行修改模板。

G.3.3 建筑门窗或楼板隔声性能检测

用于门窗、幕墙、墙体材料和构件等空气声隔声的实验室测量及板撞击声隔声的实验室测量。

1. 执行标准

《建筑门窗空气声隔声性能分级及检测方法》（GB/T 8485—2008）。

《建筑隔声评价标准》（GB/T 50121—2005）。

《声学 建筑和建筑构件隔声测量》（GB/T 19889—2005）。

2. 技术参数

（1）发声室、受声室的每间容积不低于 $50m^3$，房间内声场分布较均匀，避免强驻波出现。

（2）受声室背景噪声：≤20dB（A）。

（3）受声室可测最大隔声量：R_w≥60dB（在该种情况下，可测空气声隔声性能为最高级 6 级的门窗 R_w＝45dB 而不用修正）。

（4）洞口尺寸：约 $10m^2$。

（5）隔声门隔声量：≤40dB。

（6）声源系统。

附图 G.10　建筑门窗墙体隔声性能实验室

1）白噪声或粉红噪声发生器。

2）1/3 倍频程滤波器。

3）功率放大器。

4）扬声器。

5）声源频率范围 100～5000Hz。

6）声压级：分辨率 0.1DB，精度等级 1 级。

7）频率：分辨率 0.2～5HZ，误差＜0.5%＋1 个分辨率单位。

（7）接收系统。

1）传声器。

2）放大器。

3）1/3 倍频程分析器。

4）记录仪器。

（8）测量和分析专用软件：全自动检测方式。

3. 实验室构成

发声室、接收室	混响室
声源系统	发生器、滤波器、放大器、扬声器
接收系统	传声器、放大器、分析器
采集处理系统	数据采集卡、计算机、软件

4. 场地要求

门窗隔声实验室房间尺寸为长 15m×宽 6m×高 5m（含控制室）。楼板隔声实验

附图 G.11 建筑楼板隔声实验室

室房间尺寸为长 12m×宽 10m×高 11m（含控制室）。门窗和楼板隔声实验室可采取共用接收室方式建设，房间尺寸需根据场地情况设计。

每种实验室需根据实际情况设计：混响室的设计要求尽量加长空房间的混响时间以保证室内声场扩散。混响时间的极限，在高频率决定于空气的分子吸收，在低频率则决定于墙、天花板和地板表面的吸收。常用的材料有瓷砖或水磨石等。混响室的体形常采用不规则房间或者边长成调和级数比的矩形房间。使混响室不规则的方法是把相对壁面做成不平行或者在壁面上装设凸出的圆柱面或者用 V 形墙。

G.4 外墙外保温系统耐候性能检测

薄抹灰外保温系统耐候性检测是根据《膨胀聚苯板薄抹灰外墙外保温系统》（JG 149—2003）而研制开发的，采用计算机全自动控制，具有多项自控功能。整体设计具有适应范围广，操作简便，性能稳定，综合噪声低且利用率高等优点。

1. 执行标准

《外墙外保温工程技术规程》（JGJ 144—2004）。

《膨胀聚苯板薄抹灰外墙外保温系统》（JG/T 149—2003）。

《胶粉聚苯颗粒外墙外保温系统材料》（JG/T 158—2013）。

《外墙外保温系统耐候性试验方法》（JG/T 429—2014）。

《建筑外墙外保温系统耐候性试验方法》（GB/T 35169—2017）。

2. 技术参数

（1）试件规格：长 3400mm×宽 2450mm，在距离试件 400mm 处开一个 400mm×600mm 高的洞口，在此洞口安装窗。

（2）空气温度控制范围：−25 ～ 75℃；测试精度：0.5%。

（3）空气温度控制精度：控制目标温度的±3℃。

（4）水温度控制范围：15℃± 4℃；测试精度：0.5%。

（5）相对湿度测试精度：3%。

（6）水流量控制范围：0～30L/min。

附图 G.12　WNH 外墙保温系统耐候性检测设备

（7）供电要求：三相五线制 AC380V　15kW。

（8）主要设备外形尺寸。

1）试验箱：长 3610mm×宽 1860mm×高 3500mm。

2）空气制冷室外机：长 800mm×宽 800mm×高 1000mm。

3）水循环箱：长 1500mm×宽 1000mm×高 1000mm。

3. 实验室空间

（1）实验室：长 11000mm×宽 7000mm×高 4000mm。

（2）试验室温度在 10～25℃，湿度大于 50%。

（3）实验室场地有给排水设施。

G.5　外墙外保温系统抗风压性能检测

该检测是依据行业标准进行，在控制方式上采用先进的控制系统，气动控制阀精确调压、微机自动控制、显示记录过程控制曲线、打印原始记录及检测结果的多项自控功能。整体设计具有适应范围广、操作简便、性能稳定、控制精度高、采集数据准确、综合噪声低等诸多优点。

1. 执行标准

《外墙外保温工程技术规程》（JGJ 144—2004）。

《膨胀聚苯板薄抹灰外墙外保温系统》（JG/T 149—2003）。

《胶粉聚苯颗粒外墙外保温系统材料》（JG/T 158—2013）。

2. 设备原理

依据国家标准中规定的加压速度和频次要求，单靠变频调速器调整加压速度和控制脉冲加压是不可行的，利用变频和气动控制阀联合调节的方式，采用变频控制高压离心风机，使其达到设定的压力值，然后靠气动控制阀来调节压力脉冲频率。

由于试件养护时间较长，而正常检测过程较短，因此采用一套箱体，配两个墙体支架的形式，提高了设备的利用率。

3. 技术参数

（1）可测试件规格：3.0m×2.0m。

（2）抗风压性能：压差：≤－12000Pa，精度≤5%；加压方式：变频器自动加压。

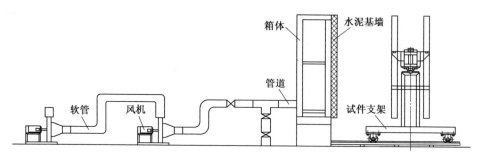

附图 G.13　外墙外保温系统抗风压检测原理

（3）检测结果整理：数据计算、定级、检测报告、原始记录可全部由计算机处理。

（4）压力脉冲过程时间控制偏差：升压：0.7～1.0s，持续：2～4s，降压：≥4s，间歇：≥3s。

（5）循环次数：可设定，频次控制准确度100%。

（6）供电要求：AC 380V，30kW。

（7）静压箱尺寸：长 3.4m×宽 0.7m×高 2.8m。

（8）试件架的移动分为两种：轨道式、天车式。

（9）轨道式可以同时试验两个试件，另外两个试件进行养护。

（10）天车式可以同时安装两个试件，另外多个试件进行养护。

附图 G.14　QKF外墙外保温系统抗风压检测设备

4. 实验室空间

实验室长 6m×宽 7m×高 4m。实验室温度在 10 ～25℃，湿度大于 50%。

G.6 风机盘管检测

风机盘管机组简称风机盘管。它是由小型风机、电动机和盘管（空气换热器）等组成的空调系统末端装置之一。盘管管内流过冷冻水或热水时与管外空气换热，使空气被冷却，除湿或加热来调节室内的空气参数。它是常用的供冷、供热末端装置。

G.6.1 风机盘管热工性能检测

本实验室是风机盘管机组的热工性能实验室，可以准确测定风机盘管机组冷量，热量、风量技术数据。同时，还可以用于其他标准工况相关试验及扩展试验，为客户提供了一套完整的试验手段，满足产品抽检及产品开发（匹配）使用。

本实验室由一间工况室组合而成，满足风机盘管空调器试验室环境气候工况需要。室内设有风量测量装置，满足风机盘管空调器风量的测量需要。实验室的冷热水处理和流量温度测量系统满足了风机盘管机组热工性能试验的需要。

1. 执行标准

《风机盘管机组》（GB/T 19232—2003）。

2. 测试项目

风量、功率、供冷量 、供热量。

附图 G.15 FP 风机盘管热工性能检测设备

3. 技术参数

（1）测试方法：空气侧焓差法、水侧流量计法。

（2）风量测试范围：300～2400m³/h。

（3）供冷量、供热量测试范围（在上述风量范围内）：供冷量 1800～12600W；供热量 2700～20000W。

（4）控制环境温、湿度范围。

水温范围	制冷工况	进水温度/℃	6.0～9.0±0.3
	制热工况	进水温度/℃	60.0±0.3
空气温度	制冷工况	进风干球温度/℃	25.0～29.0±0.5
		进风湿球温度/℃	17.0～21.0±0.3
	制热工况	进风干球温度/℃	21.0±0.5
设备出口余压调节范围/Pa			0～100±2.0

（5）适用被试机规格。

1）试验机种：风机盘管机组。

2）体积：机体小于宽 2200mm×长 1000mm×高 1500mm。

3）被测机电源：AC 220V，2kW。

4. 结构与配置

（1）室内占地：长 10m×宽 8m×高 5m；地面：室内为水平坚实地面，负荷能力大于 0.3T/m²。

（2）围护结构材料：100mm 厚聚苯彩钢板，围护结构门：1 扇。

（3）电源：AC380V，50kW。

（4）供水：清洁自来水至实验室，实验室要求有地漏。

G.6.2 风机盘管噪声检测

本试验是风机盘管机组的噪声性能试验，可以准确测定风机盘管机组噪声技术数据，为客户提供了一套完整的试验手段，满足产品抽检及产品开发（匹配）使用。本试验由一间半消声室组成，满足风机盘管空调器噪声试验室环境需要。

1. 执行标准

《声学 声压法测定噪声源声功率级 消声室和半消声室精密法》（GB/T 6882—2008/ISO3745：2003）。

《风机盘管机组》（GB/T 19232—2003）。

2. 测试项目

噪声试验。

3. 技术参数

（1）被测物体：风机盘管。

（2）消声室类型：半消声室。

（3）截止频率：125Hz。

（4）本底噪声：≤20dB（不含固体声）。

（5）测量项目：声压级测量。

（6）最大被测机组：吊装，2300mm×2000mm×350mm；落地装，2300mm×500mm×1300mm。

（7）所需房间尺寸：长 8.5m×宽 8.5m×高 5m。

4. 场地条件

（1）场地：根据甲方要求规划用地（大于半消声室尺寸）；水平坚实地面，负荷能力大于 0.3T/m²。

（2）提供普通动力电源及良好地线：AC 380V，10kW。

（3）该噪声室应尽量安装在底层，远离公路、铁路或其他噪声较大的地方。

附图 G.16　半消声实验室

G.7　风管承压漏风量检测

风管承压漏风量检测实时显示泄漏量、测试压力、温度和大气压，适用于宾馆、饭店以及公用工程通风空调系统中风管、空调机、防火阀、调节阀等密封性能的测试。该检测应用管道式孔板流量计测量漏风量，参考国际先进的漏风测试方法，在国家实用新型专利——风管泄露试验仪的基础上通过几年的时间研制成功，在应用技术上达到了国际先进水平，补充了国内漏风量测试的空白。主要用于空调管道的密封性测试，可对分段管道和整个系统安装后的总管道进行检测，保证空调系统的工作效率，避免能源浪费。本仪器根据相关的鉴定标准进行检测，可直接确定管道的密封性是否合格。使用触摸屏操作，LCD彩屏显示，良好的人机界面方便用户操作。该试验仪主要有高速风机、变频调速系统、流量矩阵、低流量喷嘴及数显差压计等部分组成。

1. 执行标准

《组合式空调机组》（GB/T 14294—2008）。

《通风与空调工程施工质量验收规范》（GB 50243—2002）。

2. 技术参数

（1）流量：矩阵：$36 \sim 640 \text{m}^3/\text{h}$；喷嘴：$4 \sim 36 \text{m}^3/\text{h}$；精度：读数的 $\pm 2.5\% \pm 0.1 \text{m}^3/\text{h}$；分辨率：$0.01 \text{m}^3/\text{h}$。

（2）静压：$\pm 2500 \text{Pa}$，精度：$1\% \pm 1 \text{Pa}$，分辨率：0.1Pa。

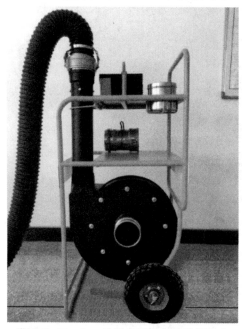

附图 G.17 Q90 风管承压漏风量检测设备

（3）温度：0～60℃，精度：±0.5℃，分辨率：0.1℃。

（4）绝压：70～130kPa，精度：读数的±2%，分辨率：0.1kPa。

（5）电源：220～240V，50/60Hz，10A。

（6）重量：净重约 75kg。

G.8 采暖散热器散热量检测

采暖散热器散热量检测设备是中国建筑科学研究院依据现行国家标准 GB/T 13754 研制，用于检测采暖散热器单位时间散热量和金属热强度。该设备适用于以热水为热媒的采暖散热器。

1. 执行标准

《采暖散热器散热量测定方法》（GB 13754—2017）。

2. 设备构成

（1）安装被测散热器的闭式小室。

（2）小室六个壁面外的循环空气夹层。

（3）冷却夹层内循环空气的设备。

（4）供给被测散热器的热媒循环系统。

（5）检测和控制的仪表及设备。

附图 G.18 HE 采暖散热器热量检测设备

3. 技术参数

（1）热媒参数测量准确度：流量±0.5%；温度±0.1℃。

（2）小室内部净尺寸：地面 4m×4m；高 2.8m。

（3）闭式小室内的空气温度。

1）在内部空间的中心垂直轴线上，基准点，离地面 0.75m 高，精确到 ±0.1℃。

2）离地面 0.05m、0.50m、1.50m 距屋顶 0.05m 的四点，精确到 ±0.2℃。

3）在每条距两面相邻墙 1.0m 处的直线上，离地面 0.75m、1.50m 高的两点（共 8 点），精确到 ±0.2℃。

（4）闭式小室内表面温度。

1）六个内表面的中心点，精确到 ±0.2℃。

2）安装被测散热器的墙壁内表面的垂直中心线上，距地面 0.30m 的点，精确到 ±0.2℃。

（5）大气压力，精确到 ±0.1kPa。

（6）设备所需最小空间：长 7m×宽 6m×高 5m。

（7）电源：三相无线制，AC 380V，55kW。

（8）供水：房间内需配备上、下水。

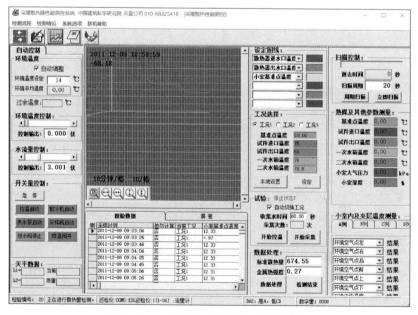

附图 G.19　采暖散热器散热量检测软件

G. 9　可再生能源建筑应用系统检测

1. 执行标准

《可再生能源建筑应用工程评价标准》（GB/T 50801—2013）。

《家用太阳热水系统热性能实验方法》（GB 18708—2002）。

《家用太阳热水系统技术条件》（GB/T 19141—2003）。

《太阳热水系统性能评定规范》（GB/T 20095—2006）。

附图 G. 20　THL2S 可再生能源检测设备

2. 测评项目范围

（1）太阳能热水系统。

（2）太阳能供热采暖系统。

（3）太阳能供热制冷系统。

（4）太阳能光伏系统。

（5）地源热泵系统测评标准。

3. 测试目的

对安装太阳能热水系统的建筑进行能效测评，输出环境效益评价、集热系统效率、日有得热量曲线等，依据现场测试数据（符合太阳热水系统性能评定规范），可以有效保证热水工程的设计指标及施工质量验收标准。

4. 评测内容

贮热水箱热损系数	太阳能保证率
常规能源替代量（吨标准煤）	系统常规热源耗能量
集热系统得热量	集热系统效率
采暖房间室内温度	热泵机组制热
制冷性能系数	室内温湿度
项目费效比	环境效益评价
项目示范推广性评价	经济效益评价

5. 运行环境

（1）环境温度：－40～60℃；湿度：≤90%。

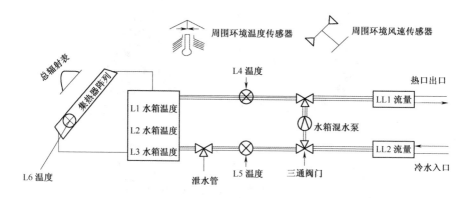

附图 G.21　系统日性能的测试装置示意

测试环境温度：8℃≤ta≤39℃；环境风速：不大于 4m/s。

（2）太阳辐照量：至少应有 4 天试验结果具有的太阳辐照量分布在下列四段：$J_1 < 8MJ/m^2$；$8MJ/m^2 \leq J_2 < 13MJ/m^2$；$13MJ/m^2 \leq J_3 < 18MJ/m^2$；$18MJ/m^2 \leq J_4$。

6. 测试方法

测试项目	测试时间与环境	所需要测试数据
太阳辐照量	测试起止时间达到测试结束时间	与太阳集热器同一倾角斜面上的太阳辐照量应大于等于 17MJ/m²
周围空气速率	分别测量太阳集热器和贮水箱周围的空气流速	环境空气的平均流速 4m/s

测试项目	测试时间与环境	所需要测试数据
环境温度	分别测量太阳集热器周围的环境温度	环境温度 $8 \leqslant T_a \leqslant 39℃$
试验水量	试验结束时水箱内的水在冷水进水状态下的水量	集热系统流量
试验水温	在贮水箱内水面的最上部和最下部位置的接口处分别设置一测量贮水箱上下部水温的测温装置	集热系统进口温度 集热系统出口温度
集热系统得热量	测试起止时间达到测试所需要的太阳辐射量为止	集热系统进口温度、集热系统出口温度、集热系统流量、环境温度、环境空气流速、测试时间
系统常规热源耗能量	测试起止时间达到测试所需要的太阳辐射量为止	辅助热源加热量、环境温度、环境空气流速、测试时间
贮热水箱热损系数	选取一天，测试起止时间为晚上8点开始，且开始时贮热水箱水温不得低于40℃与水箱所处环境温度差不小于20℃，第二天早上6点结束，共计10个小时	开始时贮热水箱内水温度、结束时贮热水箱内水温度、贮热水箱容水量、贮热水箱附近环境温度、测试时间
集热系统效率	测试起止时间达到测试所需要的太阳辐射量为止	太阳能集热器采光面积、太阳辐照量、集热系统进口温度、集热系统出口温度、集热系统流量、环境温度、环境空气流速、测试时间
太阳能保证率	测试起止时间达到测试所需要的太阳辐射量为止	太阳能集热器采光面积、太阳辐照量、集热系统进口温度、集热系统出口温度、集热系统流量、环境温度、环境空气流速、辅助热源加热量、测试时间

G.10 建筑节能材料防火检测

G.10.1 氧指数测定

测定聚合物燃烧过程中所需氧的体积比：在规定条件下，在氧氮混合气流中，测定刚好维持试样燃烧所需的最低氧浓度（亦称氧指数），用体积百分比表示。

1. 执行标准

《塑料燃烧性能试验方法——氧指数法》（GB/T 2406—2008）。

《纺织品燃烧性能测定——氧指数测定法》（GB/T 5454—1997）。

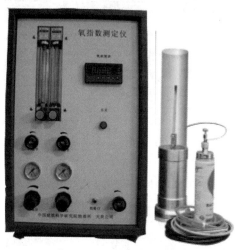

附图 G.22　氧指数测定仪

2. 技术参数

（1）环境温度：室温～40℃；相对湿度：≤70％。

（2）电源电压：AC 220V，0.1kW。

（3）气源：工业用氮气、氧气，纯度＞99％。

（4）输入压力：0.25～0.5MPa；工作压力：0.1～0.2MPa。

（5）稳压精度：≤0.001MPa/min；测量精度：0.2级。

（6）响应时间：＜5s；数字分辨率：±0.1％。

（7）设备外形尺寸：长0.36m×宽0.28m×高0.54m；重量：24kg。

G.10.2　建材可燃性试验

在规定条件下判断建筑材料是否具有可燃性试验。

1. 执行标准

《建筑材料可燃性试验方法》（GB/T 8626—2007）。

2. 技术参数

（1）本生灯火焰，燃烧器可倾斜45°。

（2）可侧面燃烧试样，最大燃烧试样厚度60mm，并可手动垂直跟踪和水平跟踪；计时时间可设定。

（3）对试样施加火焰 30±0.5s 、15s±0.5s，精度±0.2s。

（4）可燃气源：纯度 95％以上的丙烷。

（5）电源电压：AC220V±10％　50Hz。

（6）试样内径尺寸规格：250mm×90mm，250mm×180mm；设备外形尺寸：长 0.7m×宽 0.4m×高 0.82m。

（7）设备重量：50kg；仪器占用面积 2m²。

附图 G.23　建筑材料可燃性试验箱

G.10.3　建材不燃性试验

适用于规定在实验室条件下评定建筑材料燃烧性能的试验。

1. 执行标准

《建筑材料不燃性试验方法》（GB/T 5464—2010）。

2. 技术参数

（1）计算机控制和操作，满足国标功率升温。

（2）电源电压：AC220V，50Hz，功率：800～1000W。

（3）稳定时间：从室温升至 750℃＜45min。

（4）炉内温度漂移：＜2℃/10min。

（5）炉内温度（750±5）℃，10min 内温度漂移≤2℃；热电偶：镍铬-镍硅铠装热电偶；不锈钢制作。

（6）炉管内径 75mm±1mm，高 150mm±1mm，功率 2kW。

（7）计算机控制和数据处理，自动准确记录标准 7.2.3 要求的温度值，并按照 8.1 计算温升以及测量时间，格式化打印测试结果。

（8）设备外形尺寸：长 1.2m×宽 0.8m×高 1.5m；设备重量：60kg。

G.10.4 建材燃烧热值试验

适用于建筑材料燃烧热值的测试。

1. 执行标准

《建筑材料及制品的燃烧性能　燃烧热值的测定》（GB/T 14402—2007）。

2. 技术参数

附图 G.24　建筑材料不燃性试验炉

（1）环境温度 10～35℃，湿度≤80%。

（2）仪器热容量：约 10000J/K。

（3）热容量重复性误差：≤0.2%。

（4）测温范围：4.5～42℃；温度分辨率：0.0001℃。

（5）氧弹密封性：充氧压力 2.5～3.5MPa，无漏气。

（6）氧弹容积：300ml；内筒容积：2000ml。

（7）氧弹耐压性：20MPa 水压。

（8）搅拌速度：内筒（375r/min）；搅拌功率：3W。

附图 G.25　建筑材料燃烧热值试验仪

（9）设备外形尺寸：长 0.58m×宽 0.4m×高 0.42m。

（10）电源电压：AC220V，0.5kW；设备重量：35kg。

G.10.5 建材单体制品燃烧试验

适用于建筑材料或制品在单体燃烧（SBI）中的对火反应性能的测试。

附图 G.26　建筑材料单体燃烧试验仪

1. 执行标准

《建筑材料或制品的单体燃烧试验》（GB/T 20284—2006）。

2. 技术参数

（1）电源电压：AC220V±10％，3kW。

（2）二氧化碳（IR 型）测量温度范围：0％±10％，线性度为大于满量程的 1％，数据采集输出的分辨率 $100×10^{-6}$。

（3）氧气分析（顺磁型）范围：16％～21％，响应时间＜12s，30min 内噪声漂移不超过 $100×10^{-6}$，数据采集输出的分辨率≥$100×10^{-6}$。

（4）探测器色度标准精确度±5％，输出线性度（透过率）＜3％，绝对透过率＜1％；数据采集系统收集记录氧气浓度、二氧化碳浓度、温度、烟密度、热释放速率、质量损失率等试验数据，数据采集处理＜5s。

（5）数据模块支持 120 路单端和 48 路双端测量。

（6）具有氧气浓度、二氧化碳、温度、烟密度、热释放速率、质量损失率的控制、收集、记录。

（7）炉体外形尺寸：长 3m×宽 3m×高 4m；主机外形尺寸：长 1.3m×宽 0.6m×高 1.8m。

参 考 文 献

[1] 张国强，等．可持续建筑技术 [M].北京：中国建筑工业出版社，2009.

[2] 王瑞．建筑节能设计 [M].2 版．武汉：华中科技大学出版社，2015.

[3] 龙惟定，武涌．建筑节能技术 [M].北京：中国建筑工业出版社，2009.

[4] 清华大学建筑节能研究中心．中国建筑节能年度发展研究报告 2015 [M].北京：中国建筑工业出版社，2015.

[5] 清华大学建筑节能研究中心．中国建筑节能年度发展研究报告 2016 [M].北京：中国建筑工业出版社，2016.

[6] 徐伟．国际建筑节能标准研究 [M].北京：中国建筑工业出版社，2012.

[7] 杨丽．绿色建筑设计——建筑节能 [M].上海：同济大学出版社，2016.

[8] 柳孝图．建筑物理环境与设计 [M].北京：中国建筑工业出版社，2008.

[9] 中华人民共和国住房和城乡建设部．严寒和寒冷地区居住建筑节能设计标准（JGJ 26—2010）[S].北京：中国建筑工业出版社，2010.

[10] 中华人民共和国国家标准．公共建筑节能设计标准（GB 50189—2015）[S].北京：中国建筑工业出版社，2015.

[11] 中华人民共和国国家标准．民用建筑热工设计规范（GB 50176—2016）[S].北京：中国建筑工业出版社，2017.

[12] 刘加平，等．城市环境物理 [M].北京：中国建筑工业出版社，2011.

[13] 中华人民共和国国家标准．建筑外门窗气密、水密、抗风压性能分级及检测方法（GB/T 7106—2008）[S].北京：中国标准出版社，2008.

[14] 中华人民共和国国家标准．建筑外门窗保温性能分级及检测方法（GB/T 8484—2008）[S].北京：中国标准出版社，2008.

[15] 涂逢祥，王庆一．建筑节能：中国节能战略的必然选择（下）[J].节能与环保，2004（10）.

[16] 刘加平．建筑物理 [M].北京：中国建筑工业出版社，2000.

[17] 柳孝图．建筑物理 [M].北京：中国建筑工业出版社，2000.

[18] 刘加平，杨柳．室内热环境设计 [M].北京：机械工业出版社，2005.

[19] 王立雄．建筑节能 [M].2 版．北京：中国建筑工业出版社，2009.

[20] 住房和城乡建设部标准定额研究所．居住建筑节能设计标准应用技术导则——严寒和寒冷、夏热冬冷地区 [M].北京：中国建筑工业出版社，2010.

[21] 中华人民共和国国家标准．住宅建筑规范（GB 50368—2005）[S].北京：中国建筑工业出版社，2006.

［22］李德英．建筑节能技术［M］.北京：机械工业出版社，2006.

［23］李汉章．建筑节能技术指南［M］.北京：中国建筑工业出版社，2000.

［24］刘志海，李超．低辐射玻璃及其应用［M］.北京：化学工业出版社，2006.

［25］杨修春，李伟捷．新型建筑玻璃［M］.北京：中国电力出版社，2009.

［26］建设部标准定额研究所．建筑外墙外保温技术导则［M］.北京：中国建筑工业出版社，2006.

［27］中华人民共和国行业标准．外墙外保温工程技术规程（JGJ 144—2004）［S］.北京：中国建筑工业出版社，2005.

［28］江亿，林波荣，等．住宅节能［M］.北京：中国建筑工业出版社，2006.

［29］江亿，薛志峰．公共建筑节能［M］.北京：中国建筑工业出版社，2007.

［30］李必瑜，魏宏杨．建筑构造（上册）［M］.3版．北京：中国建筑工业出版社，2005.

［31］颜宏亮．建筑特种构造［M］.上海：同济大学出版社，2005.

［32］宋德萱．节能建筑设计与技术［M］.上海：同济大学出版社，2003.

［33］薛志峰，等．超低能耗建筑技术及运用［M］.北京：中国建筑工业出版社，2005.

［34］黄继红，贺鸿珠．建筑节能设计策略与应用［M］.北京：中国建筑工业出版社，2008.

［35］北京振利节能环保科技股份有限公司，住房和城乡建设部科技发展促进中心．墙体保温技术探索［M］.北京：中国建筑工业出版社，2009.

［36］北京振利节能环保科技股份有限公司，住房和城乡建设部科技发展促进中心，北京中建建筑科学研究院．外保温技术理论与应用［M］.北京：中国建筑工业出版社，2011.

［37］中华人民共和国行业标准．建筑外墙外保温防火隔离带技术规程（JGJ 289—2012）［S］.北京：中国建筑工业出版社，2013.

［38］中华人民共和国住房和城乡建设部．倒置式屋面工程技术规程（JGJ 230—2010）［S］.北京：中国建筑工业出版社，2011.